한국산업인력공단 NCS 출제기준 반영!!

적중 100% 합격
미용사 일반
필기시험 총정리문제

※보건복지부는 제1회 미용사(네일) 국가기술자격 합격자가 발표되는 2015. 4. 17을 기준으로, 미용업(손톱·발톱)의 영업신고를 할 수 있는 자격을 달리할 예정으로, 2015. 4. 16까지는 미용사(일반), 2015. 4. 17 이후부터는 미용사(네일) 자격 취득자가 미용업(손톱·발톱) 영업신고를 할 수 있습니다.

※보건복지부는 제1회 미용사(메이크업) 국가기술자격 합격자가 발표되는 2016. 7. 10을 기준으로, 미용업(화장·분장)의 영업신고를 할 수 있는 자격을 달리할 예정으로, 2016. 7. 9까지는 미용사(일반), 2016. 7. 10 이후부터는 미용사(메이크업) 자격 취득자가 미용업(화장·분장) 영업신고를 할 수 있습니다.

이 책을 펴내며…

　단순히 아름다워지고 싶은 욕망에서 그치지 않고 외적 아름다움과 내적 건강함을 동시에 추구하려는 현대인들이 늘어나면서 미용 관련 산업은 급속도로 성장해 나가고 있습니다. 그로 인해 미용 관련 서비스 직종에 대한 수요가 늘어나게 되었고, 한국산업인력공단은 미용분야 전문 인력들을 양성하기 위해 미용기능사 국가기술자격시험을 시행하고 있습니다.

　이 교재는 전문직종으로 각광받고 있는 미용종사자들에게 도움이 되고자 직접 학생들을 교육하며 터득한 노하우를 적극 활용하여 구성하였습니다. 필기시험에 완벽하게 대비할 수 있도록 각 파트의 핵심 이론을 수록한 것은 물론 시험에 자주 출제되는 내용에는 별도로 체크하여 수험생들이 중요도를 한눈에 확인할 수 있도록 한 것이 이 책의 가장 큰 특징입니다. 또한 예상문제 및 최근 기출문제와 그에 따른 상세한 해설도 함께 수록하여 이미 미용 현장에서 일하는 경력자는 물론 새롭게 시작하려는 초보자들도 쉽게 이해할 수 있도록 하였습니다.

　교재의 내용 중 미흡한 부분과 오류에 대해서는 수험생 여러분의 많은 양해를 부탁드리며, 향후 더 좋은 내용의 개정판을 통해 지속적으로 수정, 보완하고자 합니다. 지금 이 글을 읽고 있는 미용인을 꿈꾸는 모두가 국가자격증을 취득하길 바라며 동시에 멋진 미용인으로 성장하고 성공하길 기원합니다.

저자 드림

미용사(일반) 출제기준

| 직무 분야 | 이용·숙박·여행·
오락·스포츠 | 중직무
분야 | 이용·미용 | 자격
종목 | 미용사(일반) | 적용
기간 | 2022.1.1.~2026.12.31. |

| 직무내용 | 고객의 미적요구와 정서적 만족을 위해 미용기기와 제품을 활용하여 샴푸, 헤어커트, 헤어펌, 헤어컬러, 두피·모발관리, 헤어스타일 연출 등의 서비스를 제공하는 직무 |

| 필기검정방법 | 객관식 | 문제수 | 60 | 시험시간 | 1시간 |

필기과목명	문제수	주요항목	세부항목	세세항목
헤어스타일 연출 및 두피·모발 관리	60	1. 미용업 안전위생 관리	1. 미용의 이해	1. 미용의 개요 2. 미용의 역사
			2. 피부의 이해	1. 피부와 피부 부속 기관 2. 피부유형분석 3. 피부와 영양 4. 피부와 광선 5. 피부면역 6. 피부노화 7. 피부장애와 질환
			3. 화장품 분류	1. 화장품 기초 2. 화장품 제조 3. 화장품의 종류와 기능
			4. 미용사 위생 관리	1. 개인 건강 및 위생관리
			5. 미용업소 위생 관리	1. 미용도구와 기기의 위생관리 2. 미용업소 환경위생
			6. 미용업 안전사고 예방	1. 미용업 시설·설비의 안전관리 2. 미용업 안전사고 예방 및 응급조치
		2. 고객응대 서비스	1. 고객 안내 업무	1. 고객 응대
		3. 헤어샴푸	1. 헤어샴푸	1. 헤어샴푸의 종류 2. 샴푸 방법
			2. 헤어트리트먼트	1. 헤어트리트먼트의 종류 2. 헤어트리트먼트 방법
		4. 두피·모발관리	1. 두피·모발 관리 준비	1. 두피·모발의 이해
			2. 두피 관리	1. 두피 분석 2. 두피 관리 방법
			3. 모발관리	1. 모발 분석 2. 모발 관리 방법
			4. 두피·모발 관리 마무리	1. 두피·모발 관리 후 홈케어
		5. 원랭스 헤어커트	1. 원랭스 커트	1. 헤어커트의 도구와 재료 2. 원랭스 커트의 종류 3. 원랭스 커트의 방법
			2. 원랭스 커트 마무리	1. 원랭스 커트 수정·보완
		6. 그래쥬에이션 헤어커트	1. 그래쥬에이션 커트	1. 그래쥬에이션 커트의 방법
			2. 그래쥬에이션 커트 마무리	1. 그래쥬에이션 커트 수정·보완

미용사(일반) 출제기준

필기과목명	문제수	주요항목	세부항목	세세항목
		7. 레이어 헤어커트	1. 레이어 헤어커트	1. 레이어 커트 방법
			2. 레이어 헤어커트 마무리	1. 레이어 커트의 수정·보완
		8. 쇼트 헤어커트	1. 장가위 헤어커트	1. 쇼트 커트 방법
			2. 클리퍼 헤어커트	1. 클리퍼 커트 방법
			3. 쇼트 헤어커트 마무리	1. 쇼트 커트의 수정·보완
		9. 베이직 헤어펌	1. 베이직 헤어펌 준비	1. 헤어펌 도구와 재료
			2. 베이직 헤어펌	1. 헤어펌의 원리 2. 헤어펌 방법
			3. 베이직 헤어펌 마무리	1. 헤어펌 마무리 방법
		10. 매직스트레이트 헤어펌	1. 매직스트레이트 헤어펌	1. 매직스트레이트 헤어펌 방법
			2. 매직스트레이트 헤어펌 마무리	1. 매직스트레이트 헤어펌 마무리와 홈케어
		11. 기초 드라이	1. 스트레이트 드라이	1. 스트레이트 드라이 원리와 방법
			2. C컬 드라이	1. C컬 드라이 원리와 방법
		12. 베이직 헤어컬러	1. 베이직 헤어컬러	1. 헤어컬러의 원리 2. 헤어컬러제의 종류 3. 헤어컬러 방법
			2. 베이직 헤어컬러 마무리	1. 헤어컬러 마무리 방법
		13. 헤어미용 전문제품 사용	1. 제품 사용	1. 헤어전문제품의 종류 2. 헤어전문제품의 사용방법
		14. 베이직 업스타일	1. 베이직 업스타일 준비	1. 모발상태와 디자인에 따른 사전준비 2. 헤어세트롤러의 종류 3. 헤어세트롤러의 사용방법
			2. 베이직 업스타일 진행	1. 업스타일 도구의 종류와 사용법 2. 모발상태와 디자인에 따른 업스타일 방법
			3. 베이직 업스타일 마무리	1. 업스타일 디자인 확인과 보정
		15. 가발 헤어스타일 연출	1. 가발 헤어스타일	1. 가발의 종류와 특성 2. 가발의 손질과 사용법
			2. 헤어 익스텐션	1. 헤어 익스텐션 방법 및 관리
		16. 공중위생관리	1. 공중보건	1. 공중보건 기초　　2. 질병관리 3. 가족 및 노인보건　4. 환경보건 5. 식품위생과 영양　6. 보건행정
			2. 소독	1. 소독의 정의 및 분류　2. 미생물 총론 3. 병원성 미생물　　　4. 소독방법 5. 분야별 위생·소독
			3. 공중위생관리법규(법, 시행령, 시행규칙)	1. 목적 및 정의　　　2. 영업의 신고 및 폐업 3. 영업자 준수사항　4. 면허 5. 업무　　　　　　6. 행정지도감독 7. 업소 위생등급　　8. 위생교육 9. 벌칙 10. 시행령 및 시행규칙 관련 사항

목차

Part 01   핵심 이론 요약

1장	미용의 이해	09
	미용의 이해 적중예상문제	
2장	공중위생관리	35
	공중위생관리 적중예상문제	
3장	피부의 이해	54
	피부의 이해 적중예상문제	
4장	화장품 분류	69
	화장품 분류 적중예상문제	
5장	소독학	77
	소독학 적중예상문제	
6장	공중위생관리법규	89
	공중위생관리법규 적중예상문제	

Part 02   최신 시행 출제문제

제1회 최신 시행 출제문제	103
제2회 최신 시행 출제문제	109
제3회 최신 시행 출제문제	115
제4회 최신 시행 출제문제	121
제5회 최신 시행 출제문제	127
제6회 최신 시행 출제문제	133
제7회 최신 시행 출제문제	139
제8회 최신 시행 출제문제	145

Part 03   최근 상시시험 분석 특강자료

최근 상시시험 분석 특강자료 01	152
최근 상시시험 분석 특강자료 02	156

Part 01

핵심 이론 요약

1장 미용의 이해
　　　미용의 이해 적중예상문제

2장 공중위생관리
　　　공중위생관리 적중예상문제

3장 피부의 이해
　　　피부의 이해 적중예상문제

4장 화장품 분류
　　　화장품 분류 적중예상문제

5장 소독학
　　　소독학 적중예상문제

6장 공중위생관리법규
　　　공중위생관리법규 적중예상문제

제1장 미용의 이해

Section 1 미용의 개요

1 미용의 의의

(1) 미용의 정의와 목적

1) 미용의 정의
   ① 일반적 정의
      미용이란 인간의 외적인 용모를 미화하는 기술이며, 예술로서 다루는 학문이다. 또한 용모에 물리적 · 화학적 기교를 행하는 것이다.
   ② 공중위생관리법상 정의
      미용업이란 손님의 얼굴, 머리, 피부 등을 손질하여 손님의 외모를 아름답게 꾸미는 영업이다. 공중위생관리법 제2조에 의거하고 있다.

   > **Tip** 준수 사항
   > 업무범위는 의료기기나 의약품을 사용하지 말아야 하며, 점 빼기 · 귓불뚫기 · 쌍꺼풀수술 · 문신 · 박피술, 그 밖의 이와 유사한 의료행위를 하여서도 아니된다.

2) 미용의 목적
   ① 고대사회에서는 종교적인 의미가 강했으나 현대사회에서는 인간의 미적 욕구를 충족시켜 준다.
   ② 인간의 내면적 · 외면적 노화를 미연에 방지하여 항상 아름다움을 유지하는 데 있다.
   ③ 현대 생활 속에서는 자아 만족을 충족시켜 준다.

3) 미용의 특수성
   ① 의사 표현의 제한
      고객의 의사를 먼저 존중하고 충분히 반영해야 한다.
   ② 소재 선정의 제한
      고객 신체 일부가 미용의 소재이므로 소중하게 다뤄야 한다.
   ③ 시간적 제한
      제한된 시간 안에 스타일을 연출해야 한다.
   ④ 소재 변화에 따른 미적효과
      고객의 직업, 의복, 장소 등의 변화를 고려해야 한다.
   ⑤ 부용예술(附庸藝術)로서의 제한
      고객의 요구조건을 반영해야하기 때문에, 충분한 기술을 익히고 우수한 자질이 요구된다.

4) 미용의 순서
   ① 소재의 확인 : 헤어, 얼굴 등 고객의 신체 일부에 개성미를 발휘하는 첫 단계
   ② 구상 : 고객의 개성에 맞는 스타일을 연구계획하는 단계
   ③ 제작 : 구상한 스타일을 표현하는 것으로 미용인에게 가장 중요한 단계
   ④ 보정 : 전체적인 스타일을 제작 과정 후 보정 · 마무리하는 단계

> **Tip** 미용의 과정
> 소재 → 구상 → 제작 → 보정

5) 미용의 통칙
   ① 연령
      시대의 유행 스타일을 파악하여 연령에 맞게 연출해야 한다.
   ② 계절
      계절에 따른 날씨와 감정변화에 어울리는 스타일을 연출한다.
   ③ 때와 장소
      장례식, 결혼식, 모임, 낮과 밤의 분위기에 맞게 표현해야 한다.

(2) 미용사 및 미용업소의 위생관리와 교양

1) 미용사의 위생관리
   미용사는 법정 전염병 및 전파성 감염병으로부터 고객을 안전하게 보호해야 하는 의무가 있다. 이를 위해 정기적인 건강검진 및 개인위생과 건강을 철저하게 유지해야 한다.

2) 미용업소의 위생관리
   미용사는 공중위생관리 및 안전유지에 소홀해서는 안된다. 이를 위해 미용사는 자신의 손과 다양한 도구, 작업대 등을 청결하게 유지해야 하며 실내공기 환기에 신경써야 한다.

3) 미용업 안전사고 예방
   ① 미용업소는 특히 겨울철 안전사고와 예방 및 응급조치에 대한 사전지식을 습득해야 한다.
      ㉮ 전열기 : 플러그, 스위치 등의 연결점이 마모되어 화재를 일으킬 수 있다. 오래된 전열기는 정기적인 점검이 필요하다. 적정 용량, 적정규모의 새 제품으로 바꾸는 것이 좋다.
      ㉯ 전기장판류 : 내부 열선이 합선될 위험이 있으므로 접지 말고 말아서 보관하는 것이 안전하다.
      ㉰ 전기난로 : 벽으로부터 약 20cm 이상 떨어지게 설치하는 것이 안전하며, 근처에 인화물질을 가까이 두는 것은 위험하다.
   ② 코로나19 감염증 : 미용업소는 시술자와 고객이 가까이 있는 상태에서 서비스가 이뤄져 코로나19 감염 우려가 높은 업종이다. 따라서 미용업 종사자들은 코로나19 감염증 예방 행동수칙 준수, 발열 · 호흡기 증상자와 접촉피하기 등 감염병 예방교육을 철저히 받아야 하며, 의심환자 발생 시 행동수칙 등에 대해 미리 숙지하고 있어야 한다.

4) 고객응대 서비스
   ① 전화고객 응대 방법
      - 신속성 : 벨이 3번 이상 울리기 전에 받기 (밝은 목소리로 인사를 하고 미용실 이름을 밝힌다.)
      - 정확성 : 통화 내용 정확하게 메모하기 (고객의 말을 경청한 후 문의내용을 꼭 확인한다.)

– 친절성 : 직접 대면하지 않지만 밝은 표정 유지 (고객을 감동
시키기 위해 음성에도 겸손과 미소를 담는다.)

② 방문고객 응대 방법
- 방문 접수 시 : 신규 고객인지, 재방문 고객인지, 미리 예약된
고객인지를 파악해야 한다. 예약된 고객인 경우 시술에 필요
한 사항을 미리 확인해 두는 것이 좋다.
- 개인 소지품 보관 : 고객 물품 접수 시 직원이 보관하는 경우도
있지만, 개인 보관함이 있는 경우 보관함의 위치까지 안내하
여야 한다.
- 대기석으로 안내 : 곧바로 시술에 들어가지 않을 경우, 대기석
으로 안내한 후 대기 시간을 알려 주고 대기 시간 중에 미용실
에서 제공하는 서비스를 제공하면 좋다.

2 미용작업의 자세

(1) 올바른 미용작업 자세

① **안정된 자세** : 미용시술 시 올바른 자세는 체중이 양쪽다리에 분
산되도록 두발을 어깨너비 정도로 벌리고 허리를 세워 몸의 균형
을 잡는다. 작업에 따라 자세를 변화시켜 힘을 적정하게 배분하
는 것이 좋다.

② **작업 대상의 위치** : 작업대상은 미용사의 심장 높이 정도가 적정
하며, 높이를 조절할 수 있는 미용의자를 준비해두는 것이 좋다.

③ **작업대상과 거리** : 작업대상과의 거리는 정상시력의 경우 눈으로
부터 25센티~30센티 정도가 유리하며, 실내조도는 75Lux 이
상 밝게 유지해야 한다.

(2) 나쁜 작업 자세

① 불안정한 자세는 근육의 수축을 지속시켜 건강상 해로울 뿐 아니
라 능률저하도 가져오며 빨리 피로해진다.

② 근육의 과중한 부담을 줄이고 신체 각 부분의 균형을 이루어야
하며, 허리를 구부려서 작업하는 자세는 피한다.

3 미용과 관련된 인체의 명칭

(1) 두부의 각부 명칭

① 미용과 가장 관련이 있는 인체 부위는 두부, 경부, 손이다.

② **두부(머리)** : 크게 4부분으로 나누는데 전두부(톱), 측두부(사이
드), 두정부(크라운), 후두부(네이프)로 한다.

③ **두부(머리)의 명칭** : 헤어 커팅, 퍼머 와인딩 시 모발을 블로킹
(Blocking)할 때 많이 사용된다.

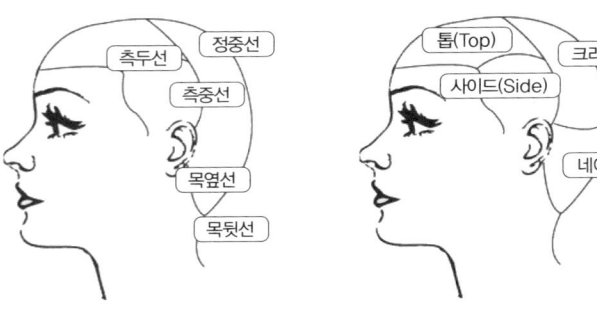

(2) 손의 명칭

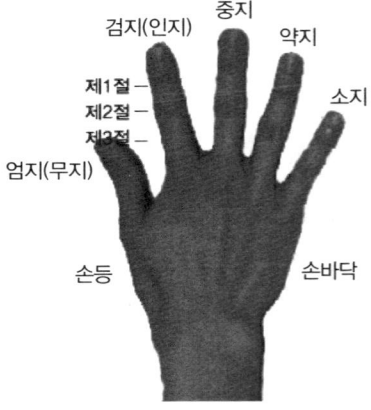

Section 2 미용의 역사

1 한국의 미용

우리나라의 미용의 역사는 고증자료가 많이 부족한 상태이다. 그나마
고찰할 수 있는 내용은 유적지나 고분 출토물을 통해서 시대적 면모를
살펴볼수 있다.

(1) 고대의 미용

1) 삼한시대

① 포로를 잡아 머리를 깎아 노예로 표시하였다.

② 수장급은 관모를 쓰고 일반 남자들은 상투를 틀었다.

③ 남부지방에서는 문신이 성행하였다.

④ 두발형태의 변화가 가장 큰 시기였다.

2) 삼국시대

① 고구려

고분벽화에 나타난 여인들의 두발형태는 다양하였다.

㉮ **쪽머리** : 뒤통수에 머리를 낮게 틀어 올린 모양

㉯ **중발머리** : 뒷머리에 낮게 묶은 모양

㉰ **푼기명머리** : 양쪽 귀 옆으로 늘어뜨린 모양

㉱ **민머리** : 쪽지지 않은 머리 모양

㉲ **쌍상투머리** : 머리 앞부분의 양쪽을 틀어 올린 머리 모양

㉳ **얹은머리** : 땋은 머리를 감아 올려 앞머리 가운데에 꽂은 머리
모양

② 백제

㉮ 미혼 여성은 양 갈래로 땋아 늘어뜨린 상태로 댕기를 하였으
며, 기혼은 양 갈래를 땋아 틀어 쪽머리를 하였다.

㉯ 남성의 경우는 상투를 틀었다.

③ 신라

머리 모양을 통해 신분 차이를 나타내는 것이 특징이며, 여성의
경우 가체를 사용하였고 장발의 기술이 뛰어났다.

㉮ 신분과 지위를 두발형태로 표현하였다.

㉯ 백분과 연지, 눈썹먹 등이 화장품으로 사용되었다.

㉰ 향수와 향로를 제조하여 사용하였으며, 남성들도 화장을 하
였다.

3) 통일신라시대
- ① 중국의 영향을 받아 화장이 짙어지고 화려하게 변화되었으며, 특히 다양한 빗을 머리의 장식으로 사용하였는데 신분의 차이에 따라 다음과 같이 장신구 빗을 사용하였다.
  - ㉮ 귀부인 : 귀걸이, 슬슬전대모빗, 자개장식빗, 대모빗, 소아빗을 사용
  - ㉯ 평민 : 나무나 뿔로 만든 빗을 사용
- ② 화장품 제조 기술이 발달하여 화장품을 담는 화장합, 분을 담는 토기분합 향유병 등이 유행하였다.

4) 고려시대
- ① 두발염색을 하였으며, 얼굴용 화장품(면약)을 사용하였다.
- ② 관아에서는 거울과 빗을 만드는 제조 기술자를 두었다.
- ③ 신분에 따라 여인들의 화장법이 달랐다. 기생들은 진한 분대화장을 하였고, 살림하는 여염집 여인들은 연하게 바르는 비분대화장을 하였다.

5) 조선시대
- ① **조선초기** : 유교사상의 영향으로 치장이 단순해지면서 화장은 피부손질 위주로 바뀌었다. 머리형은 쪽진머리, 둘레머리, 큰머리 등을 선호하였고, 머리 장식품은 봉잠, 용잠, 각잠, 산호잠, 국장, 호도잠, 석류잠 등이 유행하였다.
- ② **조선 중엽** : 이 시기부터 분화장이 시작되었다. 분화장은 주로 혼례 때 장분을 물에 개서 바르며, 분화장 때 찍은 연지 곤지 등은 참기름을 바른 후 닦아내었다.
- ③ **조선 후기** : 일본의 문호개방과 서양문물의 급격한 유입으로 여태까지 내려오던 미용법은 사라지고 다양한 형태의 헤어스타일이 등장하였다. 숙종 때에는 화장품이 만들어지기도 했다.

(2) 현대의 미용
한일합방 이후 우리나라 여성들은 새로운 미용에 눈을 뜨게 된다. 서구와 일본의 문화를 경험하고 돌아온 소위 유학파 신여성의 등장이 한 몫했다. 그들은 헤어, 메이크업, 의상 등 새로운 유행을 전파시켰다.

1) 1920년대
- ① 일본 도쿄여자미술학교 출신인 이숙종 여사는 높은머리(일명 다까머리)를, 이화학당 교사를 하다가 미국 유학을 다녀온 김활란 여사는 단발머리를 유행시켰다.

2) 1933년 3월
일본에서 미용기술을 배우고 돌아온 오엽주 여사는 1933년 국내 최초로 화신백화점 내 미용실을 개업해 파마를 전파하였다.

3) 해방 이후
- ① 김상진 선생은 현대미용학원을 설립하여 미용인을 양성하였다.
- ② 권정희 선생은 1952년 문교부 인가를 받아 1년제 고등기술학교인 정화미용고등기술학교를 열어 미용지도자 양성에 앞장섰다.

2 외국의 미용

(1) 중국의 미용
- ① 당나라 현종 때 10가지 눈썹모양을 소개한 십미도가 있을 정도로 여성들은 눈썹화장에 관심이 많았다. 한나라 시대에는 분을, 은나라 시대에는 연지화장을, 진시황 때에는 백분과 연지를 바르고 눈썹을 그렸다.
- ② 우리나라는 특히 당나라 미용의 영향을 많이 받았다. 이마의 입체감을 살려주는 액황과 백분을 바른 후 연지를 덧바르는 화장법인 홍장은 민간에 널리 퍼졌다.

(2) 구미의 미용

1) 고대의 미용
- ① 이집트
  - ㉠ 고대미용의 발생지인 이집트는 더운 기후로 인하여 두발은 짧게 깎고 가발을 사용하였다.
  - ㉡ 식물성 염모제인 헤나를 사용한 기록이 있다(B.C 1500년경).
  - ㉢ 두발에 진흙을 바르고 나무막대기로 말고 태양열로 건조시켜 퍼머넌트 컬을 만들었다. 알칼리 토양과 태양열을 이용한 퍼머넌트의 기원이라 할 수 있다.
  - ㉣ 클레오파트라는 피부건강을 위해 올리브오일, 아몬드오일, 왁스, 난황, 우유, 진흙 등을 사용하기도 하였다.
- ② 그리스
  - ㉠ 전문적인 결발술이 크게 번성하여 키프로스 풍의 두발형이 로마에까지 사용되었다.
  - ㉡ 이 시대에는 외모를 화려하게 꾸미기보다는 일반적으로 두발형은 자연스럽게 묶거나 고전적인 모양이 많았다.
- ③ 로마
  - ㉠ 미용분야가 더욱 화려하고 다양해졌으며, 여성들은 두발에 탈색과 염색을 함께 하였다.
  - ㉡ 식물성 화장품에 대한 연구가 생기며 노화를 방지하기 위한 크림과 분말 옥수수, 밀가루 등을 이용한 마사지법이 성행하기도 하였다.

2) 중세의 미용
- ① 프랑스의 '캐더린 오브 메디스 여왕'이 근대미용의 기반을 마련하였다.
- ② 17C 초반에는 최초의 남자 결발사인 '샴페인'에 의해 크게 발전하였다.
- ③ 화장수 오데코롱은 18세기에 발명되었다.

3) 근대 미용
- ① 1830년 : 프랑스 미용사 '무슈 끄로샤뜨'가 여성스러움이 강조되고 두발형도 화려한 아폴로노트를 고안함
- ② 1867년 : 과산화수소를 블리치 재료로 사용
- ③ 1875년 : 프랑스 '마셀 그라또우'가 마셀 웨이브 창안
- ④ 1883년 : 합성유기 염료를 두발염색에 사용
- ⑤ 1905년 : 영국의 '찰스 네슬러'가 스파이럴식(나선형) 퍼머넌트를 창안
- ⑥ 1925년 : 독일 '조셉 메이어'가 크로키놀법(Croquignole)의 히트 웨이빙으로 발전시킴
- ⑦ 1936년 : 영국의 '스피크먼'이 화학약품에 의한 콜드 웨이빙(Coldwaving)을 창안
- ⑧ 1940년 : 산성 중화 샴푸제 개발 및 사용
- ⑨ 1966년 : 산성 중화 헤어 컨디셔너제 개발 및 사용
- ⑩ 1975년 : 산성 중화 퍼머넌트제 등 여러 가지 제품 개발

Section 3 미용용구

1 미용 도구

미용 도구에는 빗(Comb), 브러시(Brush), 가위(Scissors), 레이저
(Razor), 아이론(Iron), 컬(Curl), 로드(Rod), 헤어핀(Hairpin),
클립(Clip), 롤러(Roller) 등이 있다.

(1) 빗(Comb)

1) 빗의 시술용도

① 얼레빗 : 엉킨 두발을 빗을 때 사용
② 커트빗 : 각도 조절, 매만질 때 사용
③ 세팅빗 : 웨이브 형성에 있어 모발의 각도를 조절할 때 사용
④ 정발용 : 모발을 손질할 때 사용
⑤ 결발용 : 모발을 묶을 때, 모발의 흐름을 연결할 때 사용

2) 빗의 구조

① 빗살 : 빗살 전체가 가늘고 균등하게 형성되어 있어야 한다.
② 빗살 끝 : 빗살 끝이 너무 뾰족하거나 둔탁한 것은 빗질의 효과가
떨어진다.
③ 빗살 뿌리 : 빗살 뿌리가 균등하게 동그스름한 것이 좋다.
④ 빗등 : 균형을 잡아주고 단단해야 한다.

얼레살   고운살

빗끝   빗등   빗몸   빗살뿌리

3) 빗의 소독법

① 자비소독, 증기소독을 피하고 크레졸, 석탄산수, 포르말린수,
자외선, 역성비누액 등으로 소독한다.
② 소독 후 물로 헹구고 수건으로 물기를 제거한 후 건조한다.
③ 소독한 빗과 소독을 하지 않은 빗을 각각 다른 용기에 넣어 보관
하여야 한다.

> **Tip 빗의 구조**
> 고운살과 얼레살로 되어 있으며, 얼레살은 모발의 엉킴이 심할 때 사용한다. 빗
> 전체가 균등하여 빗살이 고르고 두께가 일정해야 한다.

(2) 브러시(Brush)

1) 브러시의 종류

① 헤어 브러시 : 드라이용 브러시, 업스타일 브러시, 쿠션 브러시,
돈모쿠션 브러시
② 메이크업 브러시 : 아이 브로 브러시, 마스카라 브러시, 섀도 브
러시, 블러셔 브러시, 노즈용 브러시, 페이스 브러시
③ 네일용 브러시 : 포크아트 브러시, 아크릴 브러시

2) 브러시의 선택법

① 브러시는 빳빳하고 탄력이 있는 자연강모로 만든 것이 좋다.
② 동물의 털(돼지, 고래수염 등)로 만든 브러시는 정전기가 발생하
기 때문에 모발손상에 주의해야 한다.
③ 나일론 비닐계의 브러시는 정전기가 발생하여 모발손상에 주의해
야 한다.

3) 브러시의 손질법

① 비눗물이나 탄산 소다수에 담가 세정한 후 그늘에 말린다.
② 나무제품일 경우 털이 심어진 곳에 물이 침투하면 내구성이 나빠
진다.
③ 세정 후에는 소독하고 소독장에 보관한다.

(3) 가위(Scissors)

1) 가위의 명칭

① 가위 끝 : 정인과 동인 양쪽 뾰족한 앞쪽 끝
② 날 끝 : 정인과 동인의 안쪽 면
③ 선회축 : 정인과 동인의 하나로 고정시키는 나사 부분
④ 다리 : 선회축과 엄지환 또는 약지환의 사이 부분
⑤ 엄지환 : 동인과 연결된 원형의 고리로 엄지를 살짝 끼우는 부분
⑥ 약지환(손가락 걸이) : 정인과 연결된 원형의 고리로 약지를 살짝
끼우는 부분
⑦ 소지걸이 : 정인의 약지환에 이어져 있으며 소지(새끼손가락)를
걸기 위한 부분

손가락걸이(Finger Grip)
동인(Moving Blade)   다리(Shank)
날 끝(Cutting Edges)
정인(Still Blade)
선회축(Pivot or Serew)
엄지환(Thumb Grip)

2) 가위의 종류

① 재질에 따른 분류
  ㉠ 전강 가위
    가위날 등 전체 재질이 특수강철로 구성되어 있다.
  ㉡ 착강 가위
    협신부에 사용된 강철은 연강이며, 날은 특수강이고 부분적
    으로 수정할 때 조정하기 쉽다.
② 사용 목적에 따른 분류
  ㉠ 커팅 가위
    두발을 커트하고 셰이핑할 때 사용한다.
  ㉡ 틴닝 가위
    두발의 길이는 자르지 않고 숱을 감소시킬 때 사용한다.

3) 가위의 선택

① 도금된 것은 재질이 좋지 않기 때문에 피할 것
② 양날이 견고하고 동일할 것
③ 날은 얇고 협신은 가벼우며, 양다리는 강한 것이 좋음

4) 가위 손질법

① 가위를 소독할 때는 자외선, 석탄산수, 클레졸수, 포르말린수,
에탄올 등을 사용한다.
② 사용한 가위는 소독한 후에 녹이 슬지 않도록 수분을 깨끗하게
제거한 후 기름칠을 한다.

(4) 레이저(Razor)

1) 레이저의 종류

① 오디너리 레이저(일상용 레이저)

12

㉮ 숙달된 자에게 적당하다.
㉯ 시간이 단축되어 능률적이다.
㉰ 지나치게 많이 자를 우려가 있다.
② 셰이핑 레이저
㉮ 장점 : 날에 보호막이 있어 초보자에게 적합하다.
㉯ 단점 : 잘려지는 모발이 적어 시간적 제약이 뒤따른다.

2) 레이저 선택방법
① 선택할 때는 평평한 판 위에 올려놓고 날 등과 날 끝이 틀어지지 않은 것으로 선택한다.
② 날 두께도 균일한 곡선과 일정한 것을 선택한다.

3) 손질법
① 레이저의 재질이 금속이므로 사용 후 꼭 소독하여 보관한다.
② 소독한 레이저는 녹이 슬지 않도록 기름칠하여 보관한다.
③ 석탄산수, 크레졸수, 포르말린수, 에탄올, 역성비누 등을 사용하여 소독한다.

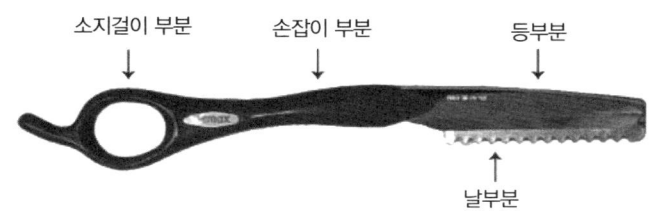

(5) 클리퍼(Clipper)

1) 클리퍼의 사용목적
① 커트 시 두발을 직선으로 단면을 자르는 데 사용
② 여성 숏 커트, 남성 커트 시 블런트 커트에 사용

(6) 기타 미용 도구

1) 헤어 핀과 헤어 클립
① 컬의 고정이나 웨이브를 갖추는 등 미용 시술에 사용된다.
② 헤어 핀은 열린 핀과 닫힌 핀으로 나누어진다.
③ 헤어 클립은 컬의 고정에 사용하는 컬 클립과 웨이브 형성 고정에 사용하는 웨이브 클립으로 나누어진다.

2) 컬링 로드(Curling rod)
① 로드의 형태에 따라 콜드 웨이브, 히트 웨이브를 형성하는 데 사용된다.
② 로드의 크기는 대, 중, 소로 구분된다.

3) 롤러(Roller)
① 원통상의 모양으로 헤어 세팅할 때 두발의 볼륨감을 주기 위해 사용된다.
② 원통의 크기는 대, 중, 소로 구분하며, 컬을 말기 위한 용구이다.
③ 합성수지이므로 소독 시에는 에탄올, 크레졸수, 석탄산, 자외선, 역성비누를 사용한다.

2 미용기구

넓은 의미의 미용도구 전반을 일컫는다. 시술에 필요한 물건을 담아 두는 두발용 용기, 샴푸도기, 소독기, 미용의자, 컵 등이 이에 속한다.

(1) 샴푸도기

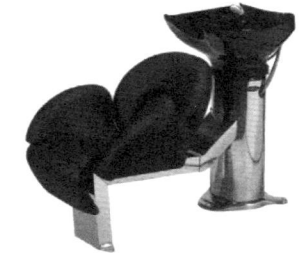

① 고객의 목이 편안한 것으로 사용한다.
② 샴푸도기의 샤워기 구멍은 일정하게 수압조절이 되는 것이 좋다.
③ 냉·온수가 잘 나오는 것이 안전하고 편리하다.

(2) 소독기

1) 자외선 멸균 소독기

① 미용에 쓰이는 소도구를 소독 및 보관할 때 사용하는 기계이다.
② 기구들을 30분 정도 자외선 멸균기에 넣어두면 뜨겁지 않으며 깨끗하게 보관된다.
③ 물건을 꺼내기 위해 멸균기의 문을 열면 자외선이 자동으로 차단되어 인체에 해를 끼치지 않는다.

(3) 미용용구 사용시 주의할 점
① 감염을 예방하기 위해 항상 소독에 주의하고 청결하게 유지한다.
② 시술 후 용기를 충분히 닦아내며 위생상 소독기에 보관한다.

3 미용기기

미용을 목적으로 사용되는 모든 기기를 말한다. 법률상으로 의료기기 또는 전기용품으로 구분하여 관리되고 있다.

1) 헤어 드라이
① 샴푸 후 젖은 두발을 말리는 데 사용 또는 헤어스타일링할 때 사용한다.
② 블로 타입 : 일반적인 헤어 드라이어를 말한다.
③ 헤어웨이빙 타입 : 노즐 앞쪽으로 아이론, 롤브러시, 빗 등을 부착하여 스타일링할 때 사용한다.
④ 스탠드 후드 타입 : 순환, 열풍, 온풍, 냉풍 등을 이용하여 모발 건조 및 세팅 스타일링할 때 사용한다.

2) 헤어 스티머
① 기능과 용도
㉮ 기능 : 두피와 모발의 근육이완 및 약액의 침투를 촉진시킨다.
㉯ 용도 : 퍼머넌트, 염색, 탈색, 헤어트리트먼트, 스캘프 트리트먼트 등에 사용된다.
② 사용기간 및 선택법
㉮ 사용기간 : 모발과 두피의 타입별 시간은 조금씩 다르지만 10~15분 전후로 사용한다.
㉯ 선택법 : 분무형태가 균일하게 분사되는지, 온도가 균일한지, 조절기능, 분무입자의 미세정도에 따라 선택한다.

3) 헤어 히팅 캡
① 두피 손질(스캘프 트리트먼트), 두발 손질(헤어트리트먼트), 가온, 콜드액 시술에 사용되며 두발이나 두피에 바른 오일, 크림등을 열에 가하여 침투가 잘되게 고루 퍼지도록 하는 것이다.

4) 고주파 미안기
① 전류를 사용하는 기기로 인체의 생리적 작용과 살균효과를 주고, 전류가 유리관을 통하여 피부로 전달되는 원리이다.
② 종류는 직접법과 간접법 두 가지가 많이 사용된다.
　㉮ 직접법 : 지성, 여드름피부의 트러블 개선효과
　㉯ 간접법 : 건성피부, 노화피부, 혈액순환이 저하된 피부에 효과적

5) 갈바닉(전류 미안기)
① 갈바닉 전류는 매우 낮은 전압의 직류를 사용하여 안면관리를 하는 기기로 양극은 양이온의 물질을 밀어내고, 음극은 음이온의 물질을 밀어내어 피부에 유효한 성분의 영양물질을 침투시키는 방법이다.
② 임신, 간질, 당뇨병, 과민피부 등의 사용을 금한다.

6) 적외선
① 전자파의 일종으로 적색의 적외선은 분자에 흡수되어 운동시킴으로써 열이 발생한다.
② 피부에 침투하여 온열자극을 주는 작용을 미용기술상에 이용한다.
③ 신진대사 촉진 및 영양 공급, 땀 배출로 노폐물 제거에 효과적이다.
④ 적외선 종류
　㉮ 근적외선 : 가장 짧은 파장으로 혈관과 피하조직에 영향을 준다.
　㉯ 중적외선 : 적외선의 중간 파장이다.
　㉰ 원적외선 : 가장 긴 파장으로 피부 침투 효과는 적으나 자극이 적어 장시간 사용 가능하다.

7) 자외선
① 220~320nm 사이의 파장을 지닌 전자기파로 살균력이 강하고 비타민 D를 생성한다.
② 살균작용 및 저항력 증가, 진통완화 효과가 있다.
③ 작업 시 고객에게 아이패드, 시술자는 보안경을 착용한다.

Section 4　헤어 샴푸 및 컨디셔너

▌1▐ 정의와 목적

1) 정의와 목적
① 미용시술의 가장 기본적인 서비스에 해당하며, 모든 미용기술의 기초 기술과정이다.
② 샴푸는 두피의 피지, 노폐물을 제거하여 모발의 청결과 건강을 유지시키며, 두발의 건강한 발육을 촉진한다.

2) 헤어 샴푸의 종류
① 웨트 샴푸(wet shampoo)
　㉠ 플레인 샴푸 : 일반적인 샴푸방법으로 중성세제나 비누 등을 사용하는 방법이다.

　㉡ 핫오일 샴푸 : 두피나 모발에 유분 공급을 위한 샴푸로 퍼머넌트나 염색 등으로 건조해진 모발에 마사지하는 방법이다.
　㉢ 에그 샴푸 : 탈색, 염색실패 등으로 모발 상태가 심각할 때 날달걀을 사용하여 시술하는 방법이다. 흰자는 세정, 노른자는 영양공급과 광택에 도움을 준다.
② 드라이 샴푸(dry shampoo)
　㉠ 분말 드라이 샴푸 : 산성 백토에 카올린, 탄산마그네슘, 붕사 등을 섞어서 사용한다.
　㉡ 리퀴드 드라이 샴푸 : 벤젠이나 알코올 등의 휘발성 용제에 24시간 담가 두었다가 응달에 건조시키는 방법으로, 주로 가발이나 헤어 피스 세정에 사용한다.

3) 샴푸제의 선택
① 정상 두발 : 플레인 샴푸를 사용하며, 알칼리성 샴푸는 합성세제를 주제로 PH가 7.5~8.5 정도이고, 산성 샴푸제는 PH가 약 4.5 정도인 약산성 샴푸제를 말한다.
② 비듬성 두발 : 항 비듬성 샴푸제는 약용 샴푸제에 해당하고, 건성 두발과 지성 두발의 상태에 맞게 사용한다.
③ 염색 두발 : 염색한 모발의 샴푸제로는 논스트리핑 샴푸(Non-stripping Shampoo)가 사용된다.
④ 지성 두발 : 합성세제나 중성세제가 적당하며, 비누 세정제보다 세정력이 뛰어나다.
⑤ 다공성모 : 콜라겐과 케라틴 같은 단백질을 주성분으로 한 샴푸제로 두발의 탄력을 강화시켜 준다.

4) 샴푸 시술 시 주의할 점
① 손톱을 짧게 깎는다.
② 손에 액세서리를 하지 않는다.
③ 물의 온도는 38~40℃가 적당하다.
④ 두피를 문지를 때 지문 부분을 사용해야 한다.
⑤ 퍼머넌트 웨이브나 염색 전의 샴푸는 두피를 너무 자극하지 않도록 한다.

5) 시술 순서
① 모발에 충분히 브러싱하여 고객을 샴푸대에 편안하게 앉게 한다.
② 의자 등받이에 샴푸 클로스를 걸치고 세발대와 손님의 목 사이에 타월을 놓는다.
③ 한 손을 정수리 부분에 놓고 머리를 고정시켜 다른 한 손의 손가락을 이용하여 페이스 라인 주변(머리)을 지그재그로 이동하며 문질러 준다.
④ 이동 방향은 전두부, 측두부, 두정부, 후두부 순서로 진행한다.
⑤ 양 손가락을 이용하여 뒷머리 부분의 끝에서부터 위쪽으로 리드미컬하게 올려준다.
⑥ 양쪽 엄지손가락을 사용하여 페이스 라인의 중앙 부분에서 시작하여 관자놀이 부분까지 부드럽게 마사지하듯 내려온다.
⑦ 모발에 물기를 살짝 제거해 주고 타월로 머리 전체를 감싸준다.

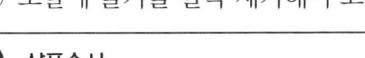
> **Tip　샴푸순서**
> 전두부 → 측두부 → 두정부 → 후두부

▌2▐ 헤어 컨디셔너

1) 컨디셔너의 정의 및 목적
① 샴푸 후 두발을 보호하기 위해 알칼리 성분을 제거하는 모발 영양조절 행위를 말한다. 보통 pH 4.5~6.5 정도의 약산성을 사용한다.

② 건조해진 두발에 영양을 공급하여 보호해준다.
③ 두발에 윤기를 주어 정전기를 방지해준다.

2) 컨디셔너의 종류
① 플레인 린스(Plain Rinse) : 일반적인 방법으로 미지근한 물로 헹구는 방법이다.
② 유성 린스 : 크림 또는 로션 형태로 샴푸 후에 지방분을 공급하기 위해 사용한다.
③ 산성 린스(Acid Rinse) : 장시간 도포 시 약간의 표백작용이 있으므로 장시간 사용을 피해야 한다.
④ 오일 린스(Oil Rinse) : 식물성 기름을 미지근한 물에 타서 두발을 헹구어주는 방법으로 합성세제나 비누를 사용한 샴푸의 두발에 적당한 유분을 공급하여 준다.
⑤ 구연산 린스 : 레몬 린스의 대용으로 구연산을 녹인 물에 모발을 헹군다.
⑥ 비니거 린스(Vinegar Rinse) : 식초나 초산을 10배 정도로 희석하여 모발을 헹군다.

Section 5 헤어 커트

1 헤어 커트의 기초 이론

(1) 헤어 커팅의 개요

1) 헤어 커팅의 의의
① 헤어 커팅(Hair Cutting)은 헤어스타일을 만들기 위한 기초기술이다.
② 헤어 커팅은 모발의 길이를 자르거나 숱 감소, 볼륨, 방향, 질감 등을 밀도 있게 표현하는 기술이다.

2) 커트 시 주의사항
① 두부의 골격구조와 형태를 생각하면서 시술한다.
② 끝이 갈라진 열모의 양에 유의한다.
③ 두피에서 모발의 각도 및 모양에 주의한다.
④ 젖은 머리로 커트한다.
⑤ 기준선을 정확하게 정한다.
⑥ 슬라이스는 1~1.5cm 폭으로 직선으로 뜬다.

3) 헤어 커팅의 종류
① 웨트 커트 : 모발에 물을 적셔서 커트하는 방법
② 드라이 커트 : 손상모를 쳐낼 때 또는 수정할 때 건조한 상태로 커트하는 방법
③ 프레 커트 : 퍼머넌트 웨이빙 시술 전 커트로서 구상한 디자인보다 1~2mm 정도 길게 커트하는 방법
④ 애프터 커트 : 퍼머넌트 웨이빙 시술 후에 커트하는 방법

(2) 헤어 커팅에 따른 분류

1) 블런트 커팅(Blunt Cutting)
① 직선으로 커트하는 방법을 말한다.
② 블런트 커트의 기법은 원랭스 커트, 그라데이션 커트, 스퀘어 커트, 레이어 커트 등이 있다.

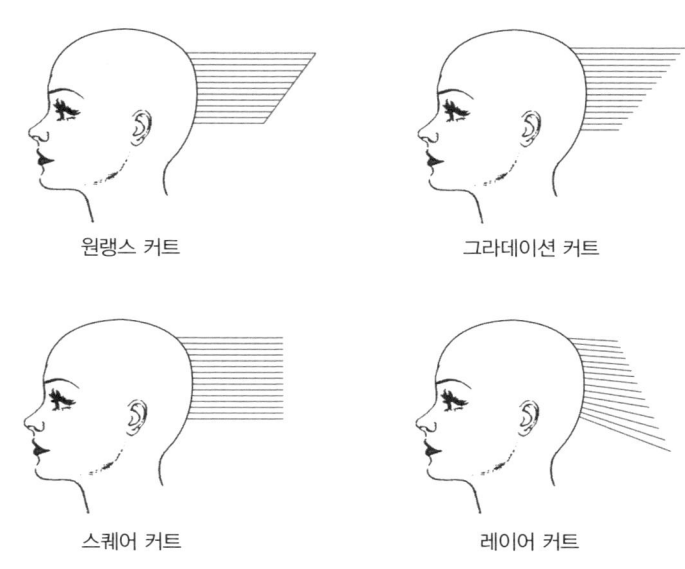

[커트의 종류]

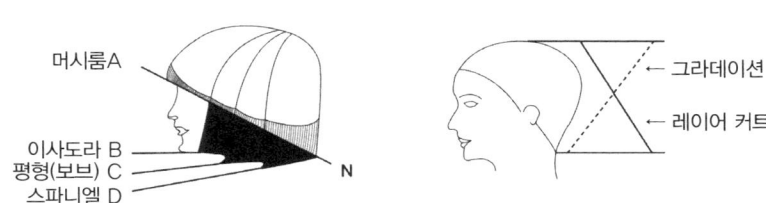

㉮ 원랭스 커트(One-length)
보브 스타일의 가장 기본적인 커트 방식으로 두발을 단발 스타일로 자르는 기법이다. 커트라인에 따라 이사도라, 스파니엘, 머시룸 등이 있다.

㉯ 그라데이션 커트(Gradation Cut)
그라데이션(단차)되는 각도에 따라 로(Low), 미디움(Medium), 하이(High) 그라데이션으로 나눌 수 있다.

㉰ 스퀘어 커트(Square Cut)
정방형 커트로 각이 있는 사각형 느낌, 두부의 외곽선을 커버하고 자연스럽게 두발의 길이가 연결되도록 할 때에 이용한다.

㉱ 레이어 커트(Layer Cut)
네이프에서 톱으로 올라갈수록 길이가 점차 짧아지는 커트로서, 각 단이 서로 연결되도록 두피로부터 90도 이상 각도로 커트하는 방식이다. 네이프 헤어와 탑 헤어의 길이 차이가 많이 나는 커트이다.

2) 스트로크 커트(Stroke Cut)
시저스에 의한 테이퍼링을 스트로크 커트라 하며, 모발의 감소와 볼륨의 효과를 볼 수 있다.
① 숏 스트로크
가위의 각도는 0~10° 정도이다.
② 미디움 스트로크
가위의 각도는 10~45° 정도이다.
③ 롱 스트로크
가위의 각도는 45~90° 정도이고, 스트랜드의 길이도 길어지게 되므로 두발이 가벼워진다.

3) 쇼트 헤어커트
① 장가위 헤어커트
장가위의 싱글링은 빗을 이용하여 머리를 올려치는 방법이다. 가위의 라인이 일직선으로 존재하기 때문에 단면이 나오긴 하지만 라인을 잡는 데 유리하다. 보통 머리숱이 많거나 머리카락이 억

센 사람에게 적용한다. 또한 뒷머리 바짝 올려치는 것을 싫어하는 사람은 클리퍼 대신 장가위 싱글링 커트를 한다.

② 클리퍼 헤어커트

클리퍼 헤어커트는 클리퍼의 단면이 그대로 머리카락에 적용되어 나타나기 때문에 정확한 라인을 잡을 때 사용한다. 짧은 스타일의 머리나 정확성을 요구하는 경우 클리퍼를 사용하면 유리하다. 보통 머리숱이 많은 사람은 장가위 싱글링을 먼저하고 클리퍼를 사용한다.

③ 쇼트 헤어커트 마무리

여성의 쇼트 커트의 경우 마무리를 할 때 머리카락의 흐름이 부자연스러운지 꼭 체크해야 한다. 머리카락을 귀 뒤로 넘겼을 때 단발의 앞머리에서 사이드로 흘러내리는 모양이 자연스러워야 한다. 어색할 경우엔 수정 보완을 해야 한다.

4) 테이퍼링(Tapering)

테이퍼링 커트는 두발 끝을 점차 가늘게 커트하는 방법으로 모발 끝이 붓끝처럼 가벼워진다.

① 엔드 테이퍼(End Taper)

스트랜드의 1/3 이내의 모발 끝을 테이퍼하는 것

② 노멀 테이퍼(Normal Taper)

스트랜드의 1/2 지점을 폭넓게 테이퍼하는 것

③ 딥 테이퍼(Deep Taper)

스트랜드의 2/3 지점에서 모발을 많이 쳐내는 것

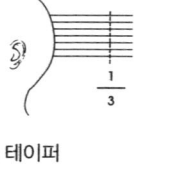  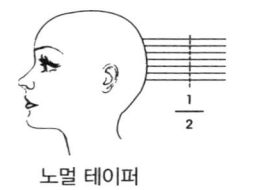

엔드 테이퍼　　　노멀 테이퍼　　　딥 테이퍼

[커팅 기법]

5) 기타

① 슬리더링(Slithering) : 시저스를 사용해서 모발 숱을 감소시키는 방법

② 트리밍(Trimming) : 형태가 이루어진 모발을 최종적으로 가볍게 마무리 하는 방법

③ 틴닝(Thinning) : 모발의 길이를 짧게 하지 않으면서, 전체적으로 모발 숱을 쳐내는 방법

④ 클리핑(Clipping) : 클리퍼(바리캉)나 시저스를 사용하여 불필요한 모발을 쳐내는 방법

⑤ 시닝(Slithering) : 슬리더링이라 하며, 시닝 시저스(숱 가위)로 모발 길이는 짧지 않게 두발 숱을 감소시켜 주는 방법

⑥ 싱글링(Shingling) : 빗대고 장가위를 빠른 개폐동작으로, 각도는 45°로 커트하는 방법

2 헤어 커트 도구

1) 가위를 이용한 테이퍼링

① 적당하게 스트랜드를 잡아 빗으로 빗고, 가위를 스트랜드 두발 끝에 놓은 뒤, 두피를 향해 가위의 협신이 닿을 듯이 하며 두발을 자른다.

2) 레이저를 이용한 커트

① 스트랜드 근원에서부터 두발 끝을 향해 쳐내고 빗질을 한다.

② 롱 스트로크는 칼날을 미용사 앞으로 향하도록 하고, 숏 스트로크는 칼날을 세워 두발의 끝 부분부터 시작한다.

3) 슬리더링 커트

가위를 사용해서 모발을 틴닝하는 방법이다(주로 페이스 라인에 사용).

4) 트리밍

이미 형태가 이루어진 모발선을 최종적으로 정돈하기 위하여 가볍게 커트하는 방법이다.

5) 싱글링을 이용한 방법

빗을 이용하여 45°로 커트하며, 주로 남성 커트에 이용되어 장가위를 사용한다.

6) 백 코밍

스트랜드를 잡고, 자르고자 하는 두발량을 남겨서 두발 끝에서 두피 쪽을 향하여 백 코밍한다.

7) 틴닝 가위를 이용한 방법

두발의 길이를 짧게 하지 않으면서 지나친 두발 숱을 쳐내는 방법으로 굵고 억센 두발은 모근 가까이에서 커트한다.

8) 슬라이싱 커트

가위의 날을 벌린 상태에서 미끄러지듯 움직이며 머리 끝 부분에 가벼운 질감을 표현하는 데 사용한다.

9) 슬라이드 커트

모발의 길이를 급격히 증가시킬 때 자연스럽게 연결시키며 C자형으로 커트한다.

10) 두부의 기준점

● 블로킹(섹션)
○ 미디움

[두부의 명칭]

번호	기호	명칭
1	E.P	이어 포인트(Ear Point)(좌 / 우)
2	C.P	센터 포인트(Center Point)
3	T.P	탑 포인트(Top Point)
4	G.P	골든 포인트(Golden Point)
5	B.P	백 포인트(Back Point)
6	N.P	네이프 포인트(Nape Point)
7	F.S.P	프론트 사이드 포인트(Front Side Point)(좌 / 우), 템플(Temple), 리세션(Recession)
8	S.P	사이드 포인트(Side Point)(좌 / 우)
9	S.C.P	사이드 코너 포인트(Side Corner Point)(좌 / 우)
10	E.B.P	이어 백 포인트(Ear Back Point)(좌 / 우)
11	N.S.P	네이프 사이드 포인트(Nape Side Point)(좌 / 우)
12	C.T.M.P	센터 탑 미디움 포인트(Center Top Medium Point)

번호	기호	명칭
13	T.G.M.P	탑 골든 미디움 포인트 (Top Golden Medium Point)
14	G.B.M.P	골든 백 미디움 포인트 (Golden Back Medium Point)
15	B.N.M.P	백 네이프 미디움 포인트(Back Nape Medium Point), 옥씨피탈본(Occipital Bone)

번호	명칭	설명
1	정중선	코의 중심을 기준으로 머리 전체를 수직으로 가른 선
2	측중선	귀 뒷부리를 수직으로 두른 선
3	수평선	E.P의 높이를 수평으로 두른 선
4	측두선	눈끝을 수직으로 세운 머리 앞쪽에서 측중선까지
5	얼굴선	S.C.P에서 S.C.P를 연결하여 전면부에 생기는 전체
6	목뒷선	N.S.P에서 N.S.P를 연결하는 선
7	목옆선	E.P에서 N.S.P를 연결하는 선

Section 6 헤어 펌

1 베이직 헤어펌 기초이론

1) 헤어펌 원리
① 모발에 물리적 화학적 방법을 가하여 모발의 상태를 영구적인 웨이브 형태로 변화시키는 것이다.
② 모발의 알칼리성분을 이용해 시스틴 결합을 절단시키고 환원시킨다. 환원작용으로 웨이브가 형성되면 이때 시스틴 결합으로 반영구적인 웨이브가 형성된다.

2) 헤어펌의 종류
① 1욕법 : 티오글리콜산 암모늄을 주제로 한 1종류의 솔루션만을 사용하는 것
② 2욕법 : 현재 가장 많이 사용하고 있는 1액과 2액의 두 종류를 이용하는 방법
③ 3욕법 : 모발을 팽윤·연화시키기 위한 1액은 와인딩하기 전, 2액은 환원제, 3액은 산화작용

3) 프로세싱 타임
① 두발의 길이, 숱, 솔루션의 강도, 기후, 손님 체온 등에 의해 달라진다.
② 오버 프로세싱 : 프로세싱 타임 이상으로 제1액을 방치한 상태
③ 언더 프로세싱 : 유효시간보다 짧게 프로세싱한 상태

4) 두발 끝이 자지러지는 경우
① 너무 가는 로드를 선정하고 약액이 너무 강할 때
② 퍼머 시술 전 두발 끝을 너무 심하게 테이퍼할 때
③ 오버 프로세싱할 경우
④ 텐션을 주지 않고 와인딩했을 시

5) 퍼머넌트 웨이브가 나오지 않는 원인
① 오버 프로세싱으로 시스틴이 지나치게 파괴된 경우
② 경수로 샴푸해서 금속염이 형성된 경우
③ 두발이 저항성모, 발수성모, 경모일 경우

2 매직스트레이트 헤어펌

1) 매직스트레이트 헤어펌 개요
머리카락을 곧게 펴주는 파마를 말한다. 일명 축모교정펌이라고도 한다. 머리부피를 줄여 곱슬머리를 생머리로 만들어낸다는 뜻이다. 머리숱이 지나치게 많거나 악성 곱슬머리의 경우 매직스트레이트 헤어펌을 권한다.

2) 매직스트레이트 헤어펌 방법
매직스트레이트는 환원 산화작용을 활용한 파마로 머리카락의 조직을 연화시킨 상태에서 매직스트레이트용 기계를 이용하여 곧게 펴주는 과정을 거친다. 이때 롯드 대신 180도의 고온 플랫 아이롱을 사용하여 곱슬형 머리를 스트레이트 모발로 바꿔주는 시술이다.

3) 매직스트레이트 이후 홈케어
매직스트레이트 헤어펌은 사후관리가 매우 중요하다. 헤어펌 이후에는 2~3일 동안 샴푸로 머리를 감지 않는 것이 좋다. 머리를 감은 후에는 트리트먼트를 사용하여 매직스트레이트로 인해 손상된 머리카락을 보호해야 한다. 매직스트레이트의 스타일 유지기간을 보통 2~3개월이다.

3 퍼머넌트 웨이브의 시술

1) 두피 및 모발 진단
① 두피 진단 : 두피에 질환이 있는지 확인한 후 퍼머넌트 시술을 해야 한다.
② 모발 진단 : 모발 상태(다공성모, 손상모)를 확인해야 한다.
③ 모발의 직경 : 굵은 모발, 보통 모발, 가는 모발 또한 부드러운 모발, 거친 모발 등이 있다.

2) 사전처리
① 발수성 모발 : 모발은 지방분이 많고 수분을 밀어내는 성질을 지니고 있으므로 특수 활성제를 도포하여 스티머를 사용하면 효과적이다.

3) 콜드 웨이브 시술순서
① 모발진단
　문진, 촉진, 시진, 검진을 행한다.
② 샴푸
　자극성 없는 중성 샴푸제를 사용하고 두피의 자극을 피한다.
③ 타월 드라이
　샴푸한 후 젖은 모발을 타월에 감싸서 충분히 드라잉함으로써 자극을 최소화한다.
④ 셰이핑
　블런트 커트 방법과 테이퍼 방법이 사용된다.
⑤ 블로킹(Blocking)
　두부를 구분하는 것으로 섹션이라고도 한다. 보통 굵은 두발의 경우 블로킹을 작게 한다.
⑥ 와인딩(Winding)
　㉮ 와인딩이란 모발을 로드에 감는 기술을 말한다.
　㉯ 와인딩할 때 텐션을 일정하게 유지하여야 한다.

4) 테스트 컬(Test Curl)
① 퍼머넌트할 때 컬이 형성되는 정도를 시험하기 위해 테스트하는 것이다.
② 프로세싱은 캡을 씌운 때부터 시작하여 약 15~20분 정도이다.

③ 오버 프로세싱이 되지 않도록 항상 주의하여야 한다.

5) 중간린스

모발에 부착된 1액을 미지근한 물로 헹구는 것을 중간 린싱이라고 한다. 콜드웨이브는 중간린스를 하지 않는다.

> **Tip** **시술순서**
> 두피 및 모발진단 – 스타일 선택 – 샴푸 – 타월 드라이 – 셰이핑 – 블로킹 –
> 와인딩 – 테스트 컬 – 중간 린스 – 산화작용 – 플레인 린스 – 블로드라이 –
> 콤아웃으로 시술한다.
> ※ 시술 후 샴푸를 사용하면 퍼머넌트 웨이브의 탄력을 약하게 한다.

Section 7 헤어세팅

■1 헤어 세팅의 기초이론

1) 분류

헤어스타일을 만들기 위한 기초이며 개성미를 연출하는 오리지널 세트(최초의 세트)와 리셋 세트(마무리 세트)로 나뉜다.

2) 오리지널 세트(Original Set)

헤어 파팅, 헤어 셰이핑, 헤어 컬러링, 헤어 웨이빙, 롤러 컬링 등이 있다.

3) 리셋 세트(Reset Set)

① 브러시 아웃 : 브러시로 원하는 헤어스타일을 연출하는 것
② 콤 아웃 : 빗으로 웨이브와 볼륨을 연출하여 마무리 하는 것

■2 헤어 디자인 및 세팅시술

(1) 헤어 디자인

1) 둥근형 얼굴

① 가르마 : 6 : 4, 7 : 3 파팅에 이마에 작은 뱅을 연출한다.
② 둥근 얼굴형은 길게 보이게 탑 부위를 강조하기 위하여 볼륨을 주는 것이 좋다.

2) 계란형 얼굴

① 가르마 없이 여러 가지 스타일을 연출할 수 있다.
② 표준형이기 때문에 이마를 드러내서 개성미를 살려주는 스타일이 좋다.

3) 장방형 얼굴

① 얼굴이 길어 보이지 않도록 가르마 없이 이마를 가리는 큰 뱅을 연출한다.
② 관자놀이와 귀 부분을 가리는 스타일을 구성하는 것이 좋다.

4) 삼각형 얼굴

① 이마가 좁고 턱선이 넓은 것이 특징이다.
② 이마가 넓어 보이도록 이마에 큰 뱅을 이용하고 양 볼의 선을 좁게 보이도록 연출해 준다.

5) 역삼각형 얼굴

① 이마의 폭이 넓고 양턱 부분이 좁은 것이 특징이다.
② 좁은 턱 부분을 웨이브로 연출하여 얼굴형에 맞도록 볼륨을 주는 것이 좋다.

6) 마름모형 얼굴

① 양 볼의 광대뼈가 발달되어 있고 이마와 턱 부분이 좁은 것이 특징이다.
② 좁은 이마와 빈약한 턱 부분에 볼륨을 주고 튀어나온 광대뼈 부분은 더 돌출되지 않는 연출이 좋다.

(2) 세팅 시술

1) 헤어 파팅(Hair Parting, 가르마)

① 센터 파트 : 앞가르마 5 : 5 파트
② 사이드 파트 : 좌, 우, 옆 가르마(6 : 4, 7 : 3, 8 : 2) 얼굴형과 스타일에 따라 비율로 나눈다.
③ 라운드 사이드 파트 : 사이드 파트가 곡선상으로 둥글게 가르마를 타는 것이다.
④ 업 다이애거널 파트 : 사이드 파트의 선이 뒤쪽으로 향하여 위로 오르게 가른다.
⑤ 크라운 파트 : 사이드 파트 뒤쪽에서 귀의 위쪽으로 향하여 수직으로 나누어 가른다.
⑥ 이어 투 이어 파트 : 좌측 이어 포인트에서 탑 포인트를 지나 우측 이어 포인트로 나눈 것을 말한다.
⑦ 센터 백 파트 : 후두부를 정중앙선으로 나누는 파트이다.
⑧ 카우릭 파트 : 두정부에서 방사선으로 자연스러운 흐름에 따라 가르마를 나누는 상태를 말한다.
⑨ 렉탱귤러 파트 : 양측두부와 후두부를 연결하여 두정부에 수평을 가른다.
⑩ 스퀘어 파트 : 이마에서 사이드 파트하여 두정부에서 이마의 헤어라인에 수평으로 하는 파트이다.
⑪ V 파트 : 두정부의 중심을 V 모양으로 연결하여 디자인 파팅 때 주로 사용한다.
⑫ 귀 파트 : 좌측 귀 위쪽에서 두정부를 지나 우측 귀 위쪽으로 향하여 수직으로 하는 파트이다.

2) 헤어 셰이핑(Hair Shaping)

① "두발의 모양을 만들고 모발의 흐름을 정리한다"라는 의미로 커팅과 세팅의 두 가지 의미를 지닌다.
② 컬(Curl) 및 웨이브(Wave)를 만들기 위한 기초이며 토대가 된다.

3) 헤어 컬링(Hair Curling)

① 웨이브, 볼륨, 플랩을 만들기 위함이고 모발 끝에 변화와 움직임을 주는 것이다.

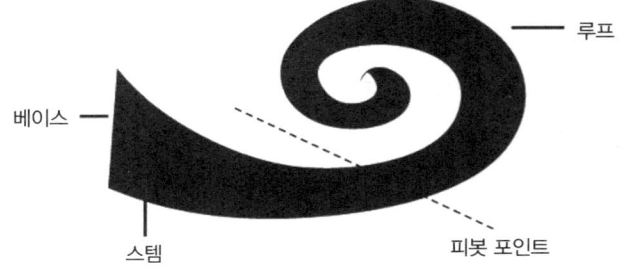

② 컬의 각부 명칭
㉮ 스템(Stem) : 모발줄기, 기둥, 컬의 방향이나 웨이브 흐름
　㉠ 풀 스템 : 컬의 움직임이 가장 크다.
　㉡ 하프 스템 : 스템에 의해 루프가 베이스로부터 어느 정도 움직임을 유지한다.
　㉢ 논 스템 : 컬이 오래 지속되며, 움직임이 가장 적다.

㉮ 베이스(Base) : 모발뿌리, 근원을 말한다.
㉯ 루프(Loop) : 원형으로 말린 컬이다.
㉰ 피봇 포인트(Pivot Point) : 컬이 말리기 시작하는 지점이다.
㉱ 엔드 오브 컬(End of curl) : 두발 끝을 말하며 엔드라고도 한다.

> **Tip**
> - 컬의 3요소 : 베이스, 루프, 스템
> - 컬의 구성요소 : 셰이핑, 스템의 방향, 텐션, 루프의 크기, 베이스, 두발 끝
> - 슬라이싱 : 두발을 얇게(나누어) 갈라 잡는 것
> - 텐션 : 모발의 긴 장력을 말하며 잡아당기는 힘
> - 베이스 : 컬 스트랜드의 밑 부분으로 모발이 말려서 감기기 시작하는 부분의 머리숱을 말한다.

4) 컬의 종류
① 스탠드 업 컬 : 컬의 루프가 두피에서 90° 이상 세워진 컬
② 플랫 컬 : 루프가 두피에 0°로 평평하게 붙도록 되어 있는 컬
  ㉮ 스컬프처 컬 : 모발 끝이 컬 루프 중심으로 되는 컬
  ㉯ 핀 컬 : 모발 끝이 컬의 바깥쪽이 된 컬
③ 리프트 컬 : 루프가 두피에 45°로 세워져 있는 컬
④ 포워드 컬 : 컬의 방향이 귓바퀴 방향으로 말린 컬
⑤ 리버스 컬 : 컬의 방향이 귓바퀴 반대방향으로 말린 컬

> **Tip** 컬의 마는 방향에 따라
> - 클로즈 와이즈 와인드 컬(C컬) : 오른쪽 말기, 시계방향으로 감는 컬
> - 카운터 클로즈 와이즈 와인드 컬(CC컬) : 왼쪽 말기, 시계반대방향으로 감는 컬

5) 컬 핀닝(Curl Pinning)
① 각도에 따라 길게 형성된 컬은 루프를 스트랜드 위에 고정하고, 짧게 형성된 컬은 베이스 부위에 고정한다.
② 핀의 고정 방법
  ㉮ 사선형태 고정방법 : 실핀, 싱글핀, W핀
  ㉯ 수평형태 고정방법 : 실핀, 싱글핀, W핀
  ㉰ 교차형태 고정방법 : U핀

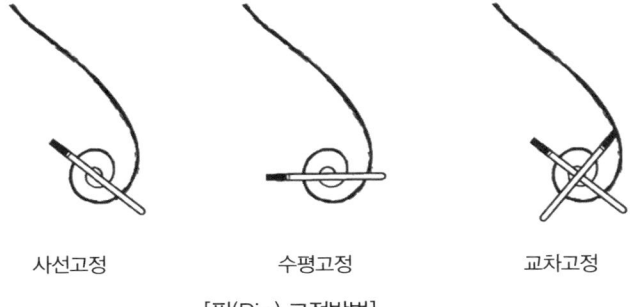

[핀(Pin) 고정방법]

6) 롤러 컬링
① 논 스템 롤러 컬 : 전방 45° 각도로 말은 것으로 가장 볼륨감이 있으며, 크라운 부분에 많이 사용한다.
② 하프 스템 롤러 컬 : 전방 90° 각도로 잡아 올려서 와인딩 형태로 감아주며, 수직으로 들어 말은 컬
③ 롱 스템 롤러 컬 : 후방 약 45° 각도로 말며, 스템이 베이스보다 길어서 롱스템 롤러 컬이라 부르며 볼륨감이 적다.

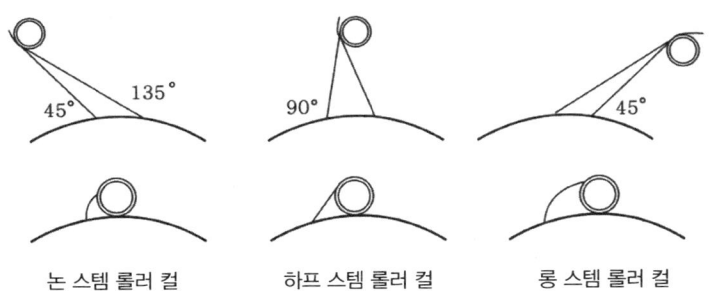

④ 롤러 컬의 와인딩
㉮ 두발 끝을 펴서 와인딩하는 경우 : 콤아웃할 때 모발 끝이 갈라지는 것을 방지하기 위함이다.
㉯ 두발 끝을 모아서 와인딩하는 경우 : 특별히 볼륨을 내거나 방향을 정할 때 사용한다.

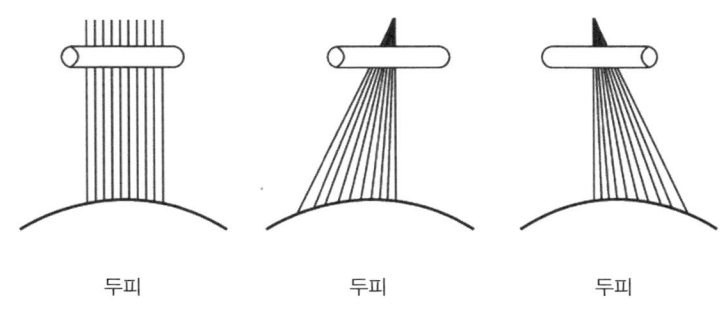

7) 헤어 웨이빙
① 각부의 명칭 : 시작점(비기닝), 정상(크레스트), 융기점(리지), 골(프로프), 끝점(엔딩)

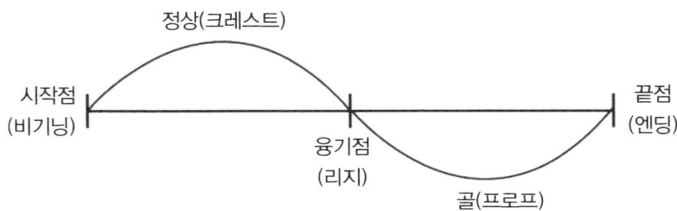

② 모양에 따른 분류
  ㉮ 와이드 웨이브 : 크레스트가 가장 뚜렷한 웨이브
  ㉯ 섀도 웨이브 : 크레스트가 뚜렷하지 못해 가장 자연스러운 웨이브
  ㉰ 내로우 웨이브 : 물결상이 극단적으로 많은 웨이브로 곱슬곱슬하게 된 퍼머넌트 웨이브에서 볼 수 있음

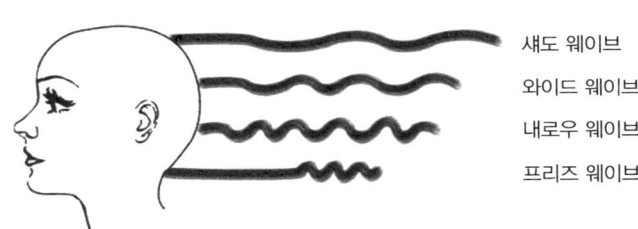

[웨이브의 형태에 따른 구분]

③ 위치에 따른 분류
  ㉮ 버티컬 웨이브 : 웨이브의 리지가 수직으로 되어 있는 것
  ㉯ 호리존탈 웨이브 : 웨이브의 리지가 수평으로 되어 있는 것
  ㉰ 다이애거널 웨이브 : 웨이브의 리지가 사선 방향으로 되어 있는 것
④ 핑거 웨이브의 종류
  ㉮ 덜 웨이브 : 리지가 뚜렷하지 않고 느슨한 웨이브
  ㉯ 로우 웨이브 : 리지가 낮은 웨이브
  ㉰ 하이 웨이브 : 리지가 높은 웨이브
  ㉱ 스윙 웨이브 : 큰 움직임을 보는 듯한 모양의 웨이브
  ㉲ 스월 웨이브 : 물결이 회오리치는 듯한 모양의 웨이브

8) 오리지널 세트
① 뱅 : 이미지 변화를 위해 자른 앞머리로 헤어스타일에 알맞게 적절한 분위기를 연출할 수 있다.

㉮ 플러프 뱅 : 깃털 모양의 갖추어지지 않은 상태의 뱅
㉯ 프렌치 뱅 : 두발 끝이 너풀너풀하게 부풀린 느낌의 뱅
㉰ 프린지 뱅 : 가르마 가까이에 작게 난 뱅
② 엔드 플러프 : 두발 끝을 불규칙한 모양의 형태로 너풀너풀한 느낌으로 표현한 것
㉮ 라운드 플러프 : 두발 끝이 원형 또는 반원형으로 플러프된 것
㉯ 페이지 보이 플러프 : 갈고리 모양의 반원형의 플러프
㉰ 덕테일 플러프 : 두발 끝이 가지런히 위로 구부러진 것
③ 리세트(끝맺음 세트)
㉮ 백 코밍 : 90° 직각으로 세워 빗을 모발 뿌리 쪽을 향해 내리빗으면서 머리털을 세우는 것
㉯ 브러시 아웃 : 브러시로 끝맺음
④ 롤
㉮ 포워드 롤 : 두피에 컬을 세워서 귓바퀴 방향으로 말아 놓은 것
㉯ 리버즈 롤 : 두피에 컬을 세워서 귓바퀴 반대방향으로 말아 놓은 것

9) 베이직 업스타일

① 베이직 업스타일 준비
㉮ 헤어세트롤러의 종류 : 헤어세트롤러는 둘레에 머리털을 감싸 컬을 만드는 도구이다. 일반세트 롤러와 전기세트 롤러로 구분한다.
㉯ 헤어세트롤러의 사용방법 : 일반세트 롤러는 적당히 젖은 모발에 사용하며 와인딩 전에 세팅력 강화를 위한 제품의 사용이 가능하고 완전 건조 후 롤을 풀어서 스타일을 연출할 수 있다.
② 베이직 업스타일 진행
㉮ 업스타일 도구의 종류 : 꼬리빗, 스타일링 빗, 브러쉬, 핀, 고무줄, 왁스, 스프레이, 싱, 망
㉯ 모발상태에 따른 업스타일 방법 :
  – 꼬기 (두가닥 양쪽 끌어꼬기, 망사용 꼬기, 한가닥 꼬기)
  – 땋기 (세가닥 위로 끌어땋기, 세가닥 아래 끌어땋기, 세가닥 양쪽 끌어땋기, 한쪽 끌어땋기)
  – 말기 (수직, 수직 씽응용, 수평 씽응용)
  – 겹치기 (위로 겹치기, 소라머리 응용)
  – 고리 (고리+말기, 다운업)

2 헤어 아이론 및 블로우 드라이

(1) 헤어 아이론(Hair Iron)

1) 사용목적

일시적으로 두발에 물리적인 힘을 가해 웨이브를 만드는 것을 목적으로 한다.

2) 구조와 명칭

① 그루브 : 홈이 파여 있는 부분으로 프롱과 그루브 사이에 모발을 끼워 형태를 만든다.
② 프롱 : 둥근 모양으로 그루브와 함께 모발의 형태를 변화시킨다.
③ 손잡이 : 그루브와 프롱에 각각 연결된 손잡이 부분이 있다.

3) 헤어 아이론의 종류

① 마셀 아이론 : 연탄을 이용하여 가열하는 방법
② 전기 아이론 : 전기를 이용하여 가열하는 방법

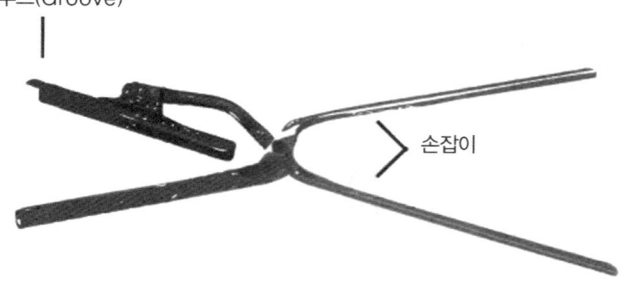

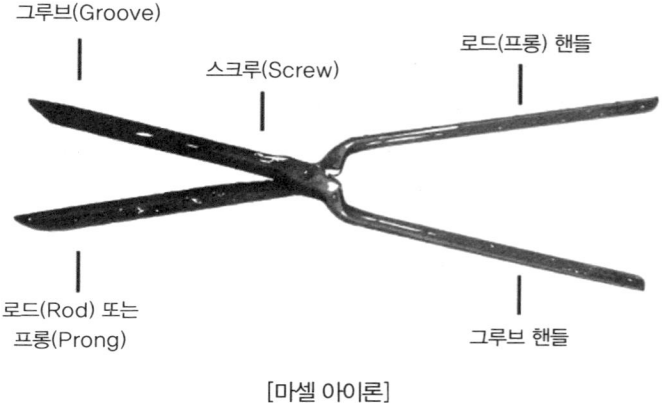

[마셀 아이론]

[전기 아이론]

4) 선택법 및 손질법

① 무게감이 많지 않고 스크루가 느슨하지 않은 재질이어야 한다.
② 프롱(로드) 그루브 양쪽 핸들 등에 갈라짐이 없고 녹이 나지 않는 제품이어야 한다.
③ 프롱(로드) 그루브의 면이 깔끔하게 처리된 제품이어야 한다.
④ 주기적으로 샌드페이퍼로 닦고 기름칠을 해 놓는다.

> **Tip 아이론 온도**
> 열(온도 120~140℃)에 의해 두발에 일시적인 모양의 변화를 주는 것이다.

(2) 블로우 드라이어(Blow Dryer)

1) 블로우 드라이

모발에 열풍을 가하여 일시적으로 스타일을 변화시킬 때 폭넓게 사용한다.

2) 블로우 드라이 각부 명칭

① 노즐(Nozzle) : 바람이 나오는 드라이어의 입구
② 바디(Body) : 드라이어의 몸통 부위
③ 스몰팬(Small Fan) : 모터에 의해 바람을 만드는 역할
④ 컨트롤러(Controller) : 열풍, 온풍, 냉풍의 바람조절 장치
⑤ 핸들(Handle, Grip) : 손잡이 부분
⑥ 디퓨저(Diffuser) : 커다란 원통의 노즐에 조그만 구멍을 내어 자연스러운 바람이 나와 스타일 자체가 헝클어지지 않도록 하는 데 쓰는 드라이어의 부속품

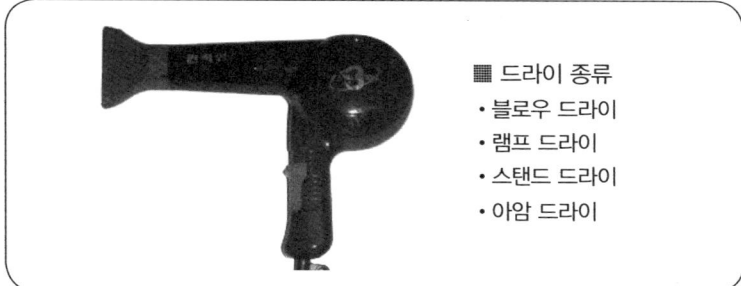

■ 드라이 종류
- 블로우 드라이
- 램프 드라이
- 스탠드 드라이
- 아암 드라이

3) 블로우 드라이 각도

① 0°~90° : 스트랜드와 평행하게 바람 출구를 대고 모발이 흩어지는 것을 방지한다.
② 90°~180° : 모발 끝을 안정시켜 라인을 만든다.
③ 180°~270°
　㉮ 모발 끝을 안쪽으로 만든다.
　㉯ 하프 웨이브나 풀 웨이브를 만드는 데 사용되는 각도이다.

4) 헤어드라이어의 기능과 구조

헤어드라이어는 크게 핸드식(블로 타입)과 스탠드식, 벽걸이식으로 분류한다.
① 샴푸 후 젖은 모발을 건조할 때 사용한다.
② 모발을 헤어스타일링할 때 사용한다.

5) 브러시

① 라운드 브러시 : 모발에 볼륨, 방향성 있는 웨이브, 강한 컬을 만들어 주는 데 사용한다.
② 하프 라운드 브러시 : 반만 둥근 브러시
③ 스켈레톤 브러시 : 모발을 건조시킴과 동시에 모근에 볼륨감을 형성하는 데 좋다.

(3) 기초 드라이

1) 스트레이트 드라이
스트레이트 드라이는 와인딩하지 않고 그대로 일자로 다려주는 드라이를 말한다. 스트레이트 드라이는 뿌리 부분의 볼륨을 살리고 머릿결을 가지런히 정리하는 것이 중요하다. 스트레이트한 느낌을 잘 살려야 하며, 모발 끝쪽이 둥글게 말리지 않도록 해야 한다.

2) C컬 드라이
C컬 드라이는 앞머리가 뒤쪽 방향으로 자연스럽게 흐르도록 머릿결을 살짝 잡아주는 스킬이 필요하다. 전체적으로 볼륨이 살아나야 완성도 높은 스타일이 된다. 스트레이트 드라이처럼 뿌리 볼륨을 살리고 머릿결 정리하는 것도 중요하다.

Section 8 두피 및 모발(두발) 관리

1 두피관리(스캘프 트리트먼트)

1) 스캘프 트리트먼트의 목적

① 비듬을 제거하고, 비듬 발생을 예방한다.
② 혈액 순환을 촉진시키고 생리기능을 높인다.
③ 모근에 자극을 주어 탈모를 방지하고, 모발의 발육을 촉진한다.
④ 노폐물이나 먼지 등을 제거하여 두피를 청결히 하고, 정상적인 각화 작용이 이루어지도록 한다.
⑤ 두피에 유분 및 수분을 공급한다.

2) 두피분석과 두피관리 방법

① 정상 두피 : 플레인 스캘프 트리트먼트
② 지성 두피 : 오일리 스캘프 트리트먼트
③ 건성 두피 : 드라이 스캘프 트리트먼트
④ 비듬성 두피 : 댄드러프 스캘프 트리트먼트

2 두발관리(헤어트리트먼트)

1) 모발 관리의 개요

① 손상된 두발에 물리적·화학적 방법을 가하여 건강한 상태로 회복시키는 기술을 말한다.
② 일반적으로 퍼머 및 염색 전·후 손상 예방적인 의미를 갖기도 한다.
③ 손상모, 건조모, 다공성모 등을 손질하여 회복시키는 의미를 갖기도 한다.

2) 모발 관리의 목적

① 두발을 정상적인 상태로 환원
② 퍼머넌트 시 웨이브 형성을 돕는 영양공급
③ 더 이상 손상되지 않도록 모발을 보호

3) 모발 관리 종류와 방법

① 헤어 리컨디셔닝 : 손상된 모발을 이전의 건강한 상태로 회복시키는 것
② 헤어 팩 : 손상된 모발에 영양분을 공급할때 사용한다. 모발에 윤기가 없고 푸석푸석한 손상모나 다공성모에 효과적
③ 신징 : 갈라지거나 부스러지는 모발에 왁스나 신징기를 사용하여 손상된 부분을 제거하는 것

3 두피 매니플레이션의 기초 및 방법

1) 두피 매니플레이션(두피 마사지)의 기초

① 근육자극에 의한 두피에 부드러움을 준다.
② 두피의 혈액순환을 촉진시킨다.
③ 모발이 건강한 상태로 자라는 것을 도와준다.

2) 매니플레이션 효과

두피와 모발에 손이나 도구를 사용하여 물리적 자극을 주면 두피의 생리기능을 활성화된다.

3) 두피 마사지 방법

시술 순서는 경찰법-강찰법-유연법-진동법-고타법-경찰법이다.
① 경찰법 : 손바닥과 손가락을 이용하여 가볍게 문지르는 방법
② 강찰법 : 피부에 자극을 주기 위해서 강하게 문지르는 방법
③ 유연법 : 손바닥을 전체적으로 사용하고 약지와 검지를 이용하여 근육을 리듬감 있게 집어주듯 주물러 풀어주는 기법
④ 진동법 : 손바닥을 피부에 밀착하여 가볍게 떨어 주는 기법
⑤ 고타법 : 손을 이용하여 다양한 형태로 두드리거나, 규칙적으로 치는 동작
　㉮ 탭핑 : 벌린 손바닥의 새끼손가락 측면으로 가볍게 두드린다.
　㉯ 슬래핑 : 손바닥의 바닥 부분을 이용하여 두드린다.
　㉰ 컵핑 : 손바닥을 컵 상태로 만들어 구부려서 두드린다.
　㉱ 해킹 : 손등으로 두드린다.
　㉲ 비팅 : 가볍게 주먹을 쥐고 두드린다.

4 헤어미용 전문제품 사용

헤어미용 전문제품이란 두피 및 모발관리에 필요한 제품과 헤어스타일 연출에 필요한 제품의 총칭이다. 헤어컬러, 헤어펌 제품 등이 포함된다.

1) 헤어전문제품의 종류
- 제품 유형별 분류 : 건조모발용, 젖은모발용
- 제품 사용법 분류 : 분사형, 혼합형

2) 헤어전문제품의 사용방법
- 고객의 두피 모발상태에 따라 알맞은 제품 추천하기
- 고객의 헤어스타일에 따라 적합한 전문제품 추천하기
- 필요한 경우 고객 맞춤형 제품 직접 제조하기

Section 9 베이직 헤어컬러

1 헤어컬러 원리와 종류 및 방법

1) 목적
모발염색의 목적은 두발에 다양한 색상을 연출하여, 피부색과 화장, 의복 등이 조화롭게 어울리도록 하기 위함이다.

2) 헤어컬러의 원리
① 모발염색은 자연스러운 두발 색과 블리치 된 두발에 인공적으로 색소를 침착시키는 기술이다.
② 모발을 염색하는 기술은 좁은 의미로 헤어 컬러링, 헤어 다이, 헤어 틴트라고 말한다.
③ 모발의 색은 멜라닌 색소의 양에 따라 차이가 있다. 멜라닌 색소가 산화제, 환원제에 의해 분해되고 색상을 상실하는 성질을 이용하여 색상을 엷게 하는 것이다.

3) 헤어컬러의 종류
① 일시적인 것 : 염모제가 두발 표면에만 입혀지는 것으로 샴푸로 쉽게 제거 가능하다.
  ㉮ 컬러 린스 : 반지속성의 워터린스라고 하며, 윤기가 없는 두발에 착색하는 방법이다.
  ㉯ 컬러 크림 : 컬러 크레용과 같은 성분이며, 크림타입으로 브러시를 이용한다.
  ㉰ 컬러 스프레이 : 염료가 섞인 분무기를 사용하여 착색하는 방법이다.
  ㉱ 컬러 파우더 : 전분, 소맥분, 초크 등의 원료로 구성된 분말 착색제로서 부분적 시술에 사용된다.
  ㉲ 컬러 크레용 : 크레용 코스메틱이라고 하며, 리터치나 부분염색에 주로 사용된다.
② 반영구적인 것 : 영구적 염모제에 비해 지속성이 짧으며, 한 번의 샴푸로 제거되지 않는다.
  ㉮ 컬러 린스 : 모표피에 침투하여 염색되므로 대개 산화제가 사용되고 함유량은 적으므로 사용상 안전하며, 시술이 간단하나 패치 테스트를 해야 한다.
  ㉯ 컬러 크림 : 유기염료나 디아민계 염료를 넣어 산화발색시키는 것으로 즉시 염색은 되지 않고 백색도 약하다.
  ㉰ 산화 염모제 : 산화염료를 침투시켜 전기이온 흡착을 이용하여 염색시키는 것이다.

  ㉱ 컬러 샴푸(프로그레시브 샴푸 틴트) : 파라페닐렌 디아민이 함유된 경우는 패치 테스트를 하며, 염색제가 두발에 침투될 때까지 시간이 소요된다.

> **Tip 영구적인 염모제**
> 산화염모제, 금속성염모제, 식물성염모제 등이 있다.

4) 헤어컬러의 방법
① 시술 전에는 고무장갑을 먼저 착용하고 두피 자극은 피한다.
② 고객의 두피에 상처나 질환이 있는 경우는 시술하지 않는다.
③ 염색 후 헤어 리컨디셔닝을 하고 일주일 정도 경과 후 퍼머넌트를 해야 한다.
④ 사용하고 남은 염색제는 버리고 약제는 그늘에 잘 보관한다.
⑤ 시술 고객사항을 기록하여 참고한다.

5) 염색시술
① 백모염색일 경우는 흰머리가 가장 많은 앞머리(헴라인) 부분부터 시작하는 경우가 많다.
② 원터치(One touch) : 두피쪽(네이프)부터 바르는 것
③ 리터치(Retouch) : 한번 더 전체적으로 바르는 것
④ 투터치(Two touch) : 1.5~2.5cm 띄워서 도포 후 다시 전체적으로 바르는 것(멋내기 염색할 때 사용)

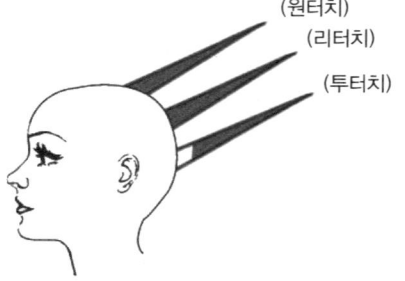

⑤ 다이터치(Die touch) : 염색 후 새로 자란머리에 염색

2 탈색 목적과 원리

1) 목적
탈색은 자연 두발 색을 전체 또는 부분적으로 탈색시키거나 무늬를 만들어 주기 위해서 한다. 또한 염색 두발색에 짙거나 엷게 변화를 주기 위해 행한다.

2) 원리
① 두발의 자연색은 멜라닌 색소에 의해 다양하며, 이것은 알칼리, 산화제에 의해 분리되어 색을 잃는 성질로 두발의 색을 엷게 해준다.
② 산화제로는 과산화수소가 주로 사용되며, 암모니아수를 더하여 두발 손상 없이 헤어 블리치가 이루어지도록 하는 것이다.
③ 산화제의 타입은 일반적으로 많이 사용되는 크림타입과 분말성, 오일베이스가 있다.

3) 종류
① 액상 블리치제와 호상(풀) 블리치제가 있다.
② 액상은 탈색작용이 빠르므로 원하는 시간에 가능하며, 샴푸도 한 번에 가능하다.
③ 호상은 시술 시 과산화수소가 건조되지 않으므로 한 번만 칠하면 되지만, 두발의 탈색 정도를 살피기 어렵고 샴푸를 두 번 정도 해야 하는 복잡함이 있다.

4) 주의사항
① 탈색시술 전에는 샴푸 시 브러싱을 하지 말고 두피 자극을 피해야 한다.
② 자연두발 상태보다 건조한 상태이며, 다공성모가 되므로 헤어 리컨디셔닝을 해야 하며, 1주일 경과 후 퍼머넌트 웨이브를 할 수 있다.

3 색채 이론(색의 속성, 혼합, 보색)

1) 색의 속성
① 색은 무채색과 유채색으로 크게 분류한다.
② 무채색은 흰색, 회색, 검정색을 가리키고 유채색은 무채색을 제외한 모든 색을 지칭한다.
③ 다양한 색의 특성을 구분해주는 명도, 채도, 색상을 색의 3속성이라고 한다.
④ 빨강, 노랑, 파랑은 색의 3원색이다.

> **Tip 색채 정리**
> - 색의 3원색 : 황색, 적색, 청색
> - 색의 3속성
>   색상 : 색으로 구별되는 색의 요소
>   명도 : 색의 밝기의 정도
>   채도 : 색의 선명도(색의 순도)
> - 무채색과 유채색
>   무채색 : 백색, 회색, 흑색
>   유채색 : 무채색을 제외한 빨주노초파남보 등의 색이 있는 모든 색

2) 혼합
빨강, 노랑, 파랑의 색을 혼합해서 만들어진 것이 색의 3원색이다. 동량으로 혼합하면 등화색인 오렌지, 녹색, 보라색이 만들어지고, 다시 등화색과 원색을 동량으로 혼합하면 중간색이 만들어진다.

3) 보색관계
① 색상을 비슷한 순으로 배열한 것을 색상환이라 한다.
② 색상환에서 서로 마주보고 있는 색을 보색관계라 한다.
③ 보색관계의 원리는 시술 시 두발염색의 색상을 바꾸거나, 모발색을 중화시키는 데 이용된다.

Section 10 메이크업

1 메이크업 시술(기초화장법 및 색조화장법)

1) 메이크업의 정의
메이크업은 개인이 가지고 있는 얼굴 피부의 장점을 살리고 단점을 보완해주는 미용 시술이다. 또한 메이크업은 자신의 개성을 부각시키고 결점을 커버해주므로 외모의 아름다움과 함께 자신감을 회복시켜주는 심리적 효과가 있다.

2) 메이크업의 역사
① 고대사회 : 종교의식의 한 행위로 시작되었다. 특히 이집트에서는 제사에서 신성을 표현하기 위해 요란한 치장을 하였다. 눈화장에 중점을 두어 녹색과 흑색의 아이섀도를 사용하였고, 검은색 아이라이너로 선을 그려 눈을 강조하였다. 그리스와 로마에서는 내추럴한 아름다움을 표현하는데 중점을 두었다.
② 중세~르네상스 시대 : 종교가 시대의 이성을 지배했던 시기로 메이크업이 극히 제한적이었다. 특정한 계급 외에는 화장을 할 수 없었다. 르네상스 시대를 맞이하면서 자기 표현방식이 변화하면서 개인의 미에 대한 추구가 활발해졌다. 비누를 쓰기 시작했으며 웬만한 여성들은 향수나 화장품을 사용하였다.
③ 근현대사회 : 메이크업이 대중화한 시기이다. 특히 영화가 등장하면서 배우들의 메이크업이 대중들에게 전파되었고, 산업의 발달로 개인의 사회활동이 늘어나면서 개성 표현이 다양해졌다.

3) 메이크업의 종류
① 내추럴 메이크업 : 가장 기본적인 메이크업으로 얼굴의 장점을 살려 인위적인 터치를 자제하고 자연스럽게 표현하는 방법이다.
② 특수 메이크업 : 연극과 무용 등 무대 쇼를 위한 메이크업, 영화배우를 위한 메이크업, 결혼식 신부를 위한 메이크업, 패션쇼 모델을 위한 메이크업, 사진촬영을 위한 메이크업, 보디페인팅 등

4) 기초화장법
클렌징 크림(노폐물 제거) - 유연화장수(피부의 알칼리성분 중화, 피부화장) - 로션 수렴화장수(아스트린젠트로 피부수축) - 영양크림

5) 색조화장법
① 언더메이크업 : 파운데이션의 피부 흡수를 막고 파운데이션의 밀착성과 발림성을 좋게 만들어 준다. 녹색, 핑크색, 연한 푸른색, 진한 베이지색 등이 있다.
② 파운데이션 : 얼굴의 결점을 커버하고 자외선, 먼지 등 기타 노폐물의 직접 침투를 막아준다. 수분 파운데이션, 유분 파운데이션, 오일프리 파운데이션, 스틱 파운데이션 등이 있다.
③ 치크 : 아름다운 얼굴색과 매력적인 분위기를 연출하기 위해 볼에 바르는 색조 화장품으로 얼굴형에 따라 치크 방법이 다르다. 하이라이트 컬러는 돌출되어 보이도록하여 경쾌감을 주는 표현할 때 사용하며, 섀도 컬러는 넓은 얼굴을 좁아 보이게 하는데 사용한다.
④ 페이스 파우더 : 파운데이션의 번들거림을 완화하고 피부화장을 마무리하기 위해 사용한다. 피부가 화사하게 피어나는 블루밍 효과를 얻을 수 있다.

2 유형별 메이크업(계절별, 얼굴형별, T.P.O에 따른 화장)

1) 계절에 따른 메이크업
① 봄 메이크업 : 생동감 있고 발랄하며 화사한 느낌이 들도록 밝은 이미지를 연출한다. 고명도 저채도 컬러가 유리하다.
② 여름 메이크업 : 시원하고 가볍게, 건강미가 느껴지도록 표현한다. 원색 컬러를 사용해도 좋다.
③ 가을 메이크업 : 안정된 느낌과 풍요로움, 지적이고 사색적인 분위기와 차분함을 살려준다. 저명도, 저채도 컬러를 사용하면 좋다.
④ 겨울 메이크업 : 베이스는 핑크톤으로 밝고 화사하게 표현하고 여성적인 이미지로 성숙함을 강조한다. 와인계열의 색상으로 따뜻하게 표현하면 좋다.

2) 얼굴형에 따른 화장법
① 둥근 얼굴형 : 얼굴의 옆폭을 좁게 보이도록 하고 눈썹은 활 모양이 나지 않도록 너무 내려서는 안되며 약간 치켜 올라간듯 그려서 길게 느껴지도록 한다.
② 장방형 얼굴형 : 얼굴의 길이를 짧게 보이도록 이마의 상부와 턱의 하부를 진하게 표현하고 관자놀이에서 눈꼬리와 귀 밑으로 이어지는 부분은 밝게, 눈썹은 일자로 그린다.

③ 사각형 얼굴형 : 얼굴의 각진 부분을 진하게 표현하고 이마 부분에는 두발형으로 감춰준다. 눈썹은 활모양이 나도록 하고 둥근 느낌이 드는 풍만한 입술을 그린다.

⑤ 삼각형 얼굴형 : 턱의 각진 부분을 커버하고 이마는 넓게 보이도록 한다. 눈썹은 눈의 크기에 관계없이 크게 그리도록 한다.

⑥ 역삼각형 얼굴형 : 볼을 도톰하게 그리도록 하고 턱은 볼륨감이 있도록 하며 턱끝과 안대를 걸치는 부분을 진하게 표현한다. 눈썹은 눈꼬리를 약간 내린듯이 그려준다.

⑦ 마름모형 얼굴형 : 광대뼈의 튀어나온 부분과 턱부분을 커버하고 눈썹은 약간 올라간듯 그린다.

3) 피부 타입에 따른 메이크업

① 검은색 얼굴 : 피부의 투명도를 높이는 것이 좋으며, 암색 계열의 화장품을 사용하는 것이 좋다.

② 흰색 얼굴 : 얼굴 그대로의 장점을 살려 자연스럽게 표현하고 핑크계열이나 로즈계열의 밝은 색을 선택한다.

③ 창백한 얼굴 : 크림 파우더 또는 백분을 사용하고 블러셔는 핑크색으로 밝게 표현한다.

④ 주근깨가 많은 얼굴 : 암색 계통의 파우더를 사용하여 건강한 갈색을 표현한다.

⑤ 붉은 얼굴 : 메이크업 베이스는 그린 계통을 바르고 파운데이션은 베이지색 계통을 선택한다.

4) 아이 섀도 방법

① 작은 눈 : 눈의 컬러 색상을 조금 넓게 바르고 아이라인 부분에 포인트를 준다.

② 동그란 눈 : 큰 눈이 세련되고 샤프해 보이도록 끝 쪽을 터치해준다.

③ 눈두덩이가 나온 눈 : 눈매를 강조하고 여러 가지 색의 아이섀도를 사용하여 터치한다.

④ 눈두덩이가 들어간 눈 : 밝은 색을 사용하여 드러나 보이도록 포인트를 살려 준다.

⑤ 그윽한 눈 : 여러 가지 색을 사용하여 들어간 부분의 포인트를 살려준다.

⑥ 처지고 꺼져 보이는 눈 : 밝고 화사한 색상으로 펄이 들어간 아이섀도를 사용한다.

⑦ 양미간이 넓은 눈 : 포인트 컬러로 눈머리를 강조한다.

⑧ 움푹 파인 눈 : 밝은 색이나 펄이 있는 색으로 눈두덩이를 바른다.

5) 눈썹의 모양

화살표 눈썹		얼굴이 둥근형, 삼각형 등 볼에 살이 많아 보이는 경우에 좋다.
아치형 눈썹		역삼각형 얼굴과 이마가 넓은 얼굴형에 잘 어울리는 형이며, 우아하고 여성적인 느낌을 준다.
각진 눈썹		둥근 얼굴에 잘 어울리는 형이며 단정하고 세련되고 어른스러운 느낌을 준다.
표준 눈썹		어떤 얼굴에나 잘 어울리는 형이라 귀여운 느낌을 준다.

직선 눈썹		긴 얼굴형에 잘 어울리고 남성적인 느낌을 준다.

6) 코 모양에 따른 수정

① 낮은 코 : 콧등은 연한 색, 양쪽 면은 진한 색

② 둥근 코 : 코끝은 연한 색, 콧방울은 진한 색

③ 큰 코 : 콧등은 연한 색, 콧방울은 전체 진한 색

④ 작은 코 : 전체적으로 연한 색, 양측 면에 진한 색

⑤ 매부리 코 : 콧등에 층이 있는 부위에서부터 코끝까지 진한 색을 바르고 콧방울 양쪽은 연한 색

7) 입술 수정 화장법

① 얇은 입술 : 실제의 입술선보다 전체적으로 두껍게 그려준다.

② 윗 입술이 얇은 경우 : 아래 입술에 맞추어서 약간 그려준다.

③ 두꺼운 입술 : 윗입술과 아래 입술을 조금씩 줄이고 직선 형태로 그려준다.

④ 작은 입술 : 실제 입술보다 전체적으로 크게 그려준다.

8) T.P.O에 따른 메이크업

① 시간(Time) : 시간에 따른 메이크업은 낮과 밤의 구분에 따른 화장이 중요하다. 한낮의 자외선 영향과 밤의 조명에 따라 화장을 짙게 또는 옅게 조절해 주어야 한다.

② 장소(Place) : 장소에 따른 메이크업은 실내와 야외에서 그 분위기에 맞게 의상과 조화를 이루어야 한다.

③ 목적(Occasion) : 목적에 알맞은 메이크업은 경우에 따른 색상의 선택이 무엇보다 중요하다. 일반적으로 장례식 때는 검은색, 결혼식 때는 화사한 느낌을 주는 흰색, 핑크 계열의 색상이 이용된다.

Section 11　헤어 트리트먼트

헤어 트리트먼트란 손상된 모발을 정상상태로 회복시키거나, 모발의 아름다움을 유지하기 위해 수분과 영양분을 주는 모발 미용법을 말한다. 퍼머나 염색을 자주하는 사람의 경우 머리카락이 갈라지거나 푸석해지기 마련이다. 이럴 때 두피와 모근까지 영양을 공급하는 헤어 트리트먼트 시술을 하면 건강한 모발 유지에 도움이 된다.

■1 헤어트리트먼트제의 종류

- 질감에 따른 분류 : 오일, 크림, 로션, 팩
- 모발특성에 따른 분류 : 건성용, 지성용, 민감성용
- 향수 대용 : 미스트, 스프레이, 에센스 등

■2 헤어 트리트먼트 방법

헤어 트리트먼트의 주성분은 디메치콘, 세틸알코올, 케라틴, 단백질 등이다. 모발 성분과 비슷한 성분인 케라틴과 단백질이 모발에 침투하기 위해서는 단백질 분해물이 첨가되는데, 계면활성제와 보습제가 이용된다. 또한 동백오일, 올리브오일 등 천연성분은 모발 재생에 큰 역할을 한다.

Section 12 기타

1. 토탈 뷰티 코디네이션

머리에서 발끝까지 여러가지 시술과 표현을 통해 얼굴과 옷차림을 조화롭게 통일시키는 행위이다. 헤어스타일, 피부화장, 색조 메이크업, 네일아트, 액세서리, 향수 등이 동원된다.

1) 헤어스타일
헤어스타일은 아름다운 머리를 가꾸기 위한 기본이며, 머리를 잘 어울리게 자르는 것이 중요하다.

2) 피부화장
메이크업 베이스 목적은 피부색 자체를 자연스럽게 만들어 주는 것이다.

3) 색조 메이크업
파운데이션이나 볼터치 혹은 립스틱을 너무 짙게 바르고 골고루 펴 바르지 않았을 때 화장이 뭉쳐 자국을 남기는 것은 안한 것보다 못하다.

2. 가발 헤어스타일

1) 가발의 사용 목적
가발은 태양열로부터 두피를 보호하거나, 대머리를 감추기 위해 머리에 덧얹어 쓰는 자기 머리카락이 아닌 가짜 머리카락이다. 분장과 장식을 위해 사용하기도 한다.

2) 가발의 종류와 특성
① 위그(Wig) : 두발 전체를 덮을 수 있는 가발을 말하며, 숱이 적거나 탈모일 때 보완을 위하여 착용하는 것
② 헤어피스(Hair Piece) : 부분가발을 말하며, 크기와 모양이 다양하다.
③ 폴(fall) : 짧은 스타일에 부착시켜 긴 머리스타일로 변화시켜주는 것
④ 스위치(switch) : 웨이브 상태에 따라서 꼬아서 땋거나 스타일을 만들어 부착하는 것
⑤ 위글렛(wiglet) : 두부의 특정 부위를 높이거나 볼륨 등의 특별한 효과를 연출해 내기 위해서 사용된다.
⑥ 캐스케이드(cascade) : 길고 풍성한 스타일을 연출할 때 사용한다.

3) 가발의 손질과 사용법
① 소재가 인모로 된 가발은 모발이 빠지는 것을 막기 위해서 플레인 샴푸보다는 리퀴드 드라이 샴푸를 사용하는 것이 좋다.
② 헤어피스는 물에 담가두면 파운데이션이 약해져서 하나하나 심어진 모발의 지지력이 약해지게 된다는 점에 유의한다.

4) 가발의 치수 측정
① 두상의 흐름과 형태 모양 크기를 정확하게 파악하여야 하며, 가발의 치수를 측정할 때는 모발을 빗질한 후 핀 처리하고 줄자를 이용한다.
② 길이 : 이마 정중선의 헤어라인에서 네이프의 헤어라인까지의 길이
③ 높이 : 좌측 이어 톱 부분의 헤어라인에서 우측 이어 톱 헤어라인까지의 길이
④ 둘레 : 베이스 라인을 걸쳐 그 뒤 1cm 부분을 지나 네이프 미디움 위치의 둘레
⑤ 이마 폭 : 페이스 헤어라인의 양쪽 끝에서 끝까지의 길이
⑥ 네이프 폭 : 네이프 양쪽의 사이드 코너에서 코너까지의 길이

5) 인모와 인조의 구분법
① 인모(실제사람머리) : 불에 태워보면 딱딱하고 작은 덩어리로 뭉치며, 퍼머넌트 웨이브나 염색처리가 가능하다.
② 인조(나일론, 아크릴섬유) : 서서히 타면서 유황냄새가 나며, 가격이 저렴하고 색의 종류가 다양하다.

3. 헤어 익스텐션

1) 헤어 익스텐션 방법
헤어 익스텐션은 모발에 열처리나 접착제 등 화학적 물리적 손상을 주지 않고 모발의 형태적 변화를 주는 시술방법이다. 붙임머리라고도 하는 헤어 익스텐션은 실리콘으로 된 비즈링을 사용하여 설치한다. 헤어 익스텐션은 인모를 이용하여 단순히 머리 길이를 늘리거나 볼륨을 주는 방식과, 합성섬유를 이용해 질감과 컬러에 다양한 변화를 주는 방식이 있다.

2) 헤어 익스텐션 관리
헤어 익스텐션은 시술방법에 따라 차이가 있지만 사후관리와 어떤 헤어 제품을 사용하느냐에 따라 유지기간은 천차만별이다. 헤어 익스텐션 시술 이후에 헤어제품을 사용할 경우 반드시 주의해야 할 것들이 있다. 스프레이는 머리카락이 뭉치지 않는 스프레이를 선택해야 하며, 컨디셔너를 사용할 때도 머릿결이 손상되지 않는 제품을 구입해야 한다.

미용의 이해 적중예상문제

01 미용의 의의(意義)와 가장 거리가 먼 것은?

① 복식을 포함한 종합예술이다.
② 외적 용모를 다루는 응용과학의 한 분야이다.
③ 시대의 조류와 욕구에 맞춰 새롭게 개발된다.
④ 심리적 욕구를 만족시키고 생산의욕을 향상시킨다.

해설 미용은 복식 이외의 여러 가지 방법으로 용모에 물리적, 화학적 기교를 행하는 것이다.

02 컬(Curl)의 구성요소에 해당되지 않는 것은?

① 크레스트(Crest)
② 베이스(Base)
③ 루프(Loop)
④ 스템(Stem)

해설 크레스트는 핑거웨이브의 요소에 해당된다.

03 유기합성 염모제가 두발염색의 신기원을 이룬 때는?

① 1875년
② 1876년
③ 1883년
④ 1905년

해설 유기합성 염모제는 산화염모제로 1883년 모발염색의 신기원을 이루었다.

04 헤어 커트 시 사전 유의사항이 아닌 것은?

① 두발의 성장방향과 카우릭(Cowlick)의 성장방향을 살핀다.
② 두부의 골격구조와 형태를 살핀다.
③ 유행 스타일을 멋지게 적용하면 손님은 모두 좋아하므로 미리 손님에게 물어볼 필요가 없다.
④ 두발의 질(質)과 끝이 갈라진 염모의 양을 살핀다.

해설 헤어 커트는 소재가 한정되어 있으므로 반드시 손님의 의견을 적용해서 시술하는 것이 중요하다.

05 컬의 분류 중 두피에 45° 각도로 세워진 것은?

① 플랫 컬
② 리프트 컬
③ 포워드 컬
④ 리버스 컬

해설 플랫 컬은 0°, 리프트 컬은 45°, 스탠드업 컬은 90°로 세워진 것이다.

06 올바른 미용인으로서의 인간관계와 전문가적인 태도에 관한 내용으로 가장 거리가 먼 것은?

① 예의바르고 친절한 서비스를 모든 고객에게 제공한다.
② 효과적인 의사소통 방법을 익혀두어야 한다.
③ 손님과 대화할 때는 손님의 의견과 심리를 존중한다.
④ 대화의 주제는 종교나 정치 같은 논쟁의 대상이 되거나 개인적인 문제에 관련된 것이 좋다.

해설 미용사는 항상 긍정적인 사고와 교양 있는 언어습관을 몸에 익혀 손님에게 신뢰받을 수 있는 인격을 갖추고 대화 시 주제가 민감한 종교정치, 개인적 문제는 삼가는 것이 좋다.

07 신라시대부터 조선시대에 이르기까지 사용된 가체에 대한 설명 중 틀린 것은?

① 현재의 피스와 비슷한 것으로 장발의 처리 기술로 사용되었다.
② 쪽머리를 하기 위하여 사용되었다.
③ 신분의 높낮이를 표시하는 큰머리 등의 처리기술로 사용되었다.
④ 댕기머리 등의 처리기술로 사용되었다.

해설 혼인 후 여성들의 두 갈래로 땋아 틀어 올린 머리를 쪽머리로 사용하였다.

08 프로세싱 솔루션(Processing Solution)에 관한 설명으로 틀린 것은?

① pH 9.5 정도의 알칼리성 환원제이다.
② 티오글리콜산이 가장 많이 사용된다.
③ 한 번 사용하고 남은 액은 원래의 병에 다시 넣어 보관해도 좋다.
④ 어두운 장소에 보관하고 금속용기 사용은 삼가야 한다.

해설 한 번 사용한 액은 공기와 산화되므로 다시 사용할 수 없다.

09 두피처리의 설명으로 옳지 않은 것은?

① 두피를 자극하여 혈액순환을 원활하게 한다.
② 두피에 묻은 비듬, 먼지 등을 제거한다.
③ 찬 타월로 두피에 수분을 공급한다.
④ 두피에 유분 및 영양분을 공급한다.

해설 스팀타월 또는 헤어스티머 등의 습열 또는 전류, 자외선, 적외선 등을 이용하는 방법이 있다.

10 아이론을 선택할 때 좋은 제품으로 볼 수 없는 것은?

① 연결 부분이 꼭 죄어져 있다.
② 프롱과 핸들의 길이가 균등하다.
③ 프롱과 그루브가 곡선으로 약간 어긋나 있다.
④ 최상급 재질(Stainless)로 만들어져 있다.

해설 프롱과 그루브의 접촉 면에 요철이 없고 부드러워야 한다.

11 콜드 웨이브 시 두부 부위 및 두발성질에 따른 컬링 로드 사용에 대한 일반적인 설명이 적절하지 못한 것은?

① 두부의 네이프 부분에는 소형의 로드를 사용한다.
② 두부의 양사이드 부분에는 중형의 로드를 사용한다.
③ 톱에서 크라운의 부분에는 대형의 로드를 사용한다.
④ 일반적으로 굵고 모량이 많은 두발은 대형의 로드를 사용한다.

해설 굵고 모량이 많은 두발의 블로킹은 작게 하고, 로드의 직경도 작은 것을 사용한다.

정답 01 ① 02 ① 03 ③ 04 ③ 05 ② 06 ④ 07 ② 08 ③ 09 ③ 10 ③ 11 ④

12 핑거 웨이브의 종류 중 스윙 웨이브(Swing Wave)에 대한 설명이 맞는 것은?

① 큰 움직임을 보는 듯한 웨이브
② 물결이 소용돌이치는 듯한 웨이브
③ 리지가 낮은 웨이브
④ 리지가 뚜렷하지 않고 느슨한 웨이브

해설 ② 스월 웨이브, ③ 로우 웨이브, ④ 덜 웨이브

13 원랭스(One-length) 커트에 속하지 않는 것은?

① 패러렐　　　　② 스파니엘
③ 이사도라　　　④ 레이어

해설 레이어란 상부의 두발이 짧고 하부를 길게 해서 두발에 단차를 표현할 때 이용되는 기법을 말한다.

14 미용사(Hair Stylist)의 많은 경험 속에서 지식과 지혜를 갖고 새로운 시술(Technique)을 연구하여 독창력 있는 나만의 스타일을 창작하는 기본단계는?

① 보정(補整)　　② 구상(構想)
③ 소재(素材)　　④ 제작(製作)

15 다음 중 고대미용의 발상지는?

① 이집트　　　　② 그리스
③ 로마　　　　　④ 바빌론

해설 고대미용의 발상지는 이집트이며, 현대미용의 발상지는 프랑스이다.

16 롤러 컬(Roller Curl)을 시술할 때 탑 부분에 사각으로 파트를 나누는 것은?

① 스파이럴 파트　② 스퀘어 파트
③ 크로키놀 파트　④ 프래트 파트

17 일반적으로 퍼머넌트 웨이브가 잘 나오지 않는 두발은?

① 염색한 두발　　② 다공성 두발
③ 흡수성 두발　　④ 발수성 두발

해설 퍼머넌트 웨이브가 잘 나오지 않는 두발
• 두발이 저항성모이거나 발수성모로서 경모인 경우
• 사전 샴푸 시 비누와 경수로 샴푸하여 두발에 금속염이 형성된 경우
• 오버프로세싱으로 시스틴이 지나치게 파괴된 경우

18 가체변발의 설명으로 틀린 것은?

① 고려시대에 한동안 일부 계층에서 유행했던 남성의 머리모양이다.
② 남성의 머리카락을 끌어올려 정수리에서 틀어 감아 맨 모양
③ 머리 변두리의 머리카락을 삭발하고 정수리 부분만 남겨 땋아 늘어뜨린 형이다.
④ 몽고의 풍습에서 전래되었다.

해설 남성의 머리카락을 끌어올려 정수리에서 틀어 감아 맨 모양은 상투에 대한 설명이다.

19 두발상태가 건조하며, 길이로 가늘게 갈라지듯 부서지는 증세는?

① 원형 탈모증　　② 결발성 탈모증
③ 비강성 탈모증　④ 결절 탈모증

해설 두발상태
• 원형 탈모증 : 동전만한 크기로 둥글게 털이 빠지는 증상
• 결발성 탈모증 : 기계적인 자극이나 기타 중병에 의한 탈모현상
• 비강성 탈모증 : 비듬이 많은 사람에게서 발생하기 쉬운 증상

20 다음 중 클럽 커트(Club Cut)와 같은 것은?

① 싱글링(Shingling)　② 트리밍(Trimming)
③ 클립핑(Clipping)　　④ 블런트 커트(Blunt Cut)

해설 클럽 커트란 직선적으로 커트하는 방법을 말한다.

21 레이저(Razor)로 테이퍼링(Tapering)할 때 스트랜드의 뿌리에서 약 어느 정도 떨어져서 행해야 가장 좋은가?

① 약 1cm　　　　② 약 2cm
③ 약 2.5~5cm　　④ 약 5cm 이상

해설 레이저로 테이퍼링할 때는 스트랜드 뿌리에서 약 2.5~5cm 정도 떨어져서 행하는 것이 좋다.

22 두부의 라인 중 이어 포인트에서 네이프 사이드 포인트를 연결한 선을 무엇이라 하는가?

① 목뒤선　　　　② 목옆선
③ 측두선　　　　④ 측중선

23 털의 움직임(무브먼트) 중 컬이 오래 지속되며, 움직임이 가장 작은 기본적인 스템은?

① 풀스템　　　　② 하프스템
③ 논스템　　　　④ 업스템

해설 논스템은 컬의 움직임이 가장 적고, 풀스템은 컬의 움직임이 가장 많다.

24 산성린스의 사용에 관한 설명 중 틀린 것은?

① 살균작용이 있으므로 많이 사용하는 것이 좋다.
② 남아있는 퍼머넌트 약액을 제거할 수 있게 한다.
③ 금속성 피막을 제거해 준다.
④ 비누 샴푸제의 불용성 알칼리 성분을 제거해 준다.

해설 산성린스는 약강의 표백작용이 있으므로 장시간 사용은 피하고 적당한 양을 사용하고 깨끗이 헹구어 내야 한다.

25 퍼머넌트 웨이브의 사용방법에 따른 분류 중 시스테인(Cysteine) 퍼머넌트 웨이브제에 관한 설명인 것은?

① 알칼리에서 강한 환원력을 가지고 있어 건강모발에 효과적이다.
② 모발의 아미노산 성분과 동일한 것으로 손상모발에 효과적이다.
③ 환원제로 티오글리콜산을 이용하는 퍼머넌트제이다.
④ 암모니아수 등의 알칼리제를 사용하는 대신 계면활성제를 첨가한 제이다.

해설 시스테인제는 퍼머를 행하는 동시에 트리트먼트 효과가 있다.

정답 12 ① 13 ④ 14 ② 15 ① 16 ② 17 ④ 18 ② 19 ④ 20 ④ 21 ③ 22 ② 23 ③ 24 ① 25 ②

26 다음 중 산성린스의 종류가 아닌 것은?

① 레몬 린스(Lemon Rinse)

② 비니거 린스(Vinegar Rinse)

③ 오일 린스(Oil Rinse)

④ 구연산 린스(Citric Acid Rinse)

해설 오일 린스(Oil Rinse)는 모발이 건성일 때 사용하며, 모발에 유분을 공급한다.

27 헤어 컨디셔너제의 기능에 해당하지 않는 것은?

① 두발을 유연하게 해준다.

② 두발에 윤기와 광택을 준다.

③ 두발과 두피의 더러움을 제거한다.

④ 두발의 빗질을 용이하게 해준다.

해설 보기 중 ③은 헤어 샴푸의 기능에 해당된다.

28 마셀 웨이브에서 안말음(In-curl)형 작업을 행할 때 아이론의 방향을 어느 방향으로 잡고 행해야 되는가?

① 그루브는 위쪽, 로드는 아래 방향

② 프롱은 위쪽, 그루브는 아래 방향

③ 어느 방향이든 상관없다.

④ 그루브(Groove)나 로드(Rod)를 번갈아 사용한다.

해설 마셀 웨이브란 아이론을 가열하여 그 열에 의해 형성된 웨이브로 안말음형 작업 시는 그루브를 위쪽, 로드는 아래 방향으로, 겉말음형 작업 시 그루브는 아래, 로드는 위쪽 방향으로 잡고 한다.

29 일반적으로 모발길이가 30cm 이상인 처녀모에 염색약을 바를 때 머리카락의 어느 부분을 가장 나중에 바르는가?(단, 컨디셔너(Conditioner)를 쓰지 않았을 경우)

① 머리카락 끝 부분   ② 머리카락 중간 부분

③ 두피부분   ④ 어느 부분이든 상관없다.

해설 모발 끝 부분이 염색되기 쉬우므로 마지막에 염색약을 도포한다.

30 퍼머넌트 웨이브 시술 시 굵은 두발에 대한 와인딩을 바르게 설명한 것은?

① 블로킹을 크게 하고 로드의 직경도 큰 것으로 한다.

② 블로킹을 작게 하고 로드의 직경도 작은 것으로 한다.

③ 블로킹을 크게 하고 로드의 직경은 작은 것으로 한다.

④ 블로킹을 작게 하고 로드의 직경은 큰 것으로 한다.

해설 굵은 모발의 블로킹은 작게, 로드는 작은 것으로 한다. 또한, 가는 모발의 블로킹은 크게, 로드직경은 큰 것으로 한다.

31 콜드 웨이브 직후 헤어다이를 하면 두피가 과민해져서 피부염을 일으키게 될 우려가 있다. 이 경우 최소 며칠 정도 지나서 헤어다이를 하는 것이 좋은가?

① 3일 후   ② 7일 후

③ 20일 후   ④ 30일 후

해설 콜드 웨이브를 먼저 한 후 일주일 정도 지나서 헤어다이를 하는 것이 좋다.

32 스컬프처 컬(Sculpture Curl)과 반대되는 컬은?

① 프랫트 컬(Flat Curl)

② 메이폴 컬(Maypole Curl)

③ 리프트 컬(Lift Curl)

④ 스탠드업 컬(Stand-up Curl)

해설 메이폴 컬(Maypole Curl) 또는 핀컬은 모발 끝이 컬 루프의 바깥쪽이 되는 컬이다.

33 다공성모발에 대한 사항 중 틀린 것은?

① 다공성모란 두발의 간층물질이 소실되어 두발 조직 중에 공동이 많고 보습작용이 적어져서 두발이 건조해지기 쉬운 손상모를 말한다.

② 다공성모는 두발이 얼마나 빨리 유액을 흡수하느냐에 따라 그 정도가 결정된다.

③ 다공성의 정도에 따라 콜드 웨이빙의 프로세싱 타임과 웨이빙 용액의 강도가 좌우된다.

④ 다공성 정도가 클수록 모발에 탄력이 적으므로 프로세싱 타임을 길게 한다.

해설 다공성 정도가 크면 손상모에 가깝다고 할 수 있으며, 손상모에 프로세싱 타임을 길게 하면 모발에 더욱 손상을 줄 수 있다.

34 염색제의 연화제는 어떤 두발에 주로 사용되는가?

① 염색모

② 다공질모

③ 손상모

④ 저항성모

해설 연화제는 주로 유분이 많은 지성모, 저항성모 등에 행하는 것이 좋다.

35 고대 중국 당나라시대의 메이크업과 가장 거리가 먼 것은?

① 백분, 연지로 얼굴형 부각

② 액황을 이마에 발라 입체감 살림

③ 10가지 종류의 눈썹모양으로 개성을 표현

④ 일본에 유입된 가부끼 화장이 서민에게까지 성행

해설 가부끼 화장이 서민에게까지 성행한 적은 없다.

36 아이 섀도(Eye Shadow)를 윗눈꺼풀의 중간 부분에서 눈꼬리에 걸쳐 위로 올라가도록 발라주는 눈화장이 가장 적합한 경우는?

① 눈 사이가 너무 먼 경우

② 눈 사이가 너무 가까운 경우

③ 눈과 눈썹 사이가 너무 넓은 경우

④ 눈과 눈썹 사이가 너무 좁은 경우

해설 보기 중 ②의 경우 눈 사이가 가깝게 보이지 않게 하기 위해서 눈 꼬리 부분에 아이 섀도를 발라주면 바깥쪽으로 시야가 확보되어 보이기 때문에 눈 사이가 멀어 보이는 효과를 볼 수 있다.

정답 26 ③   27 ③   28 ①   29 ①   30 ②   31 ②   32 ②   33 ④   34 ④   35 ④   36 ②

37 콜드 퍼머넌트 웨이브(Cold Permanent Wave) 제1액의 주성분은?

① 과산화수소 ② 취소산나트륨
③ 티오글리콜산 ④ 과붕산나트륨

해설 과산화수소, 취소산나트륨(브롬산나트륨) 등은 산화제로 사용된다.

38 마셀 웨이브로 작업을 할 때 적당한 온도는?

① 160~180℃ ② 120~140℃
③ 90~100℃ ④ 70~80℃

해설 아이론의 적정 온도는 120~140℃이다.

39 건성 두피를 손질하는 데 가장 알맞은 손질 방법은?

① 플레인 스캘프 트리트먼트 ② 드라이 스캘프 트리트먼트
③ 오일리 스캘프 트리트먼트 ④ 댄드러프 스캘프 트리트먼트

해설 플레인 스캘프 트리트먼트는 일반두피, 오일리 스캘프 트리트먼트는 지성두피, 댄드러프 스캘프 트리트먼트는 비듬성 두피에 사용한다.

40 헤어 스티머의 선택 시에 고려할 사항과 거리가 먼 것은?

① 내부의 분무 증기 입자의 크기가 각각 다르게 나와야 한다.
② 증기의 입자가 세밀하여야 한다.
③ 사용 시 증기의 조절이 가능하여야 한다.
④ 분무 증기의 온도가 균일하여야 한다.

해설 분무의 증기 입자는 세밀하고 온도는 균일한 것이 좋다.

41 다음 중 스캘프 트리트먼트 시술을 하기에 가장 적합한 것은?

① 두피에 상처가 있는 경우 ② 퍼머넌트 웨이브 시술 직전
③ 염색, 탈색 시술 직전 ④ 샴푸 시

해설 건강한 두피나 두발을 위해 스캘프 트리트먼트를 행하므로 염색, 탈색, 퍼머넌트 웨이빙 시술 전이나 두피에 이상이 있을 경우에는 시술을 피하도록 한다.

42 눈썹의 모양을 강하지 않은 둥근 느낌으로 만들 때 가장 효과적인 얼굴형은?

① 사각형 얼굴
② 원형 얼굴
③ 장방형 얼굴
④ 마름모형 얼굴

해설 사각형 얼굴은 각이 져서 강한 느낌을 주기 때문에 눈썹의 모양을 둥글게 해야 부드러운 인상이 된다.

43 모발 손상의 원인으로만 짝지어진 것은?

① 드라이어의 장시간 이용, 크림 린스, 오버프로세싱
② 두피 마사지, 염색제, 백 코밍
③ 브러싱, 헤어세팅, 헤어 팩
④ 자외선, 염색, 탈색

해설 크림 린스, 두피 마사지, 헤어 팩은 모발 및 두피에 영양을 공급하는 방법이다.

44 고려시대의 미용을 잘 표현한 것은?

① 가체를 사용하였으며, 머리형으로 신분과 지위를 나타냈다.
② 슬슬전대모 빗, 자개장식 빗, 대모빗 등을 사용하였다.
③ 머리다발 중간에 틀어 상홍색의 갑사로 만든 댕기로 묶어 쪽진 머리와 비슷한 모양을 하였다.
④ 얼굴 화장은 참기름을 바르고 볼에는 연지, 이마에는 곤지를 찍었다.

해설 서민의 딸은 시집가기 전에 무늬 없는 붉은 끈으로 머리를 묶고, 그 나머지를 아래로 늘어뜨렸다.

45 산화염모제의 일반적인 형태가 아닌 것은?

① 액상 타입
② 가루 타입
③ 스프레이 타입
④ 크림 타입

46 다음 중 미용사(일반)의 업무 개요로 가장 적합한 것은?

① 사람과 동물의 외모를 치료한다.
② 봉사활동만을 행하는 사람이 좋은 미용사라 할 수 있다.
③ 두발, 머리 등을 건강하고 아름답게 손질한다.
④ 두발만을 건강하고 아름답게 손질하여 생산성을 높인다.

47 오리지널 세트의 기본 요소가 아닌 것은?

① 헤어 파팅 ② 헤어 셰이핑
③ 헤어 스프레이 ④ 헤어 컬링

해설 오리지널 세트의 기본요소 : 헤어 파팅, 헤어 셰이핑, 헤어 컬링, 헤어 웨이빙, 롤러컬링, 헤어롤링

48 퍼머넌트 웨이브 시술 결과 컬이 강하게 형성된 원인과 거리가 먼 것은?

① 모발의 길이에 비해 너무 가는 로드를 사용한 경우
② 프로세싱 시간이 긴 경우
③ 강한 약액을 선정한 경우
④ 고무밴드가 강하게 걸린 경우

49 헤나(Henna)로 염색할 때 가장 좋은 pH는?

① 약 7.5 ② 약 5.5
③ 약 6.5 ④ 약 4.5

50 핀컬(Pin Curl)의 종류에 대한 설명이 틀린 것은?

① CC컬 - 시계반대방향으로 말린 컬이다.
② 논스템(Non-stem)컬 - 베이스에 꽉 찬 컬로 웨이브가 강하고 오래 유지된다.
③ 리버스(Reverse)컬 - 얼굴 쪽으로 향하는 귓바퀴 방향의 컬이다.
④ 플랫(Flat)컬 - 각도가 0도인 컬이다.

해설 리버스컬이란 컬의 루프가 귓바퀴 반대 방향을 따라서 말린 컬을 말한다.

정답 37 ③ 38 ② 39 ② 40 ① 41 ④ 42 ① 43 ④ 44 ③ 45 ③ 46 ③ 47 ③ 48 ④ 49 ② 50 ③

제1장 미용의 이해 적중예상문제

51 두부의 기준점 중 T.P에 해당되는 것은?

① 센터 포인트　　　　② 탑 포인트
③ 골든 포인트　　　　④ 백 포인트

> **해설** 센터 포인트 C.P, 탑 포인트 T.P, 골든 포인트 G.P, 백 포인트 B.P로 표시된다.

52 고대 우리나라 미용이 가장 많은 영향을 받은 나라는?

① 일본　　　　　　　② 중국 당나라
③ 중국 은나라　　　　④ 프랑스

> **해설** 과거 고대 우리나라 미용은 중국 당나라 영향을 많이 받았다.

53 다음 중 내로우 웨이브(Narrow Wave)를 바르게 설명한 것은?

① 웨이브 폭이 좁고 퍼머 직후 곱슬곱슬한 웨이브
② 리지가 수평으로 되어 있는 웨이브
③ 리지가 수직으로 되어 있는 웨이브
④ 가장 아름답고 자연스런 웨이브

> **해설** 내로우 웨이브는 폭이 좁고 파장이 크다.

54 웨이브의 형상에 의한 분류에 속하지 않는 것은?

① 버티컬 웨이브　　　② 섀도우 웨이브
③ 내로우 웨이브　　　④ 와이드 웨이브

> **해설** • 웨이브 형상에 의한 분류 : 섀도우 웨이브, 와이드 웨이브, 내로우 웨이브
> • 웨이브 위치에 따른 분류 : 버티컬 웨이브, 호리존탈 웨이브, 다이애거널 웨이브

55 컬 명칭 중 줄기에 해당되는 것은?

① 루프　　　　　　　② 스템
③ 베이스　　　　　　④ 엔드

> **해설** 베이스(뿌리), 스템(줄기), 루프(컬 다발)

56 롤러 컬의 종류에서 스트랜드 뒤쪽에서 약 45°의 각도로 셰이프 해서 말아 감는 컬은?

① 논스템 롤러컬
② 하프스템 롤러컬
③ 롱스템 롤러컬
④ 미디엄스템 롤러컬

57 다음 중 핑거 웨이브의 3대 요소가 아닌 것은?

① 크레스트　　　　　② 루프 크기
③ 리지　　　　　　　④ 트로프

> **해설** 루프 크기는 컬의 요소에 속한다.

58 콜드 웨이브는 스피크먼이 몇 년에 발표한 웨이브인가?

① 1936년　　　　　② 1946년
③ 1937년　　　　　④ 1947년

> **해설** 1936년 콜드 웨이브 방식이 영국의 스피크먼에 의해 개발되어 현재까지 이 방법으로 퍼머넌트가 행해지고 있다.

59 퍼머넌트 와인딩의 시술순서를 바르게 연결한 것은?

① 네이프 – 백 – 사이드 – 톱
② 네이프 – 백 – 톱 – 사이드
③ 사이드 – 백 – 톱 – 네이프
④ 톱 – 사이드 – 백 – 네이프

60 퍼머넌트 웨이브 와인딩 방법으로 틀린 것은?

① 텐션을 일정하게 유지하면서 모발을 균일하게 마는 것이 중요하다.
② 와인딩할 때 스트랜드에 1액을 바르고 행하면 말기가 쉽다.
③ 팽팽하게 당기면서 감는다.
④ 강하지도 느슨하지도 않게 평균적으로 감는다.

> **해설** 모발을 너무 팽팽하게 말면 모발이 상하거나 솔루션이 모발에 골고루 스며들지 않고 웨이브의 형성을 방해하므로 텐션을 일정하게 유지하면서 모발을 균일하게 마는 것이 중요하다.

61 와인딩 각도 및 방법으로 틀린 것은?

① 와인딩 각도는 모근에서 120° 정도의 각도로 만다.
② 뿌리를 살리고자 할 때는 모근부분을 앞쪽으로 일으켜서 90° 정도의 각도로 만다.
③ 뿌리를 죽이고자 할 때는 모근의 각도를 60° 정도로 눕혀서 만다.
④ 웨이브의 크기는 로드의 굵기와 관계 없다.

> **해설** 웨이브의 크기는 로드의 굵기에 비례한다.

62 퍼머넌트 웨이브 시술 시 중화제 사용 직전에 행해야 할 것은?

① 1액을 도포한다.
② 플레인 린싱한다.
③ 와인딩을 푼다.
④ 레이져한다.

> **해설** 중화제 전 미지근한 물로 플레인 린싱을 하면 약액도 씻어 주면서 모발보호 작용과 웨이브 텐션의 강도를 올릴 수 있다.

63 콜드 웨이브를 할 때 테스트 컬은 언제 하는가?

① 와인딩 – 프로세싱 도중 – 테스트 컬
② 헤어샴푸 – 타월 드라잉 – 테스트 컬
③ 셰이핑 – 블로킹 – 테스트 컬
④ 블로킹 – 와인딩 – 테스트 컬

64 아이론을 이용한 마셀 웨이브를 창안한 사람은?

① 스피크먼　　　　　② 찰스 네슬러
③ 마셀 그라또우　　　④ 죠셉 메이어

65 아이론 조작 시 모발 위에서 누르는 작용을 하는 것은?

① 그루브　　　　　　② 프롱
③ 핸들　　　　　　　④ 피보트 포인트

> **해설** 프롱은 위에서 누르는 작용을 하고 그루브는 아래에서 고정시키는 작용을 한다.

정답 51 ②　52 ②　53 ①　54 ①　55 ②　56 ③　57 ②　58 ①　59 ①　60 ③　61 ④　62 ②　63 ①　64 ③　65 ②

66 아이론 열을 식히는 방법은 무엇인가?

① 한쪽 핸들을 잡고 회전시킨다.
② 물수건에 닦는다.
③ 물 스프레이를 뿌린다.
④ 식을 때까지 둔다.

67 아이론의 홈부분을 무엇이라 하는가?

① 그루브
② 프롱
③ 피보트포인트
④ 핸들

해설 그루브(홈부분), 프롱(막대기 부분)

68 아이론의 작동법으로 잘못 설명된 것은?

① 아이론은 시술자의 가슴 정도 높이에서 수직이 되게 한다.
② 프롱 부분에 연결된 손잡이는 검지와 엄지로 맞잡는다.
③ 나머지 손가락은 그루브 부분의 손잡이에 나란히 잡는다.
④ 새끼손가락만 안쪽으로 끼워 개폐 동작을 한다.

해설 아이론은 시술자의 가슴 정도 높이에서 수평이 되게 한다.

69 블로우 드라이 기초 기술방법으로 틀린 것은?

① 웨이브를 만들지 않고 모발을 펴주는 기술이다.
② 긴 모발에 윤기를 준다.
③ 짧은 모발에 약간의 볼륨을 주는 테크닉이다.
④ 슬라이스 폭은 1~3cm 떠서 바람을 쏘인다.

해설 슬라이스 폭은 3~5cm 떠서 바람을 쐬인 후 롤을 돌리면서 훑어 내린다.

70 모발의 주성분은?

① 단백질
② 탄수화물
③ 무기질
④ 철분

해설 모표피는 가장 바깥층으로 케라틴이라는 경단백질로 구성되어 있다. 모피질은 모발 면적의 80~90%를 차지하며 모표피와 모수질 사이에 있는 층이며, 섬유모양의 피질세포와 간층물질로 구성되어 있다.

71 모간에 속하지 않는 것은?

① 모수질　　② 모피질
③ 모표피　　④ 모근

해설 모간은 모발의 표피 외부로 나와 있는 부분을 말한다.

72 두발 염색 시 염색약(1액)과 과산화수소(2액)를 섞을 때 발생하는 주된 화학적 반응은?

① 중화작용　　② 산화작용
③ 환원작용　　④ 탈수작용

해설 1액과 2액을 섞을 때 일어나는 반응을 산화작용이라 한다.

73 안으로 말아주기 방법으로 틀린 것은?

① 슬라이스한 판넬 안쪽에 롤을 넣어서 훑어 내려온다.
② 머리 끝부분에서 롤을 두 번 정도 말아서 1~2초 정도 바람을 쏘여 준다.
③ 드라이 바람을 잠시 피하고 롤을 반바퀴 돌린다.
④ 다시 드라이를 대고 끝까지 펴준다.

해설 머리 끝부분에서 롤을 두 번 정도 말아서 5~6초 정도 바람을 쏘여 준다.

74 모발의 색은 흑색, 적색, 갈색, 금발색, 백색 등 여러 가지 색이 있다. 다음 중 주로 검은 모발의 색을 나타나게 하는 멜라닌은?

① 티로신(Tyroslne)
② 멜라노사이트(Melanocyte)
③ 유멜라닌(Eumelanin)
④ 페오멜라닌(Pheomelanin)

해설 유멜라닌은 검은색, 페오멜라닌은 노란색을 나타낸다.

75 컬러린스란 무엇인가?

① 착색제　　② 양모제
③ 정발제　　④ 세발제

해설 컬러린스 : 워터린스, 착색제

76 블리치제의 과산화수소 농도는 몇 %인가?

① 2%　　② 4%
③ 6%　　④ 10%

해설
- 블리치제의 과산화수소 농도 : 6%
- 소독에 있어서의 과산화수소 농도 : 3%

77 모표피에만 착색되며, 샴푸 후에는 지워지는 헤어다이는 무엇인가?

① 일시성 틴트
② 반지속성 틴트
③ 지속성 틴트
④ 프로그레시브 틴트

해설 일시성 헤어틴트는 모표피에만 착색되며, 1회의 샴푸로 지워진다.

78 염색한 색상을 다른 색상으로 바꾸는 기술을 무엇이라 하는가?

① 탈색　　② 틴트
③ 다이터치업　　④ 탈염

해설 탈염(다이리무브) : 염색 후 두발색상을 다시 빼는 것을 말한다.

79 파운데이션 종류와 적합한 피부의 연결이 틀린 것은?

① 크림 타입의 파운데이션 - 건성피부
② 파우더 타입의 파운데이션 - 지성피부
③ 리퀴드 타입의 파운데이션 - 악건성피부
④ 케이크 타입의 파운데이션 - 건성피부

해설 케이크 타입의 파운데이션을 건성 피부에 발랐을 경우 피부 당김을 유발할 수 있다.

정답 66 ① 67 ① 68 ① 69 ④ 70 ① 71 ④ 72 ② 73 ② 74 ③ 75 ① 76 ③ 77 ① 78 ④ 79 ④

80 둥근(원형) 얼굴형에 대한 화장술로서 가장 적합한 것은?

① 빰은 풍요하게 턱은 팽팽하게 보이도록 한다.
② 모난 부분을 밝게 표현한다.
③ 양옆 폭을 좁게 보이도록 한다.
④ 위와 아래를 짧게 보이도록 한다.

> **해설** 타원형(달걀형)의 얼굴로 만들어주기 위해 양옆에 어두운 파운데이션을 바른다.

81 청록색 눈 화장에 빨간색 입술화장을 하였더니 청록과 빨간 색상이 원래의 색보다 더욱 뚜렷해 보이고 채도도 더 높게 보이는 현상은?

① 명도대비
② 연변대비
③ 색상대비
④ 보색대비

> **해설** 빨간색, 청록색은 보색으로 서로 대비되는 색상이기 때문에 대비효과로 색상이 선명하고 뚜렷해 보인다.

82 눈꺼풀에 색감을 주어 입체감을 살려 눈의 표정을 강조하는 화장품은?

① 아이라이너
② 아이섀도
③ 아이브로우 펜슬
④ 마스카라

> **해설** 아이라이너 – 윤곽, 아이브로우 – 눈썹, 마스카라 – 속눈썹

83 메이크업에서 T.P.O.에 속하지 않는 것은?

① 시간
② 장소
③ 체형
④ 목적

> **해설** T – Time(시간), P – Place(장소), O – Object(목적)

84 신부화장에서 신부의 인중이 짧을 때는 어디를 수정하는 것이 가장 적절한가?

① 윗입술을 작게 그리고 아랫입술을 크게 그린다.
② 윗입술은 크게 아랫입술은 작게 그린다.
③ 코 벽을 세운다.
④ 인중을 크게 그린다.

> **해설** 윗입술을 작게 그려야 인중이 길게 보이고, 아랫입술을 크게 그려야 시선을 아래쪽으로 끌어당겨 인중에서 시선을 떨어뜨릴 수 있다.

85 그리스 페인트 화장(Grease Paint Make-up)이란?

① 낮 화장
② 햇볕 그을림 방지 화장
③ 밤 화장
④ 무대용 화장

> **해설** 무대용 화장은 스테이지 메이크업에 속한다.

86 코의 화장법으로 좋지 않은 방법은?

① 큰 코는 전체가 드러나지 않도록 코 전체를 다른 부분보다 연한색으로 펴바른다.
② 낮은 코는 코의 양 측면에 세로로 진한 크림파우더 또는 갈색의 아이섀도를 바르고 코 등에 연한색을 바른다.
③ 코끝이 둥근 경우 코끝의 양 측면에 진한색을 펴 바르고 끝에는 연한색을 바른다.
④ 너무 높은 코는 코 전체에 진한색을 펴 바른 후 양 측면에 연한색을 바른다.

> **해설** 큰 코인 경우 코 전체를 진하게 처리한다.

87 가발이 사용되기 시작한 최초의 시기는?

① B.C. 2000년
② B.C. 3000년
③ B.C. 4000년
④ B.C. 5000년

> **해설** 가발은 직사광선으로부터 두피를 보호하기 위해 고대 이집트시대부터 착용하게 된 이후, 유럽의 귀족을 비롯해 차츰 미국으로 유행되었다.

88 헤어스타일의 다양한 변화를 위해 사용되는 헤어피스가 아닌 것은?

① 폴(Fall)
② 위글렛(Wiglet)
③ 웨프트(Waft)
④ 위그(Wig)

> **해설** 위그는 전체 가발이다.

89 부분가발을 무엇이라고 하는가?

① 위그
② 달비
③ 피스
④ 셰이핑

> **해설** 피스는 부분가발로서 크기와 모양이 다양하고 헤어패션을 위해 다양한 연출을 할 수 있다.

90 미용의 순서로 옳은 것은?

① 소재의 확인 – 제작 – 보정 – 구상
② 소재의 확인 – 구상 – 제작 – 보정
③ 제작 – 소재의 확인 – 보정 – 구상
④ 구상 – 소재의 확인 – 제작 – 보정

> **해설** 미용의 순서는 소재의 확인이 첫 단계이다. 그다음 나의 생각과 계획을 표현하는 구상단계를 거친 후 제작과 보정과정을 진행하면 된다.

91 올바른 미용작업의 자세에 대한 설명으로 옳은 것은?

① 작업 대상은 미용사의 심장 높이가 적당하다.
② 작업 대상은 미용사의 어깨 높이가 적당하다.
③ 미용시술 시 체중은 양쪽 다리에 교대로 분산하는 것이 좋다.
④ 미용시술 시 가장 좋은 자세는 기마자세이다.

> **해설** 미용작업 대상은 미용사의 심장 높이 정도가 적당하며, 작업 대상의 높이를 조절할 수 있도록 미용의자를 준비해두는 것이 좋다.

정답 80 ③ 81 ④ 82 ② 83 ③ 84 ① 85 ④ 86 ① 87 ③ 88 ④ 89 ③ 90 ② 91 ①

92 미용 작업을 할 때 작업 대상과의 거리는 몇㎝가 적당한가?

① 정상시력의 경우 10㎝~25㎝
② 정상시력의 경우 25㎝~30㎝
③ 정상시력의 경우 30㎝~40㎝
④ 정상시력의 경우 45㎝ 이상

> **해설** 정상시력의 경우 안구로부터 25㎝~30㎝정도 좋으며, 실내조도는 75룩스 이상을 유지해야 한다.

93 T.O.P에 따른 메이크업의 설명으로 적합하지 않은 것은?

① 시간에 따라 화장법을 달리해야 한다.
② 장소와 분위기에 맞는 화장법을 연출해야 한다.
③ 체형에 맞는 화장법을 구사해야 한다.
④ 장례식, 결혼식 등 상황에 맞는 화장법을 연출해야 한다.

> **해설** T.O.P는 Time(시간), Place(장소), Opportunity(기회 또는 상황)의 이니셜이다.

94 우리나라 고대 미용에 관한 설명 중 옳지 않은 것은?

① 삼한시대에는 머리를 깎아 노예를 표시하였다.
② 고구려시대에는 얹은머리, 쪽머리, 중발머리 등이 유행하였다.
③ 통일신라시대에는 슬슬전대모빗, 자개장식빗 등을 머리 장식으로 이용했다.
④ 고려시대에는 여염집 여인들도 진한 분대화장을 하였다.

> **해설** 고려시대에는 신분에 따라 화장법이 달랐다. 기생들의 진한 화장법인 분대화장과 여염집 여인들의 연한 화장법인 비분대화장이 병존하였다.

95 우리나라 조선 초기 여성의 머리가 아닌 것은?

① 쪽진머리
② 조짐머리
③ 큰머리
④ 얹은머리

> **해설** 얹은머리는 고구려시대에 유행한 머리형으로 머리를 앞으로 감은 뒤 가운데로 감아 꽂은 모양이다.

96 1933년 서울 종로에 우리나라 최초의 미용실을 개원한 인물은?

① 김활란
② 오엽주
③ 임형선
④ 권정희

> **해설** 1904년 황해도 사리원 태생인 오엽주는 영화배우 지망생이었으나, 일본에서 미용기술을 배워 최초로 화신백화점 내에 미용실을 개원하였다.

97 가위의 선택 요령으로 옳지 않은 것은?

① 날 끝으로 갈수록 자연스럽게 구부러진 내곡선 형태가 좋다.
② 양쪽 날이 견고하고 날의 두께는 얇지만 튼튼한 것이 좋다.
③ 피벗 포인트의 잠금 나사가 느슨하지 않아야 한다.
④ 도금된 고가의 가위를 사용하면 더욱 좋다.

> **해설** 가위는 시술자가 작업하기 편해야 하며, 도금되지 않은 것이 좋다.

98 오디너리 레이저와 셰이핑 레이저에 대한 설명으로 옳지 않은 것은?

① 셰이핑 레이저는 안전 커버가 있어 초보자에 적합하다.
② 오디너리 레이저는 일상용 레이저로 초보자에 적합하다.
③ 셰이핑 레이저는 레이저 날에 닿는 두발량이 제한적이다.
④ 오디너리 레이저는 일상용 레이저로 숙련된 자에게 적합하다.

> **해설** 오디너리 레이저는 일상용 레이저로 숙련된 자에게 적합하고, 셰이핑 레이저는 안전 커버가 있어 초보자에게 유리하다.

99 다음의 미안용 기기 중 미용사는 보호 안경을, 고객은 아이패드를 사용해야 하는 시술도구는?

① 고주파 전류 미안기
② 갈바닉 전류 미안기
③ 적외선등
④ 자외선등

> **해설** 피부 노폐물 배출을 촉진시키고 비타민D 합성에 도움이 되는 자외선등은 꼭 보호 안경을 쓰고 시술에 임해야 한다. 고객은 아이패드를 사용해야 한다.

100 머리 염색 후 두발 샴푸제로 적당한 것은?

① 플레인 샴푸
② 핫오일 샴푸
③ 프로테인 샴푸
④ 논스트리핑 샴푸

> **해설** 염색 두발의 샴푸제는 약산성으로 자극이 적은 논스트리핑 샴푸제가 좋다.

101 다음의 열거한 드라이 샴푸 중 가발 세정에 사용하는 샴푸는?

① 분말 드라이 샴푸
② 리퀴드 드라이 샴푸
③ 에그 파우더 드라이 샴푸
④ 약용 샴푸

> **해설** 리퀴드 드라이 샴푸는 주로 가발(위그)이나 헤어 피스 세정에 사용한다.

102 다음 커트 시술 방법 중 레이저를 이용할 때의 설명으로 옳지 않는 것은?

① 네이프 헤어를 먼저 커트한다.
② 탑 헤어를 마지막으로 커트한다.
③ 젖은 상태에서 두발을 커트한다.
④ 마른 상태의 두발을 커트한다.

> **해설** 레이저 커트 시 두발은 젖은 상태에서 시술해야 한다.

103 두발의 끝을 점차 가늘게 커트하는 방법은?

① 스트로크 커트
② 테이퍼링
③ 클리핑
④ 싱글링

> **해설** 테이퍼링은 두발의 양을 가볍고 자연스럽게 쳐주는 커트 방식이다. 페더링 기법이라고 한다.

정답 92 ② 93 ③ 94 ④ 95 ④ 96 ② 97 ④ 98 ② 99 ④ 100 ④ 101 ② 102 ④ 103 ②

제1장 미용의 이해 적중예상문제

104 다음 중 콜드 웨이브 창시자와 퍼머넌트 웨이브 창시자를 짝지은 것 중 올바른 것은?

① J.B 스피크먼 – 마셀 그라또우
② J.B 스피크먼 – 찰스 네슬러
③ 찰스 네슬러 – 조셉 메이어
④ 조셉 메이어 – 마셀 그라또우

해설 콜드 웨이브는 1936년 영국의 J.B 스피크먼에 의해 처음 시작하였으며, 퍼머넌트 웨이브는 1905년 영국의 찰스 네슬러에 의해 스파이럴식 퍼머넌트가 창안되었다.

105 콜드 퍼머를 할 때 제1액을 도포하고 비닐 캡을 씌우는 이유가 아닌 것은?

① 구부러진 두발 상태를 고정시킨다.
② 두피의 온도로 제1액의 효과를 빠르게 한다.
③ 두발 전체에 제1액의 작용이 골고루 퍼지도록 한다.
④ 휘발성 알칼리 성분이 사라지는 것을 방지한다.

해설 프로세싱은 캡을 씌운 때부터 시작되며, 10~15분 정도이다.

106 두발관리 방법 중 헤어 트리트먼트의 종류에 해당하지 않는 것은?

① 신징
② 클리핑
③ 헤어 팩
④ 슬리더링

해설 슬리더링은 모발의 길이를 유지하면서 시저스로 숱을 감소시키는 방법이다.

107 두피상태에 따른 두피관리 방법 중 비듬성 두피에 손질법은?

① 플레인 스캘프 트리트먼트
② 드라이 스캘프 트리트먼트
③ 댄드러프 스캘프 트리트먼트
④ 오일 스캘프 트리트먼트

해설 플레인은 정상모, 드라이는 건조한 모발, 오일은 지성모발에 알맞은 손질법이다.

108 두피에 자극을 주어 혈액순환을 촉진시키는 시술방법 중 가장 자극적인 마사지 방법은?

① 고타법
② 유연법
③ 진동법
④ 마찰법

해설 고타법은 손을 이용하여 두드려 주는 동작으로 근육수축력 증가, 신경기능 조절 등의 효과가 있다.

109 두발의 염색시술을 할 때 쓰이는 테스트가 아닌 것은?

① 컬 테스트
② 패치 테스트
③ 스트랜드 테스트
④ 컬러 테스트

해설 컬 테스트는 퍼머넌트 웨이빙 시술을 할 때 사용한다.

110 염색 시술을 할 때 주의해야 할 점 중 틀린 것은?

① 시술 대상자의 두피 자극을 피해야 한다.
② 두피에 상처가 있을 경우 시술하지 않는다.
③ 염색 후 한시간 정도 경과 후 퍼머넌트를 해야 한다.
④ 금속기구는 사용하지 말아야 한다.

해설 염색 후 헤어 리컨디셔닝을 하고 일주일 정도 경과 후 퍼머넌트를 해야 한다.

111 메이크업 시술 역사에 대한 설명이다. 틀린 것은?

① 이집트는 녹색과 흑색톤의 눈화장이 발달하였다.
② 그리스 로마시대는 내추럴한 아름다움을 추구하였다.
③ 중세에는 일반인들 사이에 다양한 화장법이 유행하였다.
④ 현대에는 화장법의 개성표현이 자유로워졌다.

해설 중세에는 종교가 지배했던 시기로 일반인들의 화장이 극히 제한되었다.

정답 104 ② 105 ① 106 ④ 107 ③ 108 ① 109 ① 110 ③ 111 ③

제2장 공중위생관리

Section 1 공중보건 기초

1 공중보건학의 개념

(1) 공중보건학의 정의

공중보건학은 예방의학적 내용을 기초로 하여 일반 대중을 질병으로부터 보호하고, 나아가 대중의 건강을 증진시키고 수명을 늘리며, 신체 및 정신건강을 향상시키는 실천적 학문이다.
따라서 공중보건학의 대상은 개인이 아니라 인간집단 즉, 지역주민 혹은 한 나라 전체 국민이 대상이 된다. 미국의 윈슬로 박사(E. A. Winslow, 1877~1957)가 공중보건학의 학문적 토대를 만들었다.

(2) 공중보건의 범위

① 환경 관련 분야 : 환경위생, 식품위생, 환경오염, 산업보건
② 질병 관리 분야 : 감염병관리, 역학, 기생충관리, 비감염성 관리
③ 보건 관리 분야 : 보건행정, 보건교육, 모자보건, 의료보장제도, 보건영양, 인구보건, 가족계획, 보건통계, 정신보건, 영유아보건, 사고관리

2 건강과 질병

(1) 건강의 정의

건강은 사회생활을 잘 할 수 있는 가장 기본적인 능력으로 생존의 조건이며, 행복한 삶의 필수조건이다. 건강의 정의에 대해 여러가지 이론이 있으나 세계보건기구(WHO)는 다음과 같이 정의한다.
"건강이란 단순히 질병이 없고 허약하지 않은 상태만을 의미하는 것이 아니라 육체적 정신적 및 사회적으로 완전한 상태를 말한다" 이와 같은 정의는 1948년 4월 7일 발표한 보건헌장에 나타난 개념이다.

(2) 질병의 발생과 예방 단계

1) **질병 발생 인자별 영향 요인**

① 병인(Agent) : 질병이나 병증을 일으키는 원인 또는 조건을 말함
  ㉮ 영양소 : 인체를 구성하는 각종 영양소의 과잉이나 결핍
  ㉯ 생물학적 인자 : 세균, 바이러스, 기생충 등
  ㉰ 유전적 인자 : 유전자 또는 유전자의 조합이 직접 질병의 원인 - 당뇨, 혈우병
  ㉱ 물리적 인자 : 계절, 기상, 대기, 수질 등
  ㉲ 화학적 인자 : 유해가스, 중금속 등
② 숙주(Host) : 병원체의 기생으로 영양물질의 탈취 및 조직손상 등을 당하는 생물
  ㉮ 생물학적 인자 : 성별, 연령별 특성
  ㉯ 사회적 요인과 형태적 요인 : 종족, 직업, 사회·경제적 계급, 결혼 및 가족상태 등
  ㉰ 체질적 요인 : 선천적 인자, 면역성 및 영양상태 등 다양한 특성

③ 환경(Environment) : 질병 발생에 영향을 미치는 외적 요인
  ㉮ 생물학적 환경 : 병원소, 활성 전파체, 매개곤충, 기생충의 중간숙주 등
  ㉯ 물리적 환경 : 계절의 변화, 기후, 실내외의 환경
  ㉰ 사회적 환경 : 인구밀도, 직업, 사회풍습, 경제생활의 형태 등

2) **질병 예방 단계**

① 1차 예방(질병 발생 전 단계) : 환경개선, 건강관리, 예방접종 등
② 2차 예방(질병 감염 단계) : 조기검진, 건강검진, 악화방지 및 치료 등
③ 3차 예방(불구 예방 단계) : 재활 및 사회복귀, 적응 등

3 인구보건 및 보건지표

(1) 인구보건

1) **양적문제**

① 3P : 인구(Population), 공해(Pollution), 빈곤(Poverty)
② 3M : 영양실조(Malnutrition), 질병의 증가(Morbidity), 사망의 증가(Mortality)

2) **질적문제**

열성 유전인자의 전파와 역 도태 작용, 연령별, 성별, 계층별간의 인구구성 등의 문제를 일으킨다.

(2) 인구 구성의 5대 기본형

① 피라미드형(인구 증가형) : 출생률이 높고 상대적으로 사망률이 낮은 형
② 종형(인구 정지형) : 출생률과 사망률이 낮으므로 이상적인 인구형
③ 항아리형(인구 감소형) : 출생률이 사망률보다 더 낮으며 평균수명이 높은 선진국형
④ 별형(유입형) : 생산연령 인구가 도시로 유입되는 도시형
⑤ 기타형(유출형) : 생산연령 인구가 많이 유출되는 농촌형

(3) 보건지표

1) **보건지표의 정의**

여러 인구집단의 건강과 보건정책, 의료제도, 의료자원, 국민 보건에 대한 인식 등과 관련된 제반 사항을 총체적으로 나타내어 보건의 양적 및 질적인 측면을 파악할 수 있게 해 주는 척도를 말한다.

2) **건강지표의 정의**

개인이나 인구집단의 건강수준이나 특성을 설명하는 수량적 내용으로 협의의 개념이다.

3) 보건 수준 평가의 지표
① 비례사망지수 : 전체 사망자수에 대한 50세 이상의 사망자수의 구성 비율로 수치가 높을수록 사망자 중 고령자수가 많다는 것을 의미하며, 다른 나라들과의 보건수준 비교에 사용된다.

$$비례사망지수 = \frac{50세이상사망자수}{평균 근로일수} \times 100$$

② 평균수명 : 생명표상에서 생후 1년 미만(0세) 아이의 기대여명을 말한다.
③ 조사망률 : 인구 1,000명당 1년간의 발생 사망자수 비율로 보통 사망률 또는 일반 사망률이라고도 한다.
④ 영아사망률 : 출생아 1,000명당 1년간의 생후 1년 미만 영아의 사망자수 비율로 한 국가의 보건수준을 나타내는 가장 대표적인 지표로 사용된다.

$$영아사망률 = \frac{연간생후1세미만의사망자수}{연간정상출생아수} \times 1,000$$

> **Tip 국세조사(National Census)**
> 인구 상황을 전체적으로 파악하기 위한 조사로 5년마다 실시되고 있으며, 1980년부터는 11월 1일을 기준으로 실시

Section 2 질병관리

1 역학

(1) 역학의 정의
인구 집단 내에 질병빈도의 분포와 그 결정요인을 연구하여 효율적인 예방방법을 개발하는 학문이다.

(2) 역학의 4대 현상
① 주기변화(순환변화)
수년의 간격으로 질병의 발생이 반복되는 경우(인플루엔자A 2~3년, 인플루엔자B 4~6년, 백일해 2~4년, 홍역 2~3년 등)
② 추세변화(장기변화)
어떤 질병을 수십 년간 관찰하였을 때 증가 혹은 감소의 경향을 보여 주는 것(장티푸스 30~40년 주기, 디프테리아 10~24년, 인플루엔자 약 30년 등)
③ 계절적 변화
1년을 주기로 질병이 발생하는 것(여름 : 소화기계, 겨울 : 호흡기계)
④ 불규칙 변화
외래 감염병의 국내 침입 시 돌발적으로 유행하는 경우(인플루엔자, 콜레라, 페스트, 황열 등)

2 감염병 관리

(1) 감염병 발생 3요소와 생성 6요소
1) 병인(Agent) : 질병을 일으키는 원인 및 조건
① 병원체 : 숙주에 침입하여 특정한 질병을 일으키는 데 필요한 미생물(세균, 바이러스, 곰팡이, 기생충 등)
② 병원소 : 병원체가 생활하고 증식하며, 다른 숙주에게 전파될 수 있는 상태로 저장되는 장소(인간, 동물, 토양 등)

2) 환경(Environment) : 질병발생에 영향을 미치는 외적 요인
① 병원소로부터 병원체 탈출 : 호흡기계, 소화기계, 피부, 비뇨기계, 개방병소, 기계적 탈출
② 전파 : 병원체가 병원소로부터 탈출한 후, 새로운 숙주로 옮기는 것. 직접전파(신체적 접촉, 비말감염), 간접전파(매개체), 공기전파(재채기, 기침, 대화)
③ 새로운 숙주로의 침입 : 병원체의 침입방식은 병원체의 탈출방식과 대체로 일치

3) 숙주(Host) : 병원체의 기생으로 영양물질의 탈취 및 조직손상 등을 당하는 생물
① 숙주의 감수성 : 병원체가 새로운 숙주에 침입했다 하더라도 숙주에 저항력이나 면역성에 따라 감염의 유무가 달라짐

(2) 감염병 발생단계(생성과정)
① 병원체 → ② 병원소 → ③ 병원소로부터 병원체의 탈출 → ④ 병원체의 전파 → ⑤ 신(新) 숙주에의 침입 → ⑥ 숙주의 감수성(감염)
※ 6개 요소 중 어느 한 가지만 결여되어도 감염병은 발생하지 않는다.

1) 병원체

병원체	소화기계	호흡기계	피부 점막계
세균	장티푸스, 파라티푸스, 콜레라, 파상열, 세균성 이질	결핵, 나병, 디프테리아, 성홍열, 백일해, 폐렴, 수막구균성 수막염 등	매독, 임질, 연성하감, 파상풍, 야토병, 페스트 등
바이러스	소아마비, 간염 등	두창, 인플루엔자, 홍역, 유행성 이하선염 등	AIDS, 트라코마, 일본뇌염, 광견병, 황열 등
리케차	Q열	Q열	발진티푸스, 발진열, 양충병(쯔쯔가무시병)
원충류	아메바성 이질	–	말라리아

2) 병원소
① 인간 병원소
㉮ 회복기 보균자(병후 보균자) : 병에 걸린 후 치료가 되었으나 병원균이 몸 안에 남아있는 보균자를 말한다.
㉯ 잠복기 보균자(발병 전 보균자) : 병원체에 감염되었으나 병의 증상이 없는 보균자를 말한다.
㉰ 건강 보균자 : 병원체에 감염된 증상은 없지만 몸 안에 병원균을 가지고 있어 병원체를 배출하는 사람으로 감염병 관리에 있어 가장 관리가 어렵다.
② 동물 병원소
㉮ 동물이 감염된 질병 중에서 2차적으로 인간 숙주에게 감염되어 질병을 일으킬 수 있는 감염원으로 작용하는 경우
㉯ 소(살모넬라), 돼지(일본뇌염), 개(광견병), 쥐(쯔쯔가무시병)
③ 토양 : 파상풍이 대표적인 질병이다.

3) 병원소로부터 병원체의 탈출
① 호흡기 계통으로 탈출 : 대화, 기침, 재채기를 통해 전파(폐결핵, 폐렴, 백일해, 홍역, 수두, 천연두 등)
② 소화기 계통으로 탈출 : 위 장관을 통한 탈출로 분변이나 토사물에 의해 탈출(이질, 콜레라, 장티푸스, 소아마비 등)
③ 비뇨 · 생식기 계통으로 탈출 : 소변이나 분비물을 통해 탈출(성병)
④ 개방병소로 탈출 : 상처 또는 발병부위에서 병원체가 직접 탈출(농양, 피부병, 나병 등)

⑤ 기계적 탈출 : 모기, 이, 벼룩 등의 흡혈성 곤충에 의한 탈출 또는 주사기 등을 통한 탈출(발진티푸스, 발진열, 말라리아 등)

4) 병원체의 전파

① 직접전파
  ㉮ 신체의 직접적인 접촉에 의한 감염(파상풍, 탄저, 구충증)
  ㉯ 비말(콧물, 침, 가래) 감염(홍역, 인플루엔자, 급성회백수염)

② 간접전파
  ㉮ 개달물(수건, 의복, 서적 등)에 의한 전파(안질, 트라코마)
  ㉯ 식품에 의한 전파(이질, 장티푸스, 파라티푸스, 유행성 간염, 폴리오, 콜레라)
  ㉰ 절족(절지)동물에 의한 전파

③ 공기전파
  먼지 또는 비말핵에 의한 전파(Q열, 브루셀라병, 앵무새병, 히스토라즈마병, 결핵)

5) 새로운 숙주로의 침입

소화기계 감염병은 경구적 침입, 호흡기계 감염병은 호흡기계로 침입, 매개곤충이나 주사기 등에 의한 기계적 침입, 점막이나 상처부위 등의 경피 침입 등이 있다.

6) 감수성 지수(접촉감염지수)

① 숙주에 침입한 병원체에 대하여 감염이나 발병을 막을 수 없는 상태를 감수성이라 한다.
② 질병별 감수성지수 : 두창 · 홍역(95%) > 백일해(60~80%) > 성홍열(40%) > 디프테리아(10%) > 폴리오(유행성소아마비 0.1%)

(3) 면역

1) 면역의 분류

① 선천적 면역
  인종, 종족, 개인의 특이성 차이에 의해 면역이 형성되는 것

② 후천적 면역
  감염병을 앓고 난 후 또는 예방 접종 후 생기는 면역
  ㉮ 능동면역
    항원의 자극에 의하여 항체가 생성되는 것
    ㉠ 자연능동면역 : 감염병이 감염된 후 형성되는 면역
    ㉡ 인공능동면역 : 예방접종으로 얻어지는 면역(생균, 사균, 순화독소 등)
  ㉯ 수동면역
    다른 숙주에 의하여 얻어진 면역체를 받아서 면역력을 지니게 되는 경우
    ㉠ 자연수동면역 : 모체로부터 태반이나 수유를 통하여 받는 면역
    ㉡ 인공수동면역 : 인공제제를 접종하여 얻는 면역(γ-globulin, Anti-toxin)

Tip 자연능동으로 면역되는 질병

면역기간	질병
영구면역 형성이 잘되는 것 (질병이환 후)	두창, 홍역, 수두, 유행성이하선염, 백일해, 성홍열, 발진티푸스, 콜레라, 장티푸스, 페스트
영구면역 형성이 잘되는 것 (불현성 감염 후)	일본뇌염, 폴리오
이환되어도 약한 면역만 형성	디프테리아, 폐렴, 인플루엔자, 수막구균성막염, 세균성이질
감염면역만 형성	매독, 임질, 말라리아

Tip 예방접종으로 얻어지는 면역

방법별	예방할 질병
생균백신	두창, 탄저, 광견병, 결핵, 황열, 폴리오, 홍역
사균백신	장티푸스, 파라티푸스, 콜레라, 백일해, 일본뇌염, 폴리오
순화독소	디프테리아, 파상풍

(4) 법정감염병의 종류

① 제1급 감염병(17종)
  생물테러 감염병 또는 치명률이 높거나 집단 발생의 우려가 큰, 음압격리와 같은 높은 수준의 격리가 필요한 감염병이다. 제1급 감염병은 지역 사회 전파 시 큰 위험이 예상되므로 발생하는 즉시 신고해야 한다. 종류는 다음과 같다.

  에볼라바이러스병, 마버그열, 라싸열, 크리미안콩고출혈열, 남아메리카출혈열, 리프트밸리열, 두창, 페스트, 탄저, 보툴리눔독소증, 야토병, 신종감염병증후군, 중증급성호흡기증후군(SARS), 중동호흡기증후군(MERS), 동물인플루엔자 인체감염증, 신종인플루엔자, 디프테리아

② 제2급 감염병(21종)
  전파 가능성을 고려해 발생하거나 유행 시 24시간 이내 신고해야 하며 격리가 필요한 감염병이다. 종류는 다음과 같다.

  결핵, 수두, 홍역, 콜레라, 장티푸스, 파라티푸스, 세균성이질, 장출혈성대장균감염증, A형간염, 백일해, 유행성이하선염, 풍진, 폴리오, 수막구균 감염증, b형헤모필루스인플루엔자, 폐렴구균 감염증, 한센병, 성홍열, 반코마이신내성황색포도알균(VRSA) 감염증, 카바페넴내성장내세균속균종(CRE) 감염증, E형간염

③ 제3급 감염병(26종)
  발생 추이를 감시할 필요가 있는 감염병이다. 발생하거나 유행 시 24시간 이내에 신고해야 한다. 종류는 다음과 같다.

  파상풍, B형간염, 일본뇌염, C형간염, 말라리아, 레지오넬라증, 비브리오패혈증, 발진티푸스, 발진열, 쯔쯔가무시증, 렙토스피라증, 브루셀라증, 공수병, 신증후군출혈열, 후천성면역결핍증(AIDS), 크로이츠펠트-야콥병(CJD) 및 변종크로이츠펠트-야콥병(vCJD), 황열, 뎅기열, 큐열, 웨스트나일열, 라임병, 진드기매개뇌염, 유비저, 치쿤구니야열, 중증열성혈소판감소증후군(SFTS), 지카바이러스 감염증, 매독

④ 제4급 감염병(23종)
  제1급 감염병부터 제3급 감염병에 포함된 감염병 이외에 유행 여부를 조사하기 위해 표본 감시 활동이 필요한 감염병이다. 신고 시기는 7일 이내다. 종류는 다음과 같다.

  인플루엔자, 회충증, 편충증, 요충증, 간흡충증, 폐흡충증, 장흡충증. 수족구병, 임질, 클라미디아감염증, 연성하감, 성기단순포진, 첨규콘딜롬, 반코마이신내성장알균(VRE) 감염증, 메티실린내성황색포도알균(MRSA) 감염증, 다제내성녹농균(MRPA) 감염증, 다제내성아시네토박터바우마니균(MRAB) 감염증, 장관감염증, 급성호흡기감염증, 해외유입기생충감염증, 엔테로바이러스감염증, 사람유두종바이러스 감염증

(5) 감염병과 보균체

① 보균동물
  소(파상열, 결핵, 탄저), 개(광견병), 돼지(살모넬라증, 파상열, 탄저), 말(탄저, 비저, 유행성 뇌염), 토끼(야토병), 쥐(페스트, 살모넬라증, 와일씨병, 서교증, 발진열)

② 보균곤충

파리(콜레라, 이질, 장티푸스, 결핵, 파라티푸스, 트라코마), 모기(일본뇌염, 말라리아, 뎅기열, 황열), 이(발진티푸스, 재귀열), 벼룩(페스트, 발진열), 바퀴벌레(콜레라, 이질, 장티푸스), 빈대(재귀열)

Tip 절족동물(해충) 감염

종류	질 병
이	발진티푸스, 재귀열
모기	일본뇌염, 황열(말레이), 말라리아, 사상충증, 뎅기열
벼룩	페스트, 재귀열, 발진열
바퀴벌레	콜레라, 장티푸스, 이질, 소아마비
파리	파라티푸스, 이질, 콜레라, 결핵, 장티푸스, 디프테리아
쥐	재귀열, 발진열, 페스트, 서교증, 와일씨병, 유행성출혈열

3 기생충 질환관리

(1) 기생충의 정의와 전파

기생충은 다른 생물에 일정기간 동안 붙어 기생하면서 해당 숙주의 영양분을 얻어 살아가는 무척추동물의 총칭이다. 기생 동물이라고도 한다. 인체에 기생하는 것에는 회충, 십이지장충 같은 내부 기생충과 이, 벼룩 같은 외부 기생충이 있다.

기생충의 전파 경로는 토양, 물, 채소, 어육류 등이 매개체가 되어 몸 안으로 들어오는 간접전파와 입, 피부, 혈액 등의 상호접촉에 의한 직접전파가 있다.

(2) 기생충의 종류와 증상

1) 선충류

① 회충
  ㉮ 오염된 야채, 불결한 손, 파리에 의한 음식물 오염 등으로 경구 침입하며, 소장에 기생한다.
  ㉯ 증상 : 권태, 복통, 빈혈, 식욕감퇴, 구토, 발열, 폐렴, 경련, 담낭염 등

② 요충
  ㉮ 집단생활을 하는 사람들에게서 많이 나타나고 어른보다는 어린이에게 많이 유행한다.
  ㉯ 성숙충란이 불결한 손이나 음식물을 통해 경구로 침입하여 맹장에서 기생하고 45일 전후에 항문 주위로 나와 산란한다.
  ㉰ 증상 : 항문 부위의 소양증 및 피부발적, 피부염, 2차 세균감염, 구토, 복통, 설사 등

③ 십이지장충(구충)
  ㉮ 토양, 야채를 통해 경피·경구침입을 한다.
  ㉯ 증상
    ㉠ 경피감염으로 인한 발적, 구진, 가려움증
    ㉡ 경구감염으로 인한 기침, 가래, 빈혈 등

④ 편충
  ㉮ 대표적인 토양매개성 기생충이다.
  ㉯ 오염된 야채, 불결한 손 등 경구 침입하여 대장에 기생한다.
  ㉰ 신경질, 불면증, 담마진, 복통, 변비, 만성설사 및 점혈변, 빈혈 및 체중감소, 탈항 등

⑤ 말레이사상충
  ㉮ 모기에 의해 전파된다.
  ㉯ 잠복기에는 증상이 전혀 없는 것이 특징이다.
  ㉰ 급성기에는 고열, 전신근육통, 림프관염 등의 증상

2) 조충류

① 유구조충(갈고리촌충) : 돼지 → 사람
② 무구조충(민촌충) : 소 → 사람
③ 광절열두조충(긴촌충) : 물벼룩 → 담수어(연어, 송어, 농어) → 사람

3) 흡충류

① 간흡충(간디스토마) : 쇠우렁(왜우렁) → 잉어, 담수어(참붕어, 붕어, 잉어) → 사람
② 폐흡충(폐디스토마) : 다슬기 → 가재, 게 → 사람
③ 요코가와흡충 : 다슬기 → 은어, 황어 → 사람

4) 원충류

이질아메바, 질트리코모나스

Section 3   가족 및 노인보건

1 가족보건

(1) 가족계획 및 모자보건

1) 가족계획의 정의(WHO)

계획적으로 자녀출산을 함으로써 모성의 건강을 보호하고 양육능력에 맞게 자녀를 기르고자 하는 것이다. 근본적으로 산아제한을 의미하고, 나아가 불임증 환자의 진단과 치료를 하는 것도 포함된다(WHO).

우리나라의 가족계획의 역사는 1961년 가족계획협회가 창립되면서 시작되어 1970년대에는 산아제한 캠페인이, 2000년에는 출산장려운동이, 2005년에 '저출산고령사회법'이 제정되면서 사회적으로 정착되었다.

2) 가족계획의 내용

① 모성보건을 위한 가족계획
  ㉮ 초산연령 : 20~30세
  ㉯ 임신간격(터울) : 약 3년
  ㉰ 출산기간 및 단산 연령 : 35세 이전에 단산
  ㉱ 출산횟수

② 영·유아보건을 위한 가족계획
  모성의 연령, 부모 건강상태, 출산터울, 자녀수, 유전인자, 의료 등은 신생아 및 영아 사망률과 밀접한 관계가 있다.

③ 모성 및 영·유아 외의 가족계획
  가정 경제 및 여러 조건에 적합한 자녀수 출산(여성의 사회진출 도모)

3) 피임방법

① 영구적 피임법
  ㉮ 난관수술 : 여성대상
  ㉯ 정관수술 : 남성대상

② 일시적 피임법
  ㉮ 질 내 침입방지 : 콘돔, 성교 중절법 등
  ㉯ 자궁 내 착상방지 : 자궁 내 장치, 화학적 방법 등
  ㉰ 생리적 방법 : 월경주기법, 기초 체온법, 경구 피임약

4) 모자 보건의 대상 및 내용

① 대상

15~44세 이하의 임산부 및 6세 이하의 영·유아

② 내용
- ㉮ 임산부의 산전관리, 분만관리, 응급처치
- ㉯ 영·유아의 건강관리, 예방접종
- ㉰ 피임 시술 및 피임 약재의 보급에 관한 사항
- ㉱ 부인과 관련 질병
- ㉲ 장애아동 발생예방 및 건강관리
- ㉳ 보건지도 교육, 연구, 홍보, 통제관리

③ 모자보건지표
- ㉮ 영아사망률 : 0세(1년 미만)의 사망 수
- ㉯ 주산기 사망률 : 출생수와 태아 사망 28주 이상의 사망을 합한 분만수와 태아 사망 28주 이상의 사망과 출생 후 7일 미만의 사망수의 비율로서 1,000명당 비교하는 것
- ㉰ 모성 사망률 : 연간 출생아 수에 대한 임신, 분만, 산욕과 관련된 사망수의 비율

> **Tip** 조출생률은 보통 출생률이라고도 하는데 인구 1천 명당 연간 출생아 수를 의미하는 것으로 가족계획 사업의 유력한 지표이다.
>
> 보통 출생률 = $\dfrac{\text{같은 연도의 (정상) 출생아수}}{\text{어떤 연도의 연중 인구수}} \times 1{,}000$

(2) 인구문제

1) 인구조사

우리나라는 조선시대 이전까지 호구조사라는 이름으로 인구조사를 실시하였다. 그러다가 일제강점기인 1925년 10월에 '간이 국세조사'라는 명칭으로 근대적 의미의 인구총조사가 시행되었다. 1990년부터는 '인구주택총조사'라는 명칭으로 주택에 대한 조사도 함께 실시하고 있다.

2) 인구문제

한 사회의 인구가 급속하게 증가하면 다양한 문제가 나타난다. 양적팽창의 문제로 야기될 수 있는 것은 3P와 3M을 들 수 있다. 3P는 인구(population), 빈곤(poverty), 공해(pollution)를 말하며, 3M은 기아(malnutrition), 질병(morbidity), 사망(mortality)을 지칭한다.

3) 인구유형
- **피라미드형** : 출생률은 높고 사망률은 낮은 형으로 인구구성 중 14세이하 인구가 66세 이상 인구의 2배를 초과하는 유형이다.
- **종형** : 출생률과 사망률이 모두 낮은 인구정지형으로 인구구성 중 14세이하가 65세 이상 인구의 2배 정도이다.
- **항아리형** : 출생률은 낮고 사망률은 높은 선진국형이다.
- **호로형** : 생산층 인구가 감소하는 농촌형이다.
- **별형** : 도시형으로 15~49세 인구가 전체인구의 50%를 초과하는 유형이다.

2 노인 보건

1) 노인의 3대 문제

노령인구가 급증하면서 우리사회에 나타난 노인문제는 다양한 양상을 띠고 있다. 그중에서도 노인의 빈곤문제와 질병문제, 그리고 고독과 소외문제는 우리사회에 새로운 과제로 등장하고 있다.

2) 노인보건의 대상인구

노인보건의 대상인구는 고령화 사회로 접어들면서 과거에는 60세 이상의 인구를 대상으로 했으나, 현재는 65세 이상의 인구를 노인보건의 대상인구로 규정하고 있다. 앞으로 다가올 미래에는 70세 또는 그 이상의 연령이 노인보건의 대상인구가 될 것이다.

3) 노인성 질환

인간은 세월이 흐르면서 자연현상에 의해 점차적으로 신체와 정신이 구조적인 변화를 겪으면서 노화현상이 나타나고 이에 따라 각종 노인성 질환이 발현된다. 노인성 질환의 종류는 다음과 같다.

① **노화현상의 기전** : 순환기능저하, 호흡기능저하, 소화기능저하, 신경기능 및 정신기능저하

② **노인의 주요질병** : 암, 뇌혈관 질환, 심장질환, 당뇨병, 만성기도질환

③ **그밖의 질환** : 동맥경화증, 만성폐기종, 척추와 관절의 퇴행성 변화, 전립선 비대, 뇌졸중, 악성종양, 심장질환, 호흡기질환, 노인성 정신질환 등

④ **조기발견과 조기치료** : 최신 의술을 통해 암은 조기발견되면 완치할 수 있다. 5년 생존율을 높이기 위해 정기검진으로 조기 발견이 중요하다.

Section 4 환경보건

1 환경보건의 개념

1) 환경위생의 정의(WHO)

인간의 신체발육, 건강 및 생존에 유해한 영향을 미치거나 미칠 가능성이 있는 인간의 물리적 생활환경에 있어서의 모든 요소를 통제하는 것이다.

2) 기후의 3요소

① 기온(온도) : 실내쾌적온도 18±2℃

② 기습(습도) : 쾌적습도 40~70%

③ 기류(바람) : 쾌적기류 1m/sec , 불감기류 0.5m/sec 이하

> **Tip** 4대 온열인자
> 기온, 기습, 기류, 복사열

3) 구충구서의 피해

① 모기 : 말라리아, 사상충증, 일본뇌염, 수면방해 등

② 파리 : 콜레라, 세균성 이질, 장티푸스, 파라티푸스 등

③ 바퀴벌레 : 콜레라, 세균성 이질, 장티푸스, 살모넬라증 등

④ 벼룩 : 발진열, 페스트 등

⑤ 이 : 발진티푸스, 페스트, 재귀열 등

⑥ 진드기 : 쥐, 사람에 기생하며 감염

⑦ 쥐 : 유행성출혈열 등

2 대기환경

(1) 공기의 구성

1) 정상공기의 구성

① 산소(O_2)
- ㉮ 대기 중 21% 차지, 인간의 호흡에 가장 중요한 성분
- ㉯ 10% 이하 - 호흡곤란, 7% 이하 - 질식사

② 질소(N_2)
　　㉮ 공기 중 약 78% 차지, 호흡에는 관여하지 않는다.
　　㉯ 잠함병 또는 감압병의 원인
③ 이산화탄소(CO_2)
　　㉮ 인간의 호흡 시 배출되는 성분으로 밀집장소에서 이산화탄소 양 증가
　　㉯ 실내공기의 오탁도 판정 기준
　　㉰ 실내공기의 위생학적 허용 기준은 0.1%(=1,000ppm)

2) 유해물질

① 일산화탄소(CO)
　　㉮ 물체의 불완전 연소 시 발생하는 유독가스로 위험한 가스
　　㉯ 헤모글로빈과의 친화성이 O_2에 비해 약 300배 높아 산소결핍증을 유발
　　㉰ 허용농도는 8시간 기준 0.01%
② 아황산가스(SO_2)
　　대기오염의 측정 지표로 사용되는 가스
③ 매연
　　링켈만 비탁도(0~5도)에 의한 검사

> **Tip 군집독**
> 다수인이 밀집한 실내공기는 화학적 조성이나 물리적 조성의 변화를 초래하여 불쾌감, 두통, 권태, 현기증, 구토, 식욕저하 등의 현상을 나타내는 것을 말한다. 실내공기를 환기하여 예방할 수 있다.

❸ 수질환경

(1) 물과 건강

1) 음용수의 조건 : 유독물질과 병원체가 포함되어 있지 않아야 하며, 물색은 투명하고 냄새가 없어야 한다. 경도는 10도이하, 색도는 5도, 탁도는 2도를 넘지 않아야 하며 물 온도는 7~10℃가 적당하다.

2) 매일 1회 이상 수질 검사 : 냄새, 맛, 색도, 탁도, 수소이온농도(pH), 잔류염소(6개 항목)

3) 미생물 검사항목
① 대장균 군 : 100ml에서 검출되지 않아야 할 것
　　상수의 수질오염 분석 시 대표적인 생물학적 지표로 사용
② 일반세균 : 1ml 중 100개를 넘지 않을 것
③ 맛과 냄새 : 무미, 무취
④ 수소이온농도 : pH 6.5~7.5
⑤ 색도 및 탁도 : 색도 5도 이하, 탁도 1NTU 이하
⑥ 과망간산칼륨 소비량 : 수중의 유기물량을 간접적으로 추정하는 오염지표

4) 물의 정수법
① 침전
　　㉮ 보통침전 : 수중 현탁입자가 중력에 의해 가라앉도록 하는 것
　　㉯ 약품침전 : 황산알루미늄, 암모늄명반, 황산제일철, 황산제이철, 염화제일철 사용
② 여과
　　㉮ 완속여과법 : 수중 미생물을 포착하여 산화·분해하는 방법
　　㉯ 급속여과법 : 현탁물질을 약품에 의해 응집시키고 분리하는 방법
③ 소독
　　㉮ 염소소독 : 강한 소독력과 잔류효과가 크며, 잔류염소는 급수

과정 중 오염되는 미생물에 살균작용을 한다. 상수의 유리 잔류 염소량 0.2mg/L 이상 유지하도록 규정. 냄새가 강하고 독성이 있다.
　　㉯ 오존소독 : 1.5/m³, 15분 접촉. 장점은 무미, 무취. 단점으로는 비용이 많이 들고, 잔류효과가 약하다.
　　㉰ 가열소독 : 100℃, 30분 가열. 가정 및 소규모 사용 시 이용된다.
　　㉱ 자외선 소독 : 2,800~3,200Å(도노선) 이용. 살균력은 강하나 투과력이 약하다.

(2) 하수

1) 수질오염의 종류
① 생활하수
　　㉮ 중성세제오염, 각종 악취, 하천수 부패
　　㉯ 수인성 감염병 발생 : 콜레라, 장티푸스, 파라티푸스, 세균성이질
② 공장폐수
　　㉮ 생물학적 산소 요구량(BOD)과 화학적 산소 요구량(COD)이 증가
　　㉯ 수은 중독(미나마타병), 카드뮴 중독(이타이이타이병)
③ 축산폐수 및 비점오염원(오염원의 확인이 어렵고 규제관리가 용이하지 않음)

2) 수질오염의 지표
① 생물학적 산소 요구량(BOD)
　　물속의 유기물질을 20℃에서 5일간 안정화시키는 데 소비한 산소량을 말하며, 하수 오염의 지표로 사용된다. BOD 요구량이 높을수록 오염도가 높다.
② 용존산소량(DO)
　　물에 녹아 있는 유리산소(O_2)를 말한다. BOD가 높으면 DO는 낮다. 즉, 하천오염이 심할수록 용존산소는 낮아진다.
③ 화학적 산소 요구량(COD)
　　수중 유기물질의 오염된 양으로 호수나 해양의 오염지표로 활용된다.
④ 부유물질(SS)
　　유기와 무기의 물질을 함유한 고형물

3) 하수의 처리 과정
① 예비처리(스크린처리) : 하수에 떠있는 부유물을 스크린으로 제거하고 무거운 무기물질을 침전시킴
② 본처리 : 혐기성 분해 처리(부패조, 임호프조), 호기성 처리(활성오니법, 살수여상법, 산화지법)
③ 오니처리 : 사상건조법, 소화법

> **Tip 활성오니법**
> 현재 가장 진보된 호기성 하수처리방법으로 호기성균이 풍부한 오니를 하수량의 25% 첨가하여 충분한 산소를 공급함으로써 호기성균의 활동을 촉진시켜 유기물을 산화시키는 방법

❹ 주거 및 의복환경

(1) 주택환경

1) 주택의 조건
① 남향 또는 동남향, 동서향 10도 이내
② 지질이 건조하고 하수처리가 잘 되어야 함

③ 매립지의 경우 10년 이상 경과 후 건축
④ 지하수면이 1.5~3m 정도인 곳

2) 환기
① **자연환기** : 실내와 외부의 공기가 자연스럽게 환기되는 것을 말한다.
② **인공환기** : 실험실, 극장, 공장 등은 동력을 이용한 인공환기가 필요하다(환풍기, 후드).

3) 온도
① **난방** : 적정 실내 온도 18±2℃, 종류는 국소난방, 중앙난방, 지역난방이 있다.
② **냉방** : 실내의 온도 차는 5~7℃가 적당하며, 10℃ 이상이 되면 해롭다. 종류는 국소냉방, 중앙냉방이 있다.

4) 채광 및 조명
① **자연조명**
거실방향은 남향(하루 최소 4시간 이상 일조량), 창의 면적은 거실 면적의 1/7~1/5 세로로 긴 것이 이상적이다.
② **인공조명**
직접조명, 간접조명 및 반간접 조명이 있다. 눈의 보호를 위해서는 반사에 의한 산광상태로 온화하며, 음영이나 현휘(눈부심)도 생기지 않는 간접조명이 좋다(초정밀작업 750Lux 이상, 정밀작업 300Lux 이상, 보통작업 150Lux 이상, 기타작업 75Lux 이상).

(2) 의복환경
① **의복의 조건** : 기후(온도, 습도, 기류) 조절력이 양호할 것, 감촉이 좋고 활동에 적합할 것, 쉽게 더럽혀지지 않을 것, 세탁이 용이할 것, 가볍고 외력에 대한 방어력이 있을 것
② **의복의 위생적 조건** : 함기성, 보온성, 통기성, 흡수성, 압축성, 흡습성, 내열성, 오염성 등이 좋아야 한다.

> **Tip 부적당한 조명하에서 정기적인 작업 등을 할 때의 장해**
> ① 가성근시 : 조도가 낮을 때 눈의 시력조절을 위한 안내압(眼內壓)이 항진되며 모양근이 피로하게 되어 발생
> ② 안정피로 : 조도부족이나 현휘(눈부심)가 심할 때 대상물의 식별을 위하여 눈을 너무 무리하게 사용하여 발생
> ③ 안구진탕증 : 부적당한 조명하에서 안구가 상하좌우로 부단히 동요하는 증세이며 탄광부 등에서 볼 수 있음
> ④ 전광성 안염 : 용접이나 고열작업장 등에 발생하는 백내장 등의 원인이 될 수 있으며, 작업능률의 저하나 재해발생의 원인이 되기도 함

Section 5 산업보건

1 산업보건

(1) 산업보건의 개요

1) 산업보건의 정의
산업현장에서 근로자들이 육체적, 정신적으로 건강한 상태에서 일할 수 있는 환경을 만드는데 중점을 둔다. 구체적으로 근로자의 근로방법, 생활조건 등 사회복지를 증진시키고 유지하는 데 있다.

2) 국제노동기구(ILO)의 산업보건 권장목표
① 노동과 노동조건으로부터 근로자 보호
② 근로자들의 정신적, 육체적 적응에 기여, 특히 채용 시 적성배치 기여
③ 근로자의 정신적, 육체적 안녕의 상태를 유지·증진시키는데 기여

3) 산업재해
① 건수율 또는 발생률 = $\dfrac{재해건수}{평균\ 근로일수} \times 1,000$

② 도수율 = $\dfrac{재해건수}{연\ 근로일수} \times 1,000$

또는 $\dfrac{재해건수}{연\ 근로시간\ 수} \times 1,000,000$

③ 강도율 = $\dfrac{근로\ 손실일수}{연\ 작업시간\ 수} \times 1,000$

④ RMR(작업대사율)

= $\dfrac{작업시\ 소비열량 - 같은\ 시간의\ 안정시\ 소비열량}{기초대사량} = \dfrac{작업대사량}{기초대사량}$

4) 연소자 및 여성근로자의 보호
근로기준법 제5장에서 우리나라는 13세 미만인 연소자는 근로자로 채용하지 못하며, 18세 미만인 자는 도덕상 또는 보건상 유해하거나 위험한 사업에 채용할 수 없다고 규정한다. 이와 함께 여성에 대한 특별보호로 산후여성에 대한 시간외근로의 제한, 생리휴가, 임신 중인 여성근로자 보호 등을 규정하고 있다.

2 산업재해

(1) 재해 발생의 요인

① **환경적 요인**
시설물의 불량, 작업장의 환경 불량 및 시설불량, 기계 자체의 불량, 과중한 작업부담 및 기타 돌발사고 등이 해당
② **인적 요인**
㉮ 관리상 요인 : 작업지식 부족, 작업 미숙, 인원 부족 혹은 과잉, 작업 진행의 혼란
㉯ 생리적 요인 : 체력 부족, 신체적 결함, 불건강, 수면부족 등
㉰ 심리적 요인 : 정신 집중력 부족, 태만, 부주의, 착오, 무리한 행동 등의 불안전 행위

(2) 직업병의 종류

원 인	질 병
고열환경(이상고온)	열중증(열경련, 열허탈증, 열사병, 열쇠약증)
저온환경(이상저온)	참호족, 동상, 동창
고압환경(이상고압)	잠함병
저압환경(이상저압)	고산병
조명 불량	안정피로, 근시, 안구진탕증
소음	직업성 난청
진동	레이노드씨병(Raynaud's Disease)
원 인	질 병
분진	진폐증(먼지), 규폐증(유리규산), 석면폐증(석면), 활석폐증(활석), 탄폐증(연탄)
방사선	조혈기능 장애, 피부 점막의 궤양과 암 형성, 생식기 장애, 백내장

원 인	질 병
자외선 및 적외선	피부 및 눈의 장애
중금속중독 납(Pb)	연연(鉛緣), 소변 중에 코프로포피린(Coproporphyrin)검출, 권태, 체중감소, 염기성 과립적혈구 수의 증가, 요독증 등의 증세
수은(Hg)	미나마타병의 원인물질로 언어장애, 지각이상, 보행곤란의 증세
크롬(Cr)	비염, 인두염, 기관지염, 비중격천공
카드뮴(Cd)	이타이이타이병의 원인물질로 폐기종, 신장기능 장애, 골연화, 단백뇨의 증세

> **Tip** 근로기준법에 따르면 '15세 미만인 자(중학교에 재학 중인 18세 미만인 자를 포함)는 근로자로 사용하지 못한다.'고 규정되어 있다.
> 또한, '사용자는 임신 중이거나 산후 1년이 지나지 아니한 여성(임산부)과 18세 미만자를 도덕상 또는 보건상 유해·위험한 사업에 사용하지 못한다.'고 규정되어 있다.

Section 6 식품위생과 영양

1 식품위생

(1) 식품위생의 개념

1) 식품위생의 정의
식품원료의 생육과 생산, 출하, 제조로부터 최종적으로 소비자가 섭취할 때까지의 모든 단계에 있어서 안정성과 완전무결성을 담보한 위생을 말한다.

2) 식품위생법의 목적
① 식품으로 인한 위생상의 위해 방지
② 식품 영양의 질적 향상 도모
③ 식품에 관한 올바른 정보를 제공함으로써 국민보건 향상과 증진에 기여

3) 식품위생 관리의 중요요소
① 3대 접근요소 : 안전성, 완전무결성, 건전성
② 3대 보건악 : 부정식품, 부정의료, 부정의약품

(2) 식품과 감염병

1) 세균성 감염병 : 장티푸스, 파라티푸스, 이질, 콜레라 등

2) 바이러스성 감염병 : 유행성 간염, 폴리오 등

3) 인수공통 감염병 : 결핵, 탄저, 브루셀라증, 야토병, 공수병 등

(3) 식중독

1) 식중독의 정의
오염된 물이나 식품섭취로 인하여 얻은 질병들에 대한 총칭으로서 음식물 섭취에 의해 발생되는 식인성 병해 중에서 미생물, 미생물대사 산물인 독소, 유독화학물질, 식품재료 등이 원인이 되어서 위장염을 주증상으로 하는 급성 건강장애를 말한다.

2) 식중독의 분류

식중독	세균성	감염형 : 살모넬라, 장염비브리오균, 병원성대장균 등
		독소형 : 황색포도상구균, 보툴리누스균, 웰치균 등
		기 타 : 장구균, 캄필로박터, 알레르기성 식중독
	자연독	식물성 : 독버섯, 감자, 맥각균 등
		동물성 : 복어독, 조개류 등
	화학물질	불량 첨가물, 유해금속, 포장재 등의 용출물 등
	곰팡이독	아플라톡신, 황변미독 등

3) 주요 감염형 식중독
① 살모넬라 식중독
㉮ 원인식품 : 식육류나 그 가공품, 어패류, 달걀, 우유 및 유제품
㉯ 잠복기 : 12~24시간(평균 20시간)이며, 발병률 75% 이상이나 사망률은 낮음
㉰ 증상 : 구역질, 구토, 복통, 설사, 두통, 급격한 발열(38~40℃), 3~4주 관절염 증상
② 장염비브리오 식중독
㉮ 원인식품 : 어패류(70%)와 그 가공품, 2차로 오염된 도시락, 야채 샐러드 등
㉯ 잠복기 : 8~20시간(평균 12시간)
㉰ 증상 : 오한, 두통, 급성위장증세, 구토, 복통, 설사, 발열
③ 병원성 대장균 식중독
㉮ 감염경로 : 경구적으로 외부에서 침입. 영유아에 대하여 병원성이 강하며, 이질과 같이 사람에게서 사람으로 감염되므로 영아원이나 병원(산부인과)에서는 극히 위험
㉯ 잠복기 : 성인은 10~30시간(평균 12시간)이나 유아는 짧음
㉰ 증상 : 급성위장증세로 설사, 복통, 두통, 발열

4) 주요 독소형 식중독
① 포도상구균 식중독
㉮ 원인식품 : 우유, 유제품, 어육, 곡류 및 가공품, 김밥, 도시락
㉯ 잠복기 : 1~6시간(평균 3시간)으로 잠복기가 매우 짧음
㉰ 증상 : 침분비, 구토, 복통, 설사(점액성 혈변)
② 보툴리누스균 식중독 : 세균성 식중독 중에서 가장 치명률이 높은 식중독
㉮ 원인식품 : 통조림 식품, 진공 포장된 식품(소시지, 햄 등)
㉯ 잠복기 : 12~36시간(평균 24시간)이나, 2~4시간 후에는 신경증상이 나타남
㉰ 증상 : 신경계증상, 안검하수, 시력감퇴, 언어곤란, 심한 경우 호흡곤란으로 사망

5) 자연독 식중독

구 분	종 류	독 성분
동물성 식중독	복어 중독	테트로도톡신(Tetrodotoxin)
	조개류 중독(모시조개, 바지락, 굴 등)	베네루핀(Venerupin)
	조개류 중독(검은조개, 섭조개, 대합조개)	삭시톡신(Saxitoxin)
식물성 식중독	독버섯 중독	무스카린(Muscarine)
	감자	솔라닌(Solanine)
	맥각균(특히 보리)	에르고톡신(Ergotoxin)
	청매(미숙 매실)	아미그달린(Amygdalin)
	독 미나리	시큐톡신(Cicutoxin)
	면실유	고시폴(Gossypol)

6) 세균성 식중독과 소화기계 감염병의 차이

구 분	세균성 식중독	소화기계(경구) 감염병
발생 원인	오염된 음식물의 섭취로 발생	오염된 음식물 및 음용수에 의해 경구감염
	다량의 균이나 독소에 의해 발생	적은 양의 균으로 발생
특징	잠복기가 짧고, 2차 감염이 없음	잠복기가 비교적 길고 2차 감염이 있음
면역성	면역성 없음(면역이 획득되지 않음)	면역성 있음

(4) 식품의 변질과 보존

1) 식품의 변질

종 류	설 명
부 패	단백질식품이 미생물에 의하여 분해되어 악취가 나고 인체에 유해한 물질이 생성되는 현상
변 패	단백질 이외의 성분, 즉 탄수화물이나 지방이 미생물에 의하여 분해되는 현상으로 이 경우 유해물질이 생기는 일이 비교적 적음. 발효도 일종의 변패에 해당함
발 효	탄수화물이 미생물의 분해 작용을 받아서 유기산, 알코올 등이 생기는 현상으로, 이는 식생활에 유용함
산 패	유지가 산화되어 불쾌한 냄새가 나고 빛깔이 변하는 현상

2) 식품의 보존방법

① 물리적 방법
  ㉮ 냉장법
    0~4℃로 보존하는 방법으로 식품의 단기간 저장에 널리 이용
  ㉯ 냉동법
    0℃ 이하로 보존하는 방법으로 미생물의 증식을 억제
  ㉰ 탈수법
    곰팡이의 생육이 불가능할 정도로 수분 함유량을 감소시켜 건조 저장
  ㉱ 가열법
    식품에 부착된 미생물을 죽이거나 효소를 파괴하여 식품의 변질을 방지하여 보존하는 방법
  ㉲ 자외선 및 방사선 살균법
    ㉠ 자외선 살균법 : 식품, 기구의 표면과 청량음료, 분말식품의 적용방법
    ㉡ 방사선 살균법 : 식품 처리 시 사용되는 방법으로 살균력이 가장 강함
② 화학적 보존법
  ㉮ 절임법
    ㉠ 염장법 : 소금을 이용
    ㉡ 당장법 : 설탕, 전화당을 이용
    ㉢ 산장법 : pH가 낮은 초산, 젖산을 이용
  ㉯ 보존료 첨가법 : 합성보존료나 산화제를 사용하여 보존하는 방법
  ㉰ 복합처리법 : 훈증, 훈연
③ 생물학적 보존법 : 세균, 곰팡이 및 효모의 작용으로 식품을 저장하는 방법(치즈, 발효유 등)

2 영양소

(1) 영양소와 열량소

① 3대 영양소 : 단백질, 탄수화물, 지방
② 4대 영양소 : 단백질, 탄수화물, 지방, 무기질
③ 5대 영양소 : 단백질, 탄수화물, 지방, 무기질, 비타민
④ 6대 영양소 : 단백질, 탄수화물, 지방, 무기질, 비타민, 물

(2) 5대 영양소

1) 단백질

① 신체를 구성하는 주요 성분으로 1g당 4kcal의 열량을 생산
② 체조직의 구성 물질, 효소와 호르몬의 성분, 면역과 항독물질의 성분, 체내생리작용의 조절기능 및 열량 공급원으로서의 기능

2) 탄수화물(당질)

① 에너지 공급원으로 1g당 4kcal이며, 탄수화물이 부족하거나 소모가 끝나면 단백질이 분해되어 열량원이 되기 때문에 탄수화물은 단백질을 절약하는 작용
② 과잉 섭취 시 지방(글리코겐)으로 변하여 간에 저장

3) 지방

① 에너지 공급원으로 1g당 9kcal이며, 신체의 장기를 보호하고 피부의 건강 유지 및 재생을 도와줌
② 지용성 비타민(A, D, E, K)의 흡수촉진, 혈액 내 콜레스테롤 축적을 방해

4) 무기질

① 신체 기능 조절에 있어서 중요한 역할, 결핍 시 여러 가지 생리적 이상을 초래함
② 식염(NaCl), 철분(Fe), 인(P), 요오드(I), 나트륨(Na), 칼륨(K), 황(S), 아연(Zn), 구리(Cu), 셀레늄(Se)

5) 비타민

구 분	종 류	결핍증	특 징
지용성	비타민 A (레티놀)	야맹증, 안구건조증	상피 세포보호, 눈의 작용 개선 식물성 식품체는 프로비타민으로 존재
	비타민 D (칼시페롤)	구루병	칼슘과 인의 흡수 촉진 자외선에 의해 인체 내에서 합성
	비타민 E (토코페롤)	노화촉진, 불임증	항산화제, 호르몬 생성, 임신 등 활성이 가장 큰 것은 α-토코페롤
	비타민 K (필로퀴논)	혈액응고	혈액응고에 관여(지혈작용) 장내세균에 의해 인체 내에서 합성
수용성	비타민 B$_1$ (티아민)	각기병	탄수화물 대사 작용에 필수적인 보조효소 마늘의 알리신에 의해 흡수율 증가
	비타민 B$_2$ (리보플라빈)	구순염, 구각염	성장촉진과 피부점막 보호 작용
	비타민 B$_3$ (니코틴산)	펠라그라	탄수화물의 대사 작용 증진 트립토판 60mg로 1mg 합성됨
	비타민 B$_6$ (피리독신)	피부염	항 피부염 인자 단백질 대사 작용과 지방 합성에 관여
	비타민 B$_{12}$ (시아노코발라민)	악성빈혈	성장 촉진과 조혈작용에 관여 코발트(Co) 함유
	비타민 C (아스코르빈산)	괴혈병	체내 산화, 환원작용에 관여 조리 시 가장 많이 손상됨

3 영양상태 판정 및 영양장애

(1) 영양상태 판정

1) **주관적 판정법** : 의사의 시진이나 촉진 등 임상증상으로 판정하는 방법

2) 객관적 판정법

① 신체계측에 의한 판정법

㉮ Kaup 지수 $= \dfrac{체중}{신장^2} \times 10^4$

(영·유아기부터 학령 전반까지 적용)

㉯ Rohrer 지수 $= \dfrac{체중}{신장^2} \times 10^7$

(학령기 이후 소아에게 적용)

㉰ Broca 지수 $= (신장 - 100) \times 0.9$

㉱ 비만도(%) $= \dfrac{(실측체중 - 표준체중)}{표준체중} \times 10^2$

② 이화학적 검사에 의한 판정법 : 혈액검사, 소변검사 등으로 질병 상태나 영양상태 판정

③ 간접적 측정법 : 한 지역사회의 영양 상태를 간접으로 판정하는 방법

(2) 영양장애

1) 영양장애의 정의

영양소의 과량섭취나 부족으로 발생되는 비만증이나 결핍증 등의 건강장애나 질병상태를 말한다.

2) 영양장애의 형태

① 영양상태의 결핍증 : 필요 영양소의 결핍으로 발생되는 병적 상태

② 저영양 : 열량섭취의 부족 상태

③ 영양실조증 : 영양소의 공급이 질적·양적 부족으로 나타난 불건강의 상태

④ 기아 : 저영양과 영양실조증이 함께 발생된 상태

4 식품의 보존과 식중독

(1) 식품의 보존

1) 물리적 보존법

• 가열법, 냉동법, 냉장법, 건조법, 자외선 살균법 등이 있다.

2) 화학적 보존법

• 방부제 첨가법, 염장법, 당장법, 훈연법, 산저장법 등이 있다.

(2) 식중독

1) 세균성 식중독

① 감염형 식중독 : 세균이 포함된 음식물을 섭취하였을 경우 그 세균이 증식함으로써 원인균 자체가 식중독의 원인이 된다. 살모넬라증, 장염 비브리오, 병원성 대장균 식중독이 이에 해당한다.

② 독소형 식중독 : 자연상태에서 음식물에 세균이 번식하여 배출해 내는 독소가 원인이 되는 식중독을 말한다. 우리나라에서 가장 많이 걸리는 포도상구균 식중독, 웰치균 식중독, 보툴리누스균 식중독 등이 이에 해당한다.

2) 자연독 식중독

① 식물성독 : 감자(솔라닌), 독버섯(무스카린), 청매(아미그달린), 독미나리(시큐톡신)

② 동물성독 : 복어(테트로톡신), 섭조개·대합(삭시톡신), 모시조개·굴·바지락(베네루핀)

Section 7 보건행정

1 보건행정의 개념

(1) 보건행정의 의의

1) 보건행정의 정의 : 국민의 질병예방, 생명연장 등 건강증진을 달성하기 위해 공공의 책임아래 수행하는 모든 행정활동을 말한다. 중앙정부와 지방자치단체가 유기적 관계를 구축하여 업무를 수행한다.

2) 보건행정의 특성

① 공공성 및 사회성 : 공공이익을 위한 공공성과 사회성을 지닌다.

② 봉사성 : 적극적인 서비스를 하는 봉사도 행정이다.

③ 조장성 및 교육성 : 교육과 조장함으로써 목적을 달성한다.

④ 과학성 : 발전된 과학과 기술의 기초 위에 수립된 과학행정이며 기술행정이다.

3) 보건행정의 범위(WHO)

① 보건관계 기록의 보존

② 환경위생

③ 모자보건

④ 보건간호

⑤ 대중에 대한 보건교육

⑥ 감염병관리

⑦ 의료

(2) 보건행정의 전개과정

1) 일반행정원리

① 관리과정

기획 → 조직 → 인사 → 지휘 → 조정 → 보고 → 예산

② 의사결정 과정

③ 기획과정

전제 → 예측 → 목표설정 → 행동계획의 전제 → 체계분석

④ 조직과정

⑤ 수행과정

⑥ 통제과정

(3) 우리나라 보건행정 체계

1) 중앙보건 행정체계

대통령 → 국무총리 → 보건복지부 → 식품의약안전청

2) 중앙 보건행정 조직

① 보건복지부 : 우리나라의 보건행정의 중앙조직은 보건복지부에서 관장하고 있으며, 직무는 보건위생·방역·의정·약정·기초생활보장·자활지원·여성복지·인구·아동·출산·노인·장애인 및 사회보장에 관한 사무를 관장하고 있다.

② 식품의약품안전청 : 식품·의약품 등의 안전관리를 위해 보건복지부장관 소속하에 있다.

③ 보건복지부 소속기관 : 국립정신병원, 국립소록도병원, 국립결핵병원, 국립망향의동산관리소, 질병관리청(감염병대응센터, 질병예방센터, 국립보건연구원, 국립검역소), 국립의료원, 국립재활원

3) 지방 보건행정 조직
① 시·도 보건 행정조직 : 복지여성국, 보건복지국하에 의료·위생·복지 등의 업무 취급
② 시·군·구 보건행정조직 : 보건소(보건행정의 대부분은 보건소를 통해 이루어지므로 비중이 큼)
③ 보건소의 주요 업무
  ㉠ 국민건강 증진, 보건교육, 구강건강 및 영양개선 사업
  ㉡ 감염병의 예방관리 및 진료
  ㉢ 모자보건 및 가족계획 사업, 노인보건 사업
  ㉣ 공중위생 및 식품위생
  ㉤ 가정 및 사회복지시설 등을 방문하여 행하는 보건의료사업
  ㉥ 지역주민에 대한 진료, 건강진단 및 만성퇴행성질환 등의 질병관리에 관한 사항
  ㉦ 장애인의 재활사업 기타 보건복지부령이 정하는 사회복지 사업
  ㉧ 기타 지역주민의 보건의료의 향상·증진 및 이를 위한 연구 등과 관련된 사업

2 사회보장과 국제 보건기구

(1) 사회보장

1) 사회보장의 체계

사회보장은 사회보험, 공적부조 및 공공서비스로 나뉜다. 사회보험은 소득보장과 의료보장으로 구분되며, 공적부조는 기초생활보장(생활보호)과 의료급여로 나누어지고, 공공서비스는 사회복지서비스와 보건의료서비스로 구분할 수 있다.

2) 사회보험, 공적부조, 공공서비스의 비교

구분	사회보험	공적부조	공공서비스
대상	전 국민	저소득층	보호가 필요한 국민
재원	보험료	조세	기부금, 국가 보조금
주관부서	국가	시·군·구	국가 또는 사회복지 단체
예	연금, 실업보험, 산재보험, 고용보험	의료보호, 거택보호, 시설보호, 생활보호, 교육보호 등	상수도 사업, 보건의료서비스, 노인복지, 장애인복지, 아동복지, 부녀복지 등

(2) 국제보건기구

1) 세계보건기구(WHO)
① 본부 : 스위스 제네바
② 발족 : 1948년 4월 7일
③ 우리나라 가입년도 : 1949년 8월 17일 세계에서 65번째로 가입

2) 세계보건기구(WHO)의 기능
① 국제적인 보건사업의 조정 및 지휘
② 회원국에 대한 기술지원 및 자료의 제공
③ 전문가의 파견에 의한 기술자문 활동

공중위생관리 적중예상문제

01 보건교육의 내용과 관계가 가장 먼 것은?

① 생활환경위생 - 보건위생 관련내용
② 성인병 및 노인성 질병 - 질병 관련 내용
③ 기호품 및 의약품의 외용, 남용 - 건강 관련 내용
④ 미용정보 및 최신기술 - 산업 관련 기술 내용

02 보건행정에 대한 설명으로 가장 올바른 것은?

① 공중보건의 목적을 달성하기 위해 공공의 책임하에 수행하는 행정활동
② 개인보건의 목적을 달성하기 위해 공공의 책임하에 수행하는 행정활동
③ 국가 간의 질병교류를 막기 위해 공공의 책임하에 수행하는 행정활동
④ 공중보건의 목적을 달성하기 위해 개인의 책임하에 수행하는 행정활동

해설 보건행정의 정의 - 공중보건의 목적을 달성하기 위해 공중보건 원리를 적용하여 행정조직을 통해 행하는 일련의 과정

03 세균성 식중독이 소화기계감염병과 다른 점은?

① 균량이나 독소량이 소량이다.
② 대체적으로 잠복기가 길다.
③ 연쇄전파에 의한 2차 감염이 드물다.
④ 원인식품섭취와 무관하게 일어난다.

해설 세균성 식중독의 특징 - 다량의 세균이나 독소량에 의해 발병하며 잠복기가 짧다. 주로 식품섭취로 발생하고 2차 감염은 드물며 면역 획득은 되지 않는다.

04 상수의 수질오염 분석 시 대표적인 생물학적 지표로 이용되는 것은?

① 대장균   ② 살모넬라균
③ 장티푸스균   ④ 포도상구균

해설 대장균 - 미생물이나 분변에 오염된 것을 추출

05 자연능동면역 중 감염면역만 형성되는 감염병은?

① 두창, 홍역
② 일본뇌염, 폴리오
③ 매독, 임질
④ 디프테리아, 폐렴

해설 감염면역만 형성시키는 질병으로는 매독, 임질, 말라리아 등이 있다.

06 발열증상이 가장 심한 식중독은?

① 살모넬라 식중독   ② 웰치균 식중독
③ 복어중독   ④ 포도상구균 식중독

해설 살모넬라 식중독은 발열, 복통, 설사, 급성위장염 등의 증상을 나타낸다.

07 다음 중 가장 대표적인 보건수준 평가기준으로 사용되는 것은?

① 성인사망률
② 영아사망률
③ 노인사망률
④ 사인별사망률

해설 영아사망률은 지역 간, 국가 간의 보건수준을 나타내는 대표지수이다.

08 식중독에 관한 설명으로 옳은 것은?

① 세균성 식중독 중 치사율이 가장 낮은 것은 보툴리누스 식중독이다.
② 테트로도톡신은 감자에 다량 함유되어 있다.
③ 식중독은 급격한 발생률, 지역과 무관한 동시 다발성의 특성이 있다.
④ 식중독은 원인에 따라 세균성, 화학물질, 자연독, 곰팡이독 등으로 분류된다.

해설 식중독은 원인에 따라 세균성, 화학물질, 자연독, 곰팡이독 등으로 분류된다.

09 공중보건학의 개념과 관계가 가장 적은 것은?

① 지역주민의 수명 연장에 관한 연구
② 감염병 예방에 관한 연구
③ 성인병 치료기술에 관한 연구
④ 육체적, 정신적 효율 증진에 관한 연구

해설 공중보건학은 조직된 지역사회의 노력을 통하여 질병을 예방하고 수명을 연장하며 건강과 효율을 증진시키는 기술이며 과학이다.

10 보건행정의 역할과 원리에 관한 설명으로 맞는 것은?

① 일반행정원리의 관리 과정적 특성과 기획과정은 적용되지 않는다.
② 의사결정과정에서 미래를 예측하고, 행동하기 전에 행동계획을 결정한다.
③ 보건행정에서는 생태학이나 역학적 고찰이 필요없다.
④ 보건행정은 공중보건학에 기초한 과학적 기술이 필요하다.

해설 보건행정은 공중보건의 기술을 행정조직을 통하여 공중의 건강을 유지 증진시키는 발전된 과학과 기술행정이다.

11 다음 중 같은 병원체에 의하여 발생하는 인수공통감염병은?

① 천연두
② 콜레라
③ 디프테리아
④ 공수병

해설 공수병 - 감염된 동물(개)에게 물렸을 때나 침에 의해 감염되는 바이러스성 인수공통감염병이다.

정답 01 ④ 02 ① 03 ③ 04 ① 05 ③ 06 ① 07 ② 08 ④ 09 ③ 10 ④ 11 ④

12 다음 중 제1급감염병은?

① 한센병　　　　② 페스트
③ B형 간염　　　④ 레지오넬라증

해설 한센병은 제2급감염병이다. B형 감염, 레지오넬라증은 제3급감염병이다.

13 다음 중 파리가 옮기지 않는 병은?

① 장티푸스
② 이질
③ 콜레라
④ 유행성출혈열

해설 유행성출혈열은 주로 등줄쥐나 진드기의 배설물로 오염된 풀이나 흙을 만져 감염된다.

14 해충구제의 가장 근본적인 방법은 무엇인가?

① 발생원인 제거
② 유충구제
③ 방충망 설치
④ 성충구제

15 기생충 중 집단감염이 되기 쉬우며, 예방법으로 식사 전 손 씻기, 인체항문 주위의 청결유지 등을 필요로 하는 것에 해당되는 기생충은?

① 회충　　　　② 십이지장충
③ 요충　　　　④ 촌충

16 다음 중 요충에 대한 설명으로 맞는 것은?

① 감염력이 있다.
② 충란을 산란할 때는 소양증이 없다.
③ 흡충류에 속한다.
④ 심한 복통이 특징적이다.

해설 요충은 선충류에 속하는 것으로 가장 흔한 접촉 감염성 기생충이다. 증세로는 항문 소양증이 심하고 피부발적, 종창, 피부염, 2차 세균 감염이 생길 수 있다.

17 다음 중 감염병 관리상 가장 중요하게 취급해야 할 대상자는?

① 건강보균자　　② 잠복기환자
③ 현성환자　　　④ 회복기보균자

해설 건강보균자는 겉으로는 건강한 사람과 다를 바 없지만 균을 배출하기 때문에 감염병 관리상 가장 어렵고 중요하게 취급하여야 한다.

18 다음 기생충 중 중간숙주와의 연결이 틀리게 된 것은?

① 회충 – 채소　　② 흡충류 – 돼지
③ 무구조충 – 소　④ 사상충 – 모기

19 하수 처리법 중 호기성 처리법에 속하지 않는 것은?

① 활성 오니법　　② 살수 여과법
③ 산화지법　　　④ 부패조법

해설 혐기성 분해처리 – 부패조, 임호프조

20 실내에 다수인이 밀집한 상태에서 실내공기의 변화는?

① 기온 상승 – 습도 증가 – 이산화탄소 감소
② 기온 하강 – 습도 증가 – 이산화탄소 감소
③ 기온 상승 – 습도 증가 – 이산화탄소 증가
④ 기온 상승 – 습도 감소 – 이산화탄소 증가

21 산업재해 발생의 3대 인적요인이 아닌 것은?

① 예산 부족
② 관리 결함
③ 생리적 결함
④ 작업상의 결함

22 민물고기와 기생충 질병의 관계가 틀린 것은?

① 송어, 연어 – 광절열두조충증
② 참붕어, 쇠우렁이 – 간디스토마증
③ 잉어, 피라미 – 폐디스토마증
④ 은어, 숭어 – 요꼬가와흡충증

해설 잉어, 피라미 – 간디스토마 / 가재, 게 – 폐디스토마

23 위생해충인 바퀴벌레가 주로 전파할 수 있는 병원균의 질병이 아닌 것은?

① 재귀열　　　　② 이질
③ 콜레라　　　　④ 장티푸스

해설 재귀열은 진드기에 의해 발생한다.

24 다음 중 매개곤충이 전파하는 감염병과 연결이 잘못된 것은?

① 진드기 – 유행성출혈열
② 모기 – 일본뇌염
③ 파리 – 사상충
④ 벼룩 – 페스트

해설
• 파리 – 장티푸스, 이질, 소아마비
• 모기 – 사상충, 말라리아, 일본뇌염, 황열, 뎅기열

25 하수도의 복개로 가장 문제가 되는 것은?

① 대장균의 증가
② 일산화탄소의 증가
③ 이끼류의 번식
④ 메탄가스의 발생

정답 12 ②　13 ④　14 ①　15 ③　16 ①　17 ①　18 ②　19 ④　20 ③　21 ①　22 ③　23 ①　24 ③　25 ④

제2장 공중위생관리 적중예상문제

26 감염병 유행의 요인 중 전파경로와 가장 관계가 깊은 것은?

① 개인의 감수성   ② 영양상태
③ 환경요인   ④ 인종

27 다음 중 공해로 인한 피해가 아닌 것은?

① 경제적 손실   ② 자연환경의 파괴
③ 정신적 피해   ④ 인구 증가

28 습도에 대한 인체반응의 설명 중 맞는 것은?

① 습도가 높으면 땀이 잘 발산된다.
② 습도가 너무 낮을 때는 호흡기 점막을 해친다.
③ 여름에 습도가 높으면 불쾌지수는 낮아진다.
④ 습도는 체감온도와는 별로 관계가 없다.

> **해설** 습도가 높을 때는 불쾌감을 느끼고 습도가 낮을 때는 상쾌함을 느끼게 된다. 또한 실내의 습도가 너무 건조하면 호흡기계 질병이 생기고 너무 습하면 피부 질환이 발생하기 쉽다. 체감온도는 기온, 기습, 기류 등의 종합적인 작용에 의해 나타난다.

29 다음 중 의료보험 급여 대상이 아닌 것은?

① 질병   ② 사망
③ 산재   ④ 분만

> **해설** 국민건강보험은 국민의 질병, 부상에 대한 예방, 진단, 치료, 재활과 출산, 사망 및 건강증진에 대하여 보험 급여를 실시함을 목적으로 한다.

30 질병발생의 요인 중 숙주적 요인에 해당하지 않는 것은?

① 선척적 요인
② 연령
③ 생리적 방어기전
④ 경제적 수준

> **해설** 숙주의 저항력이 감염이나 발병 여부에 크게 작용한다.

31 지역사회의 보건수준을 비교할 때 쓰이는 지표가 아닌 것은?

① 영아사망률   ② 평균수명
③ 일반사망률   ④ 국세조사

> **해설** WHO에서 정한 건강지표는 평균수명, 조사망률, 비례사망지수이다.

32 위생해충인 파리에 의해서 감염될 수 있는 감염병이 아닌 것은?

① 장티푸스   ② 발진열
③ 콜레라   ④ 세균성 이질

> **해설** 발진열은 쥐와 벼룩에 의해 감염된다.

33 영양소의 3대 작용에서 제외되는 사항은?

① 신체의 열량공급작용
② 신체의 조직구성작용
③ 신체의 사회적응작용
④ 신체의 생리기능조절작용

34 식중독 발생의 원인인 솔라닌(Solanine) 색소와 관련이 있는 것은?

① 버섯   ② 복어
③ 감자   ④ 모시조개

> **해설** 버섯 – 무스카린, 감자 – 솔라닌, 복어 – 테트로도톡신, 맥각 – 에르고타민, 면실유 – 고시폴, 청매 – 아미그달린, 모시조개 – 베네루핀

35 임신초기에 이환되면 태아에게 치명적인 영향을 주어 선천성 기형아를 낳을 수 있는 질환은 무엇인가?

① 성홍열   ② 풍진
③ 홍역   ④ 디프테리아

> **해설** 풍진
> 임신초기에 감염이 되어 백내장아, 농아아 출산의 원인이 된다. 홍역보다 잠복기가 길며, 합병증이 거의 없다. 환자와의 직접적인 접촉으로 감염되며 홍역보다 감염성이 훨씬 낮다. 예방접종을 실시하는데, 임산부는 예방접종을 금한다. 임신 초기에 이환되었을 때는 감마 글로블린을 주사한다. 임신 초기의 여성은 풍진 환자와 접촉하지 않도록 특히 조심해야 한다.

36 산업피로의 대표적인 증상은?

① 체온 변화 – 호흡기 변화 – 순환기계 변화
② 체온 변화 – 호흡기 변화 – 근수축력 변화
③ 체온 변화 – 호흡기 변화 – 기억력 변화
④ 체온 변화 – 호흡기 변화 – 사회적 행동변화

37 수은중독의 증세와 관련 없는 것은?

① 치은괴사   ② 호흡장애
③ 구내염   ④ 혈성구토

> **해설** 수은에 중독되면 두통, 구토, 복통, 설사, 구내염, 치은괴사, 근육진전과 불면증, 근심걱정 등의 정신증상이 나타난다.

38 우리나라의 공중 보건에 관한 과제 해결에 필요한 사항은?

> ㄱ. 제도적 조치
> ㄴ. 직업병 문제해결
> ㄷ. 보건교육 활동
> ㄹ. 질병문제 해결을 위한 사회적 투자

① ㄱ, ㄴ, ㄷ
② ㄱ, ㄷ
③ ㄴ, ㄹ
④ ㄱ, ㄴ, ㄷ, ㄹ

39 현재 우리나라 근로기준법상 보건상 유해하거나 위험한 사업에 종사하지 못하도록 규정되어 있는 대상은?

① 13세 미만의 어린이
② 18세 미만인 자
③ 임신 중인 여자와 18세 미만인 자
④ 여자와 13세 미만인 자

정답 26 ③ 27 ④ 28 ② 29 ③ 30 ④ 31 ④ 32 ② 33 ③ 34 ③ 35 ② 36 ① 37 ② 38 ④ 39 ③

40 다음 감염병 중 호흡기계 감염병에 속하는 것은?
① 콜레라 ② 장티푸스
③ 유행성 간염 ④ 백일해

해설 콜레라, 장티푸스, 유행성 간염은 모두 소화기계 감염병에 해당된다.

41 다음 중 산업재해 방지 대책과 관련이 가장 먼 내용은?
① 정확한 관찰과 대책 ② 정확한 사례조사
③ 생산성 향상 ④ 안전관리

42 공중보건의 3대 요소에 속하지 않는 것은?
① 감염병 치료
② 수명 연장
③ 건강과 능률의 향상
④ 감염병 예방

해설 공중보건은 질병의 치료보다 예방에 중점을 두고 질병예방, 생명연장, 신체적·정신적 효율을 증진시키는 과학 기술이다.

43 다음 중 제2급감염병으로만 묶인 것은?
① 풍진, 파상풍 ② 레지오넬라증, 뎅기열
③ 장티푸스, 결핵 ④ 한센병, B형간염

해설 파상풍, 레지오넬라증, 뎅기열, B형간염은 제3급감염병이다.

44 도시 하수처리에 사용되는 활성오니법의 설명으로 가장 옳은 것은?
① 상수도부터 하수까지 연결되어 정화시키는 법
② 대도시 하수만 분리하여 처리하는 방법
③ 하수 내 유기물을 산화시키는 호기성 분해법
④ 쓰레기를 하수에서 걸러내는 법

해설 활성오니법 : 하수처리장에서 통상 행하는 처리법으로 처리조 안에 공기나 산소를 폭기시켜 호기성 세균이나 원생동물 등이 주로 유기물을 산화시켜 흡수·분해하도록 미생물 집단(활성오니)의 작용을 이용하는 방법을 말한다.

45 대기오염의 주원인 물질 중 하나로 석탄이나 석유 속에 포함되어 있어 연소할 때 산화되어 발생되며 만성기관지염과 산성비 등을 유발시키는 것은?
① 일산화탄소 ② 질소산화물
③ 황산화물 ④ 부유분진

해설 황산화물 : 황(S)과 산소와의 화합물을 총칭하는 것으로 이산화황, 황산 그리고 황산구리와 같은 황산염 등이 속한다. 주로 화석원료가 연소되면서 발생하며, 산성비의 원인이 된다.

46 식품을 통한 식중독 중 독소형 식중독은?
① 포도상구균 식중독
② 살모넬라균에 의한 식중독
③ 장염 비브리오 식중독
④ 병원성 대장균 식중독

해설 독소형 식중독의 원인균에는 황색포도상구균, 클로스트리디움 보툴리눔 등이 있으며, 보기 중 ②, ③, ④는 모두 감염형 식중독에 해당된다.

47 가족계획 사업의 효과 판정상 가장 유력한 지표는?
① 인구증가율 ② 조출생률
③ 남녀출생비 ④ 평균여명년수

해설 조출생률 : 인구 1천 명 당 연간 출생아 수를 의미하는 것으로 가족계획 사업의 유력한 지표이다.

48 비말감염과 가장 관계있는 사항은?
① 영양 ② 상처
③ 피로 ④ 밀집

해설 비말감염 : 보균자 또는 환자의 기침, 재채기, 대화 등을 통해 감염되는 것

49 다음 중 산업재해의 지표로 주로 사용되는 것을 전부 고른 것은?

| ㄱ. 도수율 | ㄴ. 발생률 |
| ㄷ. 강도율 | ㄹ. 사망률 |

① ㄱ, ㄴ, ㄷ ② ㄱ, ㄷ
③ ㄴ, ㄹ ④ ㄱ, ㄴ, ㄷ, ㄹ

해설
- 도수율 : 근로시간 100만 시간당 재해발생 건수
- 강도율 : 1,000시간당 근로손실일수
- 건수율(발생률) : 1,000명당 재해발생 건수

50 다음 중 콜레라에 관한 설명으로 잘못된 것은?
① 검역질병으로 검역기간은 120시간을 초과할 수 없다.
② 수인성 감염병으로 경구 감염된다.
③ 제2급 법정감염병
④ 예방접종은 생균백신(Vaccine)을 사용한다.

해설 콜레라, 백일해, 장티푸스, 파라티푸스, 일본뇌염, 폴리오(소아마비)의 예방접종은 사균백신을 사용한다.

51 군집독(群集毒)의 원인을 가장 잘 설명한 것은?
① O_2의 부족
② 공기의 물리 화학적 제조성의 악화
③ CO_2의 증가
④ 고온다습한 환경

해설 군집독은 다수가 밀집한 실내 공기의 화학적, 물리적인 조성변화로 인해 나타나는 불쾌감, 두통, 권태, 현기증 등의 현상을 말한다.

52 다음 중 가족계획에 포함되는 것은?

| ㄱ. 결혼연령제한 | ㄴ. 초산연령조절 |
| ㄷ. 인공임신중절 | ㄹ. 출산횟수조절 |

① ㄱ, ㄴ, ㄷ ② ㄱ, ㄷ
③ ㄴ, ㄹ ④ ㄱ, ㄴ, ㄷ, ㄹ

해설 가족계획의 목적은 초산연령조절, 출산계획조절, 출산전후의 모성관리이다.

정답 40 ④ 41 ③ 42 ① 43 ③ 44 ③ 45 ③ 46 ① 47 ② 48 ④ 49 ① 50 ④ 51 ② 52 ③

53 민물가재를 날것으로 먹었을 때 감염되기 쉬운 기생충 질환은?

① 회충
② 간디스토마
③ 폐디스토마
④ 편충

⊙해설 폐디스토마는 민물가재, 게를 날것으로 먹으면 감염이 된다.

54 모기가 매개하는 감염병이 아닌 것은?

① 말라리아
② 뇌염
③ 사상충
④ 발진열

⊙해설 발진열은 쥐, 벼룩이 감염시키는 병이다.

55 다음 중 독소형 식중독이 아닌 것은?

① 보툴리누스균 식중독
② 살모넬라균 식중독
③ 웰치균 식중독
④ 포도상구균 식중독

⊙해설 살모넬라균 식중독은 세균성 식중독에 해당된다.

56 대기오염으로 인한 건강장애의 대표적인 것은?

① 위장질환
② 호흡기질환
③ 신경질환
④ 발육저하

57 시·군·구에 두는 보건행정의 최일선 조직으로 국민건강 증진 및 예방 등에 관한 사항을 실시하는 기관은?

① 복지관
② 보건소
③ 병·의원
④ 시·군·구청

58 공중보건학 개념상 공중보건사업의 최소 단위는?

① 직장 단위의 건강
② 가족 단위의 건강
③ 지역사회 전체 주민의 건강
④ 노약자 및 빈민 계층의 건강

⊙해설 공중보건의 대상은 개인이 아닌 지역사회의 인간집단, 더 나아가 국민전체이다.

59 보건행정의 목적 달성을 위한 기본요건이 아닌 것은?

① 법적 근거의 마련
② 건전한 행정조직과 인사
③ 강력한 소수의 지지와 참여
④ 사회의 합리적인 전망과 계획

⊙해설 보건행정의 목적 달성은 조직화된 지역사회의 노력으로 달성할 수 있다.

60 조도불량, 현휘가 과도한 장소에서 장시간 작업하면 눈에 긴장을 강요함으로써 발생되는 불량 조명에 기인하는 직업병은?

① 안정피로
② 근시
③ 원시
④ 안구진탕증

61 dB(decibel)은 무슨 단위인가?

① 소리의 파장
② 소리의 질
③ 소리의 강도(음압)
④ 소리의 음색

⊙해설 dB : 소리의 상대적인 크기를 나타내는 단위

62 수질오염의 지표로 사용하는 생물학적 산소요구량을 나타내는 용어는?

① BOD
② DO
③ COD
④ SS

⊙해설 DO는 용존산소량, COD는 화학적 산소요구량, SS는 부유물질을 말한다.

63 다음의 영아 사망률 계산식에서 (A)에 알맞은 것은?

$$영아\ 사망률 = \frac{(A)}{연간출생아\ 수} \times 1,000$$

① 연간 생후 28일까지의 사망자 수
② 연간 생후 1년 미만 사망자 수
③ 연간 1~4세 사망자 수
④ 연간 임신 28주 이후 사산 + 출생 1주 이내 사망자 수

⊙해설 A는 1년간 1세 미만의 사망자 수를 말한다.

64 우리나라에서 제2중간숙주인 가재, 게를 통해 감염되는 기생충 질병은?

① 편충
② 폐흡충증
③ 구충
④ 회충

⊙해설 폐흡충증은 폐디스토마가 폐에 기생하여 생기는 질병으로 제1숙주는 다슬기이고, 제2숙주는 가재, 게이다.

65 일반적으로 이·미용업소의 실내 쾌적 습도 범위로 가장 알맞은 것은?

① 10~20%
② 20~40%
③ 40~70%
④ 70~90%

66 제3급감염병이 아닌 것은?

① 황열
② B형 간염
③ 유행성이하선염
④ 뎅기열

67 다음 중 수질오염 방지대책으로 묶은 것은?

ㄱ. 대기의 오염실태 파악
ㄴ. 산업폐수 처리시설 개선
ㄷ. 어류먹이용 부패시설 확대
ㄹ. 공장폐수 오염실태 파악

① ㄱ, ㄴ, ㄷ
② ㄱ, ㄴ
③ ㄴ, ㄹ
④ ㄱ, ㄴ, ㄷ, ㄹ

⊙해설 수질오염 방지대책으로 우선 산업폐수 처리시설 개선과 공장폐수 오염실태 파악이 되어야 한다.

정답 **53** ③ **54** ④ **55** ② **56** ② **57** ② **58** ③ **59** ③ **60** ① **61** ③ **62** ① **63** ② **64** ② **65** ③ **66** ③ **67** ③

68 세균성 식중독의 특성이 아닌 것은?

① 2차 감염률이 낮다.
② 잠복기가 길다.
③ 다량의 균이 발생한다.
④ 수인성 전파는 드물다.

해설 세균성 식중독 : 잠복기가 짧고 원인식품의 섭취로 발병한다.

69 결핵관리상 효율적인 방법으로 가장 거리가 먼 것은?

① 환자의 조기 발견
② 집회장소의 철저한 소독
③ 환자의 등록 치료
④ 예방접종의 철저

해설 결핵균은 주위환경이나 소독제에 강하며, 직사광선하에서도 20~30시간 생존 가능하나 열에 약해 70℃에서 5분만에 사멸된다.

70 이타이이타이병의 원인물질로 주로 음료수를 통해 중독되며, 구토, 복통, 신장장애, 골연화증을 일으키는 유해금속물질은?

① 비소   ② 카드뮴
③ 납   ④ 다이옥신

71 일반적으로 공기 중 이산화탄소(CO_2)는 약 몇 %를 차지하고 있는가?

① 0.03%   ② 0.3%
③ 3%   ④ 13%

해설 0℃, 1기압 하에서 공기의 구성은 질소 78%, 산소 21%, 아르곤 0.93%, 이산화탄소 0.03%이다.

72 눈의 보호를 위하여 가장 좋은 조명 방법은?

① 직접조명
② 간접조명
③ 반직접조명
④ 반간접조명

73 제4급감염병에 해당하는 것은?

① 발진열   ② 라임병
③ 인플루엔자 ④ 페스트

74 다음 중 식중독 세균이 가장 잘 증식할 수 있는 온도 범위는?

① 0~10℃   ② 10~20℃
③ 18~22℃   ④ 25~37℃

해설 식중독 세균은 온도와 습도가 높은 여름철에 가장 많이 발생한다.

75 평상시 상수의 수도전에 적정한 유리잔류 염소량은?

① 0.02ppm 이상   ② 0.2ppm 이상
③ 0.5ppm 이상   ④ 0.55ppm 이상

해설 평상시 유리잔류 염소량은 0.2ppm 이상이며, 감염병 발생 시 유리잔류 염소량은 0.4ppm 이상이다.

76 다음 중 환경위생사업이 아닌 것은?

① 쓰레기처리   ② 수질관리
③ 구충구서   ④ 예방접종

해설 환경위생이란 인간의 신체발육 건강 및 생존에 어떤 해로운 영향을 미치거나 미칠 수 있는 인간의 물리적 환경에 있어서의 모든 요소를 통제하는 것으로 예방접종은 역학의 영역에 속한다.

77 다음 중 일본뇌염의 중간숙주가 되는 것은?

① 돼지   ② 쥐
③ 소   ④ 벼룩

해설 일본뇌염은 바이러스 혈증을 일으키고 있는 돼지를 흡혈한 일본뇌염모기가 사람을 흡혈할 때 전파되어 감염이 일어난다.

78 다음 중 군집독의 가장 큰 원인은?

① 저기압
② 공기의 이화학적 조성변화
③ 대기오염
④ 질소증가

해설 군집독이란 환기가 불충분한 다수인이 밀집된 곳에서 오염된 공기로 인한 불쾌감, 두통, 현기증, 구토, 식욕저하 등의 증세를 가리킨다.

79 어린 연령층이 집단으로 생활하는 공간에서 가장 쉽게 감염될 수 있는 기생충은?

① 회충   ② 구충
③ 유구조충 ④ 요충

해설 요충은 어린이들에게 주로 발생하고 집단 감염률이 높다.

80 직업병과 직업종사자와 연결이 바르게 된 것은?

① 잠수병 – 수영선수   ② 열사병 – 비만자
③ 고산병 – 항공기조종사 ④ 백내장 – 인쇄공

해설
• 잠수병 – 잠함작업자, 잠수부
• 열사병 – 고온다습한 환경에서 일하는 격렬한 육체노동자
• 고산병 – 2,500~3,000m 이상의 높은 곳으로 옮겨갔을 때 나타나는 급성 반응
• 백내장 – 수정체가 유전이나 기형, 노화현상으로 시력의 장애를 가져오는 질환

81 다음 중 인구증가에 대한 사항으로 맞는 것은?

① 자연증가 = 유입인구 – 유출인구
② 사회증가 = 출생인구 – 사망인구
③ 인구증가 = 자연증가 + 사회증가
④ 조자연증가 = 유입인구 – 유출인구

해설 자연증가 = 출생아수 – 사망수, 사회증가 = 유입인구 – 유출인구

82 다음 중 공중보건사업에 속하지 않는 것은?

① 환자치료   ② 예방접종
③ 보건교육   ④ 감염병관리

해설 공중보건사업에는 보건통계의 수집과 분석, 보건교육, 환경위생관리, 감염병관리, 모자보건, 의료제공 및 보건간호가 있다.

정답 68 ② 69 ② 70 ② 71 ① 72 ② 73 ③ 74 ④ 75 ② 76 ④ 77 ① 78 ② 79 ④ 80 ③ 81 ③ 82 ①

83 폐결핵에 관한 설명 중 틀린 것은?

① 호흡계 감염병이다.
② 병원체는 세균이다.
③ 예방접종은 PPD로 한다.
④ 제2급 감염병이다.

해설 폐결핵 예방접종은 BCG로 실시하고, PPD를 이용하여 결핵균에 접촉되었는지를 판단한다.

84 다음 중 방사선에 관련된 직업에 의해 발생할 수 있는 것이 아닌 것은?

① 조혈기능장애
② 백혈병
③ 생식기능장애
④ 잠함병

해설 잠함병은 깊은 바다에서 일하는 잠수부에게 생기는 직업병이다.

85 다음 중 하수에서 용존산소량(DO)이 아주 낮다는 의미와 같은 것은?

① 수생식물이 잘 자랄 수 있는 환경의 물이다.
② 물고기가 잘 살 수 있는 환경의 물이다.
③ 물의 오염도가 높다는 의미이다.
④ 하수의 BOD가 낮은 것과 같은 의미이다.

해설 DO(Dissolved Oxygen : 용존 산소량)가 낮다는 것은 물속에 유기물이 많아 산소가 많이 소모되어 물속에 녹아있는 산소가 적다는 것으로 이는 물의 오염도가 높음의 기준이 되며, 반면 용존산소가 높을수록 물의 오염도가 낮음의 기준이 된다.
　BOD(Biochemical Oxygen Demand : 생화학적산소요구량)는 미생물 중 유익한 미생물이 오염물질을 제거하는 데 걸리는 시간을 의미하며 BOD가 높다는 것은 그만큼 오염도가 높다는 것을 의미한다.
　DO는 낮을수록 오염도가 심각하고, BOD는 높을수록 오염도가 심각하므로 단순한 수치만으로 따진다면 반대되는 결과를 가지게 된다.

86 참붕어, 피라미 등의 민물고기를 생식하였을 때 감염될 수 있는 것은?

① 간흡충증
② 구충증
③ 유구조충증
④ 말레이사상충증

해설 간흡충증 – 민물고기, 폐흡충증 – 가재 및 게

87 바퀴벌레에 의해 전파될 수 있는 감염병에 속하지 않는 것은?

① 이질
② 말라리아
③ 콜레라
④ 장티푸스

해설 말라리아는 말라리아 원충에 감염된 모기에 의해 매개되는 질병이다.

88 실·내외의 온도차는 몇 도가 가장 적합한가?

① 1~3℃　　　　② 5~7℃
③ 8~12℃　　　④ 12℃ 이상

해설 실·내외 온도차는 5~7℃가 적당하며, 머리와 발의 온도차는 1~3℃가 넘으면 안 된다.

89 체감온도(감각온도)의 3요소가 아닌 것은?

① 기온　　　　② 기습
③ 기류　　　　④ 기압

90 연탄가스 중 인체에 중독현상을 일으키는 주된 물질은?

① 일산화탄소
② 이산화탄소
③ 탄산가스
④ 메탄가스

해설 연탄은 불이 타기 시작할 때 일산화탄소가 발생하며 일산화탄소가 헤모글로빈과 결합하여 중독현상을 일으킨다.

91 일산화탄소(CO)의 환경기준은 8시간 기준으로 얼마인가?

① 9ppm
② 1ppm
③ 0.03ppm
④ 25ppm

해설 일산화탄소(CO)의 환경기준은 8시간 평균치 9ppm 이하이며, 1시간 평균치 기준으로는 25ppm 이하이다.

92 다음 중 이·미용업소의 실내온도로 가장 알맞은 것은?

① 10℃ 전후
② 14℃ 전후
③ 21℃ 전후
④ 26℃ 전후

해설 이·미용업소의 적정온도는 18±2℃, 적정습도는 40~70%이다.

93 소음으로 인해 생기는 건강장애와 관련된 요인에 대한 설명으로 가장 옳은 것은?

① 소음의 크기, 주파수, 방향에 따라 다르다.
② 소음의 크기, 주파수, 내용에 따라 다르다.
③ 소음의 크기, 주파수, 폭로기간에 따라 다르다.
④ 소음의 크기, 주파수, 발생지에 따라 다르다.

94 합성세제에 의한 오염과 가장 관계가 깊은 것은?

① 수질오염
② 중금속오염
③ 토양오염
④ 대기오염

해설 합성세제를 무분별하게 하수 및 폐수로 방류하거나 배출할 경우 수질오염의 직접적인 원인이 된다.

정답 83 ③　84 ④　85 ③　86 ①　87 ②　88 ②　89 ④　90 ①　91 ①　92 ③　93 ③　94 ①

95 다음 중 환경위생 사업이 아닌 것은?

① 오물처리
② 예방접종
③ 구충구서
④ 상수도 관리

> 해설 환경위생에는 자연적 환경, 사회적 환경, 인위적 환경 등이 있으며, 이 중 인위적 환경시설에는 냉·난방, 상하수도 관리, 오물처리, 해충구제 등이 있다.

96 트라코마(트라홈)에 대한 설명 중 틀린 것은?

① 획득면역은 장기간이다.
② 예방접종으로 면역이 된다.
③ 실명의 원인이 되기도 한다.
④ 감염원은 환자의 눈물, 콧물 등이다.

> 해설 트라코마의 감염원은 환자의 눈, 코의 분비물과의 직접접촉과 이들에 오염된 물건과의 접촉이며, 잠복기는 5~12일 정도이다. 예방대책은 개인위생을 철저히 하는 것이며, 감염된 경우 항생제를 통해 치료해야 한다.

97 감염병 중 음용수를 통하여 감염될 수 있는 가능성이 가장 큰 것은?

① 이질
② 백일해
③ 풍진
④ 한센병

> 해설 소화기계 감염병에는 장티푸스, 콜레라, 세균성 이질, 폴리오, 유행성 간염, 파라티푸스 등이 있다.

98 예방접종(Vaccine)으로 획득되는 면역의 종류는?

① 인공 능동 면역
② 인공 수동 면역
③ 자연 능동 면역
④ 자연 수동 면역

> 해설
> • 인공 능동 면역 – 예방접종 후 생성된 면역
> • 인공 수동 면역 – 면역혈청(γ-Globuline, Anti-Toxin 등) 인공제제를 접종하여 얻게 되는 면역
> • 자연 능동 면역 – 감염병에 감염된 후 성립되는 면역
> • 자연 수동 면역 – 모체 면역, 태반 면역

99 임신 7개월(28주)까지의 분만을 뜻하는 것은?

① 유산
② 조산
③ 사산
④ 정기산

> 해설 임신 29~38주 사이의 분만을 조산이라 하며, 사산은 죽은 태아를 분만하는 것을 말한다.

100 다음 중 공중보건의 목적에 맞지 않는 것은?

① 질병치료
② 생명연장
③ 건강증진
④ 질병예방

> 해설 공중보건은 질병을 예방하고 수명을 연장하는 목적성을 가지고 있지만 치료의 개념은 아니다.

101 감염병 예방을 위해 생후 4주에 접종을 하는 것은?

① 파상풍
② 홍역
③ 결핵
④ 백일해

> 해설 백일해와 파상풍은 생후 2개월, 홍역은 생후 15개월에 예방접종을 실시한다.

102 인구 상황을 전체적으로 파악하기 위한 국세조사를 처음 실시한 해는?

① 1910년
② 1919년
③ 1925년
④ 1935년

> 해설 국세조사는 1925년 첫 실시이후 5년마다 조사하고 있으며, 1980년부터는 11월 1일을 기준으로 실시하고 있다.

103 다음 연령별 인구구성의 형태 중 가장 이상적인 것은?

① 피라미드형
② 종형
③ 항아리형
④ 호로형

> 해설 종형은 출생률과 사망률이 모두 낮은 인구 정지형으로 가장 이상적인 인구 구성형태이다.

104 다음 공기를 구성하고 있는 성분에 대한 설명 중 틀린 것은?

① 산소량이 10% 이하면 호흡곤란이 온다.
② 질소는 인간의 호흡과 관련성이 없다.
③ 이산화탄소는 실내공기 오탁도의 기준이다.
④ 아황산가스는 냄새가 없는 무자극 가스이다.

> 해설 아황산가스는 자극성 있는 냄새가 나는 무색 기체로, 인체의 점막을 침해하는 독성이 있다.

105 근로기준법에서 규정하는 근로자의 1일 근로시간과 주당 근로시간을 짝지은 것은?

① 1일 6시간, 주당 36시간
② 1일 7시간, 주당 42시간
③ 1일 8시간, 주당 40시간
④ 1일 9시간, 주당 54시간

> 해설 우리나라 근로기준법은 1일 근로시간은 8시간이며, 주 5일간 40시간을 초과해서는 안 된다고 규정하고 있다.

106 다음은 식품의 보존법을 나열한 것이다. 화학적 보존법이 아닌 것은?

① 당장법
② 훈증법
③ 산장법
④ 가열법

> 해설 가열법은 식품의 부착된 미생물을 파괴하여 식품의 변질을 막는 물리적 방법이다.

107 다음은 세계보건기구(WHO)의 기능을 설명한 것이다. 옳지 않은 것은?

① 국제적인 보건사업의 조정과 지휘
② 회원국에 대한 기술지원 및 자료제공
③ 전문가 파견에 의한 기술자문 활동
④ 회원국 보건정책 검열과 조정

> 해설 우리나라는 1949년 8월 17일 세계보건기구(WHO)에 가입하였다.

정답 95 ② 96 ② 97 ① 98 ① 99 ① 100 ① 101 ③ 102 ③ 103 ② 104 ④ 105 ③ 106 ④ 107 ④

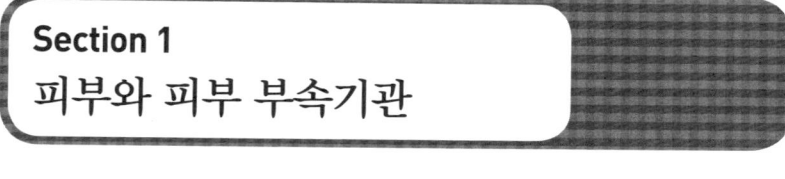

Section 1
피부와 피부 부속기관

1 피부구조 및 생리기능

(1) 피부의 구조

인체의 피부구조는 표피, 진피, 피하지방으로 구성되어 있다. 피부의 구성물질은 수분 65~75%, 단백질 25~27%, 지방 1%, 무기질 0.5%, 기타 1% 등으로 이루어져 있다. 면적은 성인의 경우 1.6~1.8m²이며, 중량은 체중의 약 16%를 차지한다.

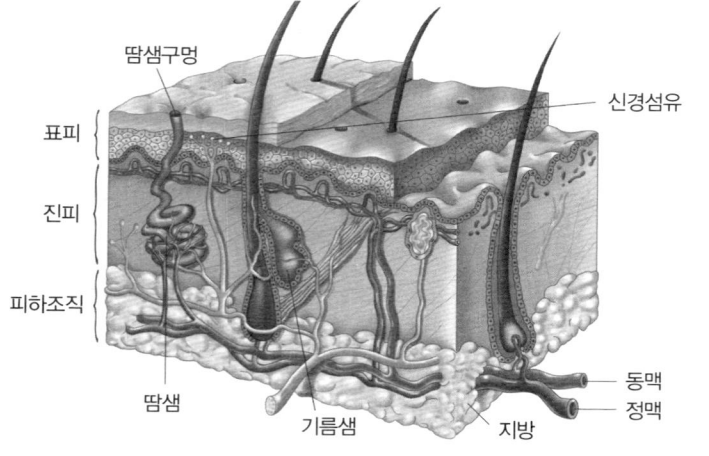

[피부의 구조]

1) 표피(Epidermis)

피부의 가장 상층부에 위치하며 세균, 유해물질, 자외선으로부터 피부를 보호한다.

각질층 (무핵층)	① 표피의 가장 바깥층에 존재하는 무핵층으로 외부 자극으로부터 피부 보호, 이물질 침투를 방어하는 역할을 하며, 주성분은 케라틴, 천연보습인자 NMF(Natural Moisturizing Factor), 각질 세포 사이의 지질(세라마이드, Ceramide)이 존재한다. ② 정상 각질층은 약 20~25층 정도의 납작한 무핵 세포로 라멜라 층상 구조를 이루고 있다. ③ 정상피부의 각질층은 10~20%의 수분을 함유하고 있으며, 10% 이하가 되면 피부는 건조해져 거칠고 예민해진다.
투명층 (무핵층)	① 핵이 없는 무핵층으로 주로 손바닥, 발바닥에서 관찰할 수 있다. ② 엘라이딘(Elaidin)이라는 반유동성 물질이 들어 있어 수분침투를 방지한다.
과립층 (무핵층)	① 과립형태의 케라토하이알린(Keratohyaline)이 함유되어 있고 각화과정이 시작되는 곳이다(유핵과 무핵 세포가 공존). ② 외부 물질에 대한 방어역할을 하고 수분유출을 막는다. ③ 레인 방어막(Rein Membrane, 수분저지막) : 투명층과 과립층 사이의 특수한 화학적 성분을 가진 막으로 외부의 이물질 침입을 막는 역할을 한다.

유극층 (=가시층) (유핵층)	① 표피의 대부분을 차지하는 가장 두터운 층으로 5~10층의 살아 있는 유핵 세포로 구성되어 있다. ② 혈액순환과 영양공급으로 피부의 대사활동에 관여한다. ③ 면역기능을 담당하는 랑게르한스 세포(Langerhans Cell, 긴 수뇨세포)가 존재한다.
기저층 (유핵층)	① 표피의 가장 아래층으로 진피와 경계를 이루며, 살아있는 유핵 세포로 구성되어 있다. ② 모세혈관으로부터 영양분과 산소를 공급받아 기저세포분열을 촉진한다(새로운 세포생성). ③ 각질형성세포(Keratinocyte, 각화세포)와 멜라닌형성세포(Melanocyte, 색소세포)가 4:1~10:1의 비율로 존재한다. ④ 신경섬유의 말단과 연결되어 있어 촉각을 감지하는 머켈세포(Merkel Cell, 촉각세포)가 존재한다.

2) 진피(Dermis)

피부의 90%를 차지하며, 표피두께의 10~40배 정도로 실질적인 피부이다.

유두층	① 표피와 진피 사이는 둥글고 작은 물결모양의 탄력 조직인 돌기가 표피 쪽으로 돌출된 유두로 이루어져 있다. ② 모세혈관, 림프관, 신경종말이 많이 분포하고 있어서 표피의 기저층에 영양공급, 산소운반, 신경 전달기능을 하며, 감각기관인 촉각과 통각이 위치한다.
망상층	① 유두층 아래에 위치한 단단하고 불규칙한 그물모양의 결합조직으로 진피 전체의 80%를 차지하며, 혈관, 림프관, 피지선, 한선, 모낭, 신경총 등이 복잡하게 분포되어 있다. ② 일정한 방향을 가진 교원섬유(Collagen Fiber) 90% 이상과 탄력섬유(Elastic Fiber)가 매우 치밀하게 구성되어 있으며, 두 섬유질 사이에 점다당질(Mucopolysaccharide)인 기질이 젤(Gel)상태로 분포되어 있다. ③ 섬유아세포(Fibroblast)를 포함하고 있어 콜라겐과 엘라스틴을 생성한다.

3) 피하조직(Subcutaneous Tissue)

① 진피와 근육, 뼈 사이에 있는 부분으로 지방을 다량 함유하고 있으며, 피부의 가장 아래층에 있어 피하지방이라고도 한다.
② 체온유지, 수분조절, 에너지 저장, 탄력성유지, 외부의 충격으로부터 몸을 보호한다.

4) 피부의 주요 구성물질

① 각질 형성세포(Keratinocyte, 각화세포)
　㉮ 표피의 주요 구성성분으로 표피세포의 80%를 차지한다.
　㉯ 세포분열을 통해 새로운 각화세포를 만들어 낸다.
　㉰ 정상적인 피부의 각화주기는 28일이며, 노화된 피부는 각화주기가 길어져 각질층이 두꺼워지게 된다.
② 멜라닌 형성세포(Melanocyte, 색소세포)
　㉮ 표피에 존재하는 세포의 약 5~10%를 차지한다.
　㉯ 멜라닌 세포에서 만들어진 멜라닌 색소는 자외선을 흡수 또는 산란시켜 자외선으로부터 피부가 손상되는 것을 방지한다.
　㉰ 멜라닌 세포의 수는 피부색에 관계없이 일정하며, 피부색을 결정하는 것은 만들어진 멜라닌 색소의 양에 의해 결정된다.

③ 교원섬유(Collagen Fiber)
  ㉮ 진피 성분의 90%를 차지하며, 피부에 장력을 준다.
  ㉯ 탄력섬유와 함께 그물모양으로 서로 엉켜 있어 피부에 탄력성과 신축성을 제공한다.
  ㉰ 노화가 진행되면서 피부 탄력감소와 주름 형성의 원인이 된다.
④ 탄력섬유(Elastic Fiber)
  ㉮ 신축성과 탄력성이 있어 1.5배까지 늘어난다.
  ㉯ 섬유아세포에서 생성되며, 피부 이완과 주름에 관여한다.

(2) 피부의 기능
  ① 보호작용
    피부뿐만이 아니라 신체 내부를 보호하기 위한 물리적, 화학적, 생물학적 방어기능을 구축하고 있다.
  ② 체온조절작용
    땀 분비, 피부 혈관의 확장과 수축작용을 통해 열을 발산하여 체온을 조절한다.
  ③ 분비 및 배출작용
    피지선은 피지를 분비하여 피부 건조 및 유해물질이 침투하는 것을 막고, 한선은 땀을 분비하여 체온조절 및 노폐물을 배출하고 수분 유지에 관여한다.
  ④ 감각작용
    피부는 일반 감각기관의 수용체를 간직하고 있어 기본적 감각인 동통, 접촉, 온도 및 압력의 자극을 받아들인다.
  ⑤ 흡수작용
    피부는 이물질이 흡수하는 것을 막아주고 선택적으로 투과시킨다. 표피를 통한 흡수와 피부 부속기관을 통한 흡수로 구별된다(경피흡수).
  ⑥ 비타민 D 형성작용
    자외선 조사에 의해 피부 내에서 비타민 D가 생성된다.
  ⑦ 피부호흡작용
    피부표면은 직접 공기를 통하여 산소를 흡입하고 이산화탄소를 방출한다.
  ⑧ 저장작용
    피부는 수분, 에너지와 영양분, 혈액을 저장한다.
  ⑨ 재생작용
    정상적인 피부의 표피는 오래된 각질세포를 탈락시키고 신진대사에 의해 기저세포가 분열되면서 새로운 세포를 각질층까지 올려보내는 세포재생작용을 한다.

2 피부 부속기관의 구조 및 생리기능

1) 한선(땀샘, Sweat Gland)

구분	에크린선(소한선, Eccrine Sweat Gland)	아포크린선(대한선, 체취선 Apocrine Sweat Gland)
특징	① 실뭉치 같은 모양으로 진피 깊숙이 위치 ② 나선형 한공을 갖고 있으며 피부에 직접 연결, 자체의 독립된 땀구멍으로 분비 ③ pH 3.8~5.6의 약산성인 무색, 무취의 맑은 액체를 분비 ④ 체온조절에 중요한 역할을 함 ⑤ 온열성 발한, 정신성 발한, 미각성 발한을 함	① 에크린선보다 크며, 피부 깊숙이 존재 ② 나선형 한공을 갖고 있으며, 모공과 연결 ③ pH 5.5~6.5 정도의 단백질 함유량이 많은 땀을 생성하며, 특유의 짙은 체취를 냄 ④ 사춘기 이후에 주로 발달 ⑤ 성, 인종을 결정짓는 물질을 함유 ⑥ 정신적 스트레스에 반응, 성적으로 흥분될 때 활성화
위치	전신에 분포하나 특히 손바닥, 발바닥, 이마 등에 집중 분포(입술, 음부, 손톱 제외)	귀 주변, 겨드랑이, 유두 주변, 배꼽 주변, 성기 주변 등 특정 부위에만 존재
성분	99%는 수분, 1%는 Na, K, Ca, Cl, 단백질, 철, 인, 아미노산 성분	분비물의 성분은 정확하지 않으나 지질, 단백질, 물 등의 성분 함유
기능	체온조절, 피부 습도유지, 노폐물 배출, 산성 보호막 형성	

2) 피지선(기름샘, Sebaceous Gland)

구분	피지선	독립 피지선
위치	① 손바닥과 발바닥을 제외한 신체의 대부분에 분포하며, 주로 T-zone부위, 목, 가슴 등에 분포한다. ② 진피의 망상층에 위치하며, 포도송이 모양으로 모낭과 연결되어 피지선을 통해 피지를 배출한다.	① 모낭이 없기 때문에 피지선이 직접 피부 표면으로 연결되어 피지를 분비하므로 독립 피지선이라 한다. ② 윗입술, 구강점막, 유두, 눈꺼풀 등
특징	① 하루에 1~2g의 피지를 분비하며, 주로 사춘기 때 남성호르몬인 안드로겐의 영향을 많이 받는다. ② 나이, 호르몬, 계절, 신체적 이상, 정신적인 요인 등에 영향을 받아 체외로 배출된다.	
성분	트리글리세라이드(Triglyceride)가 가장 큰 비중을 차지하고 왁스에스테르(Wax Ester), 스쿠알렌(Squalene), 지방산(Fatty Acid), 콜레스테롤(Cholesterol) 등으로 구성된다.	
기능	① 피지막은 피부와 모발에 촉촉함과 윤기를 부여하고, 미생물이나 이물질 등이 피부 내부로 침투하는 것을 막을 뿐만 아니라 체온의 저하를 막아준다. ② 피지막은 피부의 pH를 약산성으로 유지시켜 외부로부터 알칼리성 물질을 중화시키고 피부의 손상을 막아주며, 살균작용을 통해 피부표면의 세균이나 곰팡이균 등을 방어한다.	

3) 모발

① 특징
  단단하게 각화된 경단백질인 케라틴이 주성분이다. 약 130~140만 개 정도 분포하며, 하루 0.35~0.4mm 정도 자라고, 한달에 1~1.5cm 정도 자란다.
② 기능
  ㉮ 보호기능 : 체온조절, 외부의 물리적·화학적·기계적 자극으로부터 두부(Head)를 보호한다.
  ㉯ 지각기능 : 온몸에 퍼져있는 솜털이 감각을 느낄 수 있게 한다.
  ㉰ 장식기능 : 성적매력, 외모를 장식하는 미용적 효과를 갖는다.
  ㉱ 노폐물을 배출하고, 충격을 완화하는 기능을 갖는다.
③ 모발의 구조
  ㉮ 모간 : 피부 위로 솟아 있는 부분이다.
  ㉯ 모근 : 피부 내부에 있는 부분으로 모발 성장의 근원이 되는 부분이다.
    ㉠ 모낭 : 모근을 싸고 있는 주머니 모양의 조직으로 피지선과 연결되어 모발에 윤기를 준다.
    ㉡ 모구 : 모근의 뿌리 부분으로 둥근 모양의 부위, 이곳에서부터 털이 성장한다.
    ㉢ 모유두 : 모구 중심부위 우묵한 곳에 모발의 영양을 관장하는 혈관과 신경세포가 분포한다.
    ㉣ 모모세포 : 모발의 기원이 되는 세포로 '모기질세포'라고도 한다. 기모근(입모근)과 연결되어 있으며, 세포 분열과 증식에 관여하여 새로운 모발을 형성한다.

⑪ 기모근(입모근)

모낭 밑 부분에서부터 3분의 1지점에 부착되어 있는 근육으로 모발 하나에 1~2개의 기모근이 있다. 춥거나 무서울 때 기모근(입모근)을 수축시켜 체온손실을 줄이며, 피지선을 압박해 피지를 분비하는 기능도 한다(속눈썹, 눈썹, 겨드랑이를 제외한 대부분의 모발에 존재).

④ 모발의 성장주기

1단계 성장기	① 모발의 생성, 성장해가는 시기로 전체 모발의 80~90% 정도가 여기에 속한다. ② 평균성장기간은 남성 3~5년, 여성 4~6년 정도이다.
2단계 퇴화기	① 모발의 성장이 멈추는 시기로 전체 모발의 1~2% 정도가 여기에 속한다. ② 모유두와 모구가 분리되고 모근이 위쪽으로 올라간다. ③ 퇴화기의 수명은 1~1.5개월 정도이다.
3단계 휴지기	① 전체 모발의 14~15%를 차지하며, 모낭이 위축되고 모근이 더 위쪽으로 밀려 탈락한다. ② 빗질이나 가벼운 물리적 자극에도 모발이 탈락되며, 모발이 완전 탈락되는데 3~4개월 정도 걸린다.

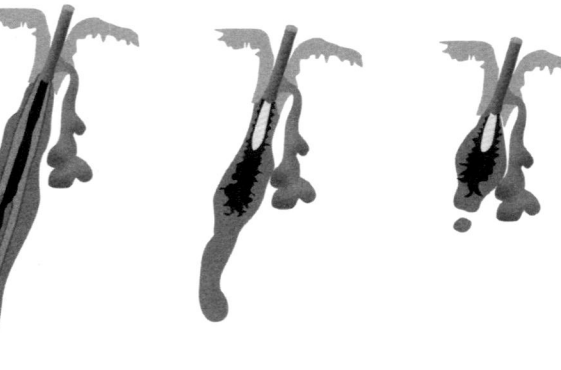

[모발의 성장주기]

Section 2   피부 유형분석

1 정상피부의 성상 및 특징

(1) 특징
① 피지선과 한선의 원활한 분비로 유분과 수분이 가장 이상적인 피부유형이다.
② 피부결이 섬세하고 매끄럽다.
③ 피부 이상(색소, 여드름, 잡티 등)현상이 없다.
④ 피부 탄력이 좋고 표정주름 이외에는 주름이 없다.
⑤ T-존 부위에 약간의 모공이 보이며, 피부색이 맑다.
⑥ 여름에는 지성화, 겨울에는 건성화가 되기 쉽다.
⑦ 각질층의 수분함유량이 10~20%로 정상이다.

(2) 관리 방법
① 계절에 맞는 피부 관리를 한다.
② 유·수분 균형에 중점을 두고 현재의 피부상태를 유지시킨다.
③ 내·외적인 요인에 따라 변화하기 쉬우므로 꾸준한 관리가 필요하다.

2 건성피부의 성상 및 특징

(1) 특징
① 모공이 매우 작고 눈에 잘 띄지 않는다.

② 피지선과 한선의 기능 저하로 유분과 수분이 부족한 피부 상태이다.
③ 유·수분량이 적어 건조함을 느끼며 각질이 들뜨기 쉽다.
④ 피부손상과 주름 발생이 쉬우므로 노화현상이 빨리 온다.
⑤ 피지보호막이 얇아 피부가 손상되면 색소침착 현상이 발생될 수 있다.
⑥ 각질층의 수분함량이 10% 이하로 부족하다.

(2) 관리방법
① 건성피부의 요인에 따라 수분 또는 유분을 공급한다.
② 쉽게 예민해질 수 있으므로 피부를 보호해야 한다.
③ 알코올 성분의 화장품은 건조를 심화시킬 수 있으므로 피해야 한다.
④ 일주일에 2~3회 정도 팩을 하여 유·수분을 충분히 공급한다.
⑤ 기미, 주근깨가 생길 수 있으므로 비타민 C가 많은 야채나 과일을 섭취한다.

3 지성피부의 성상 및 특징

(1) 특징
① 피지선에서 분비되는 피지가 정상보다 과도하게 분비되는 피부 상태이다.
② 얼굴 전체에 모공이 크고 각질층의 비후 현상으로 피부가 두껍고 거칠다.
③ 피부에 번들거림이 심하며, 면포 등의 여드름이 발생하기 쉽다.
④ 자외선에 의한 색소침착 현상이 빨라진다.
⑤ 화장이 잘 지워지며, 시간이 지나면 거무칙칙하게 보인다.
⑥ 건성피부에 비해 외부자극에 대한 저항력이 비교적 강하다.

(2) 관리
① 적당한 딥클렌징으로 과도한 각질과 피지를 제거한다.
② 모공을 막을 수 있는 크림 타입보다는 젤과 로션 타입의 제품을 사용한다.
③ 염증성 여드름과 같은 심한 피부 증세가 있는 경우 전문가와 상담한다.

4 민감성피부의 성상 및 특징

(1) 특징
① 면역기능이나 조절 작용이 떨어져 외부자극에 민감하게 반응하는 피부 상태이다.
② 기후 조건(자외선, 바람)에 예민하게 반응하여 붉은 반점이나 가려움이 나타날 수 있다.
③ 화장품을 바꾸어 사용하면 처음에 자주 예민한 반응을 일으킨다.
④ 모세혈관이 피부 표면에 잘 드러나 보이고, 모공이 거의 보이지 않는다.
⑤ 피부 건조화가 쉽게 이루어져 피부 당김이 심하다.
⑥ 예민함이 지속되면 피부가 얇은 부위에 색소침착 현상이 쉽게 나타난다.

(2) 관리방법
① 과도한 영양 공급이나 자외선, 물리적 자극 등 외부적 자극은 피한다.
② 강한 마사지 테크닉이나 딥클렌징은 피한다.
③ 알코올이 함유되어 있지 않은 저자극성 제품을 사용한다.
④ 충분한 수분과 적당한 유분공급으로 피부 보호막을 유지한다.
⑤ 피부 면역력 강화를 위해 채소나 과일을 충분히 섭취한다.

5 복합성피부의 성상 및 특징

(1) 특징
① 얼굴 부위에 따라 상반되거나 전혀 다른 피부유형이 공존한다.
② T-존 부위에 지성피부의 특징인 번들거림, 여드름이나 뾰루지가 생기기 쉽고 모공이 크다.
③ T-존을 제외한 부위는 세안 후 당김 현상이 있고 눈가에 잔주름이 쉽게 생긴다.
④ 환경적 요인, 피부관리 습관, 호르몬 불균형 등으로 인해 발생한다.
⑤ 피부결이 곱지 못하며 피부조직이 전체적으로 일정하지 않다.

(2) 관리방법
① 얼굴부위별 상태에 따라 관리한다.
② T-존 부위는 청결위주의 딥클렌징을 규칙적으로 실시한다.
③ T-존 부위를 제외한 나머지 부위는 충분한 수분과 영양분의 공급에 힘쓴다.

6 노화피부의 성상 및 특징

(1) 특징
① 각질층이 두껍다.
② 탄력성이 저하되어 모공이 넓어진다.
③ 자외선 방어능력 저하로 색소침착이 생긴다.
④ 신진대사가 원활하지 않아 피부재생이 느리다.
⑤ 세포와 조직의 탈수현상으로 피부건조 및 잔주름이 발생하며 굵은 주름도 생길 수 있다.

(2) 관리방법
① 규칙적인 생활과 적당한 운동으로 건강과 피부를 관리한다.
② 정기적인 노화각질 제거와 지속적인 영양공급관리가 필요하다.
③ 자외선 등 피부를 노화시키는 외부자극으로부터 피부를 보호한다.
④ 피부의 노화를 방지하는 중요한 성분인 비타민 C, E 등이 함유된 음식을 섭취한다.

Section 3 피부와 영양

1 영양소의 역할

인간은 생명을 유지하기 위해 외부로부터 영양소를 섭취해야 한다. 인체에 필요한 영양소는 탄수화물, 단백질, 지방, 비타민, 무기질, 물 등이 있다. 이를 6대 영양소라고 한다.

2 5대 영양소

(1) 탄수화물
① 단당류(포도당, 과당, 갈락토스), 이당류(맥아당, 서당, 유당), 다당류(전분, 글리코겐, 덱스트린, 섬유소)로 구분한다.
② 인체의 주요 열량원, 에너지 공급원으로 단백질 절약작용과 혈당을 유지하는 데 관여하며, 1g당 4kcal의 에너지를 공급한다.
③ 타액에 의해 포도당과 맥아당으로 분해, 소장에서 포도당, 과당 등으로 흡수한다.
④ 과잉섭취 시 글리코겐 형태로 간이나 근육에 저장되며 혈액의 산도를 높이고 피부의 저항력을 감소시켜 피부염이나 부종을 유발한다.

(2) 단백질
① 필수 아미노산 : 체내에서 합성이 불가능하며 반드시 식품을 통해 흡수해야 하는 이소로이신, 로이신, 리신, 메티오닌, 페닐알라닌, 트레오닌, 트립토판, 발린, 히스티딘, 아르기닌 등 10여 종이다.
② 비필수 아미노산 : 체내에서 합성 가능(필수 아미노산 10종을 제외한 나머지)
③ 탄수화물과 같은 에너지원(1g당 4kcal)으로 효소와 호르몬 합성, 면역세포와 항체형성, pH의 평행 유지에 관여한다.
④ 피부, 모발, 근육 등 신체조직의 구성성분으로 피부조직의 재생작용에 작용한다.
⑤ 단백질 결핍 시 부종, 빈혈, 성장부진 등이 발생한다.

(3) 지방
① 에너지 공급원(1g당 9kcal)으로 지용성 비타민의 흡수촉진, 혈액 내 콜레스테롤 축적을 방해한다.
② 신체의 장기를 보호하고 피부의 건강유지 및 재생을 도와준다.
③ 단순지방(중성지방, 세라마이드, 왁스), 복합지방(인지질, 당지질, 지단백), 유도지방(스테롤류, 지방산)으로 구분한다.
④ 지방은 소장에서 글리세린 형태로 흡수한다.
⑤ 동물성지방 과잉 섭취 시 콜레스테롤이 혈관 벽에 쌓여 피부에 영양과 산소공급이 저하되어 피부 탄력성 저하 및 보습력 저하 현상을 가져 온다.

(4) 비타민
① 소량으로 피부의 대사기능과 생리기능을 조절하며, 체내에서 일어나는 생화학 반응의 조효소 역할을 한다.
② **지용성 비타민** : 지방에 녹으며, 과잉섭취 시 체내에 축적되므로 중독 증상이 나타날 수 있다.

비타민 A(Retinol) 상피보호 비타민	상피보호인 피부세포의 분화와 증식에 영향을 주며, 콜라겐의 생합성을 촉진한다.
비타민 D(Calciferol) 항구루병 비타민	자외선을 통해 피부에 합성 가능하다.
비타민 E(Tocopherol) 항산화 비타민	항산화작용을 하여 피부세포의 노화를 방지한다.
비타민 K 응혈성 비타민	혈액응고에 관여하는 항출혈성 비타민으로 모세혈관 벽을 강화하며, 장에 서식하고 있는 미생물에 의해서 합성되기도 한다.

③ **수용성 비타민** : 물에 녹으며, 체내 대사를 조절하지만 체내에 축적되지 않는다.

비타민 B_1 (Thiamine)	탄수화물의 대사를 촉진하며 피부의 면역력을 증진시켜 민감성피부, 상처의 치유에 도움을 준다.
비타민 B_2 (Riboflavin)	피지분비를 조절하고 피부 보습력을 증가시키며, 피부에 탄력을 준다.
비타민 B_3(Niacin)	결핍 시 펠라그라병, 피부염 및 피부 건조를 유발한다.
비타민 B_5 (Pantothenic Acid)	감염, 스트레스에 대한 저항력을 증진시킨다.
비타민 B_6 (Pyridoxin)	피지 과다분비를 억제하는 항피부염성 비타민으로 피부의 염증을 예방하고, 피부 노화를 방지한다.
비타민 B_{12} (Cyanocobalamine)	신경조직의 유지와 신진대사를 촉진한다. 결핍 시 악성 빈혈, 거친 피부, 지루성 피부병, 성장 장애 등이 유발될 수 있다.
비타민 C (Ascorbic Acid)	항산화제로 작용, 유해산소의 생성 봉쇄, 콜라겐 합성에 필요하며, 피부탄력에 도움을 주고 멜라닌 색소의 형성을 억제한다.

비타민 H(Biotin)	일반적으로 성장인자로서 작용하며, 난백증에 의한 피부장애나 성장지체에 유효하다.
비타민 P (Bioflavonoids)	모세혈관을 튼튼하게 하고 피부병 치료에 도움을 준다.

(5) 무기질

① 효소 · 호르몬의 구성성분이며, 체액의 산 · 알칼리의 평형 조절에 관여한다.

② 신경 자극 전달, 신체의 골격과 치아 형성에 관여한다.

③ 종류

다량원소 체중의 0.01% 이상 존재	① **칼슘(Ca)** : 신경전달에 관여, 근육의 수축. 이완조절, 결핍 시 골격, 치아, 손톱, 머리털이 약해짐 ② **인(P)** : 세포의 핵산과 세포막 구성, 체액의 pH 조절 ③ **마그네슘(Mg)** : 삼투압, 근육 활성을 조절 ④ **칼륨(K)** : 혈압저하, 항 알레르기 작용, 노폐물 배설 촉진
미량원소 체중의 0.01% 이하 존재	① **황(S)** : 케라틴 합성에 관여(모발, 손 · 발톱 구성), 결핍 시 모발, 손 · 발톱에 윤기가 없고 거칠음 ② **아연(Zn)** : 성장, 면역, 생식, 식욕 촉진, 상처회복, 결핍 시 손톱성장 장애, 면역기능 저하, 탈모 ③ **요오드(I)** : 갑상선 호르몬성분, 과잉지방 연소를 촉진

> **Tip**
> • 열량 영양소 : 에너지 공급(탄수화물, 단백질, 지방)
> • 구성 영양소 : 신체조직 구성(단백질, 무기질, 물)
> • 조절 영양소 : 생리기능과 대사조절(비타민, 무기질, 물)

3 피부 및 체형관리와 영양

(1) 피부와 영양

① 피부는 인체의 일부로서 신체가 건강하지 못하면 피부의 건강도 나빠지므로 피부의 영양적 · 건강적 측면에서 올바른 영양소의 섭취는 기본적인 사항이다.

② 피부는 림프계와 혈관계로부터 영양을 공급받는데, 음식물을 통한 영양소의 공급이 좋으면 피부조직은 정상적인 기능을 발휘한다.

③ 영양소의 과잉섭취나 잘못된 영양소의 공급 또는 결핍의 경우에는 이상증상의 원인이 된다.

(2) 체형과 영양

① 영양의 섭취가 불충분하면 쉽게 피로해지고 무기력해져서 모든 일에 의욕을 잃게 되며, 발육기에 있는 청소년의 경우 신체의 성장과 발달에 큰 지장을 초래한다.

② 영양을 과다하게 섭취하면 비만 등의 여러 가지 성인병의 원인이 되므로 이를 예방하기 위해서는 영양의 섭취와 소비가 균형을 이루도록 식생활과 적당한 신체운동을 습관화하는 것이 바람직하다.

(3) 영양소와 영양소의 작용

① 영양소
- 3대 영양소 : 탄수화물, 지방, 단백질
- 4대 영양소 : 탄수화물, 지방, 단백질, 무기질
- 5대 영양소 : 탄수화물, 지방, 단백질, 무기질, 비타민

② 영양소의 3대 작용
- 열량 공급작용, 조직구성 작용, 생리기능 조절작용

Section 4 피부장애와 질환

1 원발진과 속발진

(1) 원발진(Primary Lesion)

① 피부질환의 초기병변을 말한다.

② 1차적 피부장애 증상이다.

③ 종류

반점 (Macule)	피부 표면에 융기나 함몰은 없이 주변 피부와 경계를 짓는 색조 변화로 기미, 주근깨, 백반, 몽고반점, 노화반점 등이 이에 속한다.
홍반 (Erythema)	모세혈관의 울혈에 의한 피부 발적 상태를 말한다.
자반 (Purpura)	혈관의 출혈로 자색 또는 적갈색의 착색이 표피를 통하여 보이는 상태를 말한다.
면포 (Comedo)	모낭에 피지, 세균 등이 섞여 모공을 막은 병변으로 개방 면포(Black Head), 폐쇄 면포(White Head)가 있다.
구진 (Papule)	직경 1cm 미만의 경계가 뚜렷한 융기로 붉은색을 띤다. 표피에 형성 흉터 없이 치유가 가능하다.
농포 (Pustules)	표피 내 또는 표피 하의 가시적인 고름의 집합으로 주로 모낭 또는 한선 내에 형성된다.
결절 (Nodules)	구진보다 크고 종양보다 작은 경계가 명확한 피부의 단단한 융기물로 진피 혹은 피하지방층에 형성되며, 치유 후 흉터를 남긴다.
종양 (Tumor)	직경 2cm 이상의 피부 증식물로 양성과 악성이 있다.
낭종 (Cysts)	진피에 자리 잡고 있으며, 통증이 동반되는 여드름 피부의 4단계에서 생성되는 것으로 치료 후 흉터가 남는다.
소수포 (Vesicles)	표피 또는 표피 아래 직경 1cm 미만의 액체(혈청, 림프액)를 포함한 물집이다. 화상, 포진, 접촉성 피부염 등에서 볼 수 있다.
대수포 (Bulla)	직경 1cm 이상의 혈액성 내용물을 가진 물집으로 소수포보다 크다.
팽진 (Wheals)	가렵고 부어 올라와 있는 일시적 부종으로 크기나 모양이 변하고 수 시간 내에 소멸된다. 진피 내 부종으로 두드러기, 담마진이라고도 한다.

(2) 속발진(Secondary Lesion)

① 원발진이 진행하거나 회복, 외상 및 외적요인에 의해 변화된 상태의 병변을 말한다.

② 2차적인 증상이 더해져 나타나는 병변이다.

③ 종류

인설 (Scale)	정상적 각화과정의 이상으로 인한 각질층의 국소적인 증가가 원인이며, 사멸한 표피세포가 피부표면으로부터 떨어져 나가는 것이다. 각질세포가 가루 모양 또는 비듬 모양의 덩어리로 떨어져 나간다.
찰상 (Excoriation)	물리적 · 기계적 상처나 외상, 손톱으로 긁어서 표피가 벗겨진 손상 등의 병변이다. 표피의 일부에 상처가 난 것으로 흉터 없이 치유된다.
가피 (Crust)	혈청과 농, 혈액의 축적물이 피부 표면에서 마른 것으로 딱지를 말한다. 즉, 상처부위에서 흘러나온 조직액이 말라붙은 상태이다.
미란 (Erosion)	표피만 파괴되어 떨어져 나간 피부 손실 상태로 출혈이 없고 흔적 없이 치유된다.

균 열 (Fissure)	질병이나 외상으로 인하여 피부가 갈라진 상태로 구순염이나 무좀 등을 들 수 있다. 건조하고 습한 상태에서 잘 생기며, 출혈과 통증이 동반될 수 있다.
궤 양 (Ulcer)	염증성 괴사에 의해 표피, 진피, 피하지방층에 결손이 생긴 상태이다. 치료 후 반흔을 남긴다.
반 흔 (Scar)	흉터를 말하며, 질병이나 손상에 의해 진피와 심부에 생긴 결손을 메우는 새로운 결체조직의 생성으로 생긴다. 위축성 반흔이나 비후성 반흔으로 남는다.
켈로이드 (Keloid)	상처가 아물면서 생기는 비후성 반흔으로 진피의 교원질이 과다 생성되어 흉터가 굵고 크게 표면으로 융기한 병변이다.
위 축 (Atrophia)	진피의 세포 감소로 피부가 얇아진 상태로 일종의 노화현상이다.
태선화 (Lichenification)	만성 소양성 질환에서 흔히 볼 수 있다. 표피 전체와 진피의 일부가 가죽처럼 두꺼워지며 딱딱해지는 현상이다.

2 피부 질환

(1) 물리적 인자에 의한 피부질환

1) 열 및 온도에 의한 피부질환
  ① 화상(Burn)
    ㉮ 1도 화상(홍반성 화상) : 표피만 화상, 홍반, 부종, 통증 야기
    ㉯ 2도 화상(수포성 화상) : 수포 발생, 통증 유발
    ㉰ 3도 화상(괴사성 화상) : 표피와 진피의 파괴, 감각이 없어짐
  ② 한진(Miliaria, 땀띠)
    한관이 폐쇄되어 땀의 배출이 이루어지지 못하고 축적되어 발생한다. 땀샘이 많이 분포되어 있는 곳(이마, 머리 주변, 가슴, 목, 어깨)에 나타난다.
  ③ 홍반(Erythema)
    열에 장기간 지속적으로 노출된 후 발생하는 피부의 발적 및 충혈 현상
  ④ 동상(Frostbite)
    한랭에 피부가 노출되어 혈관의 기능이 침해되고 세포가 동결 상태에 빠지는 현상, 쉽게 노출되는 부위(귀, 코, 뺨, 손가락, 발가락 등)에 잘 발생한다.

2) 기계적 손상에 의한 피부 질환
  ① 굳은살(Callus)
    압력을 받은 피부 부위에 생겨나는 국소적인 과각화증으로 피부에 가해지던 압력을 제거하면 자연 소실된다.
  ② 티눈(Corn)
    압력에 의해 발생되는 각질층의 증식현상으로 중심핵을 가지고 있으며, 통증을 동반한다.
  ③ 욕창(Decubitus Ulcer)
    만성적인 질병, 무의식 환자가 지속적으로 일정하게 압박을 받는 부위에 허혈 상태가 되어 발생한다.

(2) 피부염(Eczema, 습진)에 의한 피부질환

1) 접촉성 피부염(Contact Dermatitis)
  ① 원발성 접촉 피부염
    자극성 피부염으로도 불리며 원인물질이 직접 피부에 독성을 일으켜 발생한다. 주부습진, 기저귀 발진 등이 있다.
  ② 알레르기성 접촉 피부염
    특수 물질에 감작된 특정인에게 발생하는 피부염으로 옻나무, 은행나무, 염색약, 화장품, 니켈, 금속 등에 의하여 발생된다.
  ③ 광독성 접촉 피부염
    일정 농도 이상의 물질과 접촉하고 광선에 노출된 경우 모든 사람에게서 발생하는 피부염이다.
  ④ 광알레르기성 접촉 피부염
    어떤 약물을 복용하거나 국소 도포 후 태양광선을 받게 될 때 발생한다.

2) 아토피성 피부염(Atopic Dermatitis)
  만성습진의 일종으로 유아습진에서부터 성인에 이르기까지 나타나는 전형적인 태선화 피부염이다. 피부가 건조하고 예민하며, 바이러스, 세균 감염에 잘 걸린다.

3) 지루성 피부염(Seborrheic Dermatitis)
  피지선의 기능이 활발한 부위인 머리, 얼굴, 앞가슴 등에 잘 발생하는 만성적인 염증성 피부 질환으로 가려움증이 동반되고 피지 분비의 과다현상이 원인이다.

4) 건성 습진(Xerotic Eczema)
  겨울철 소양증, 노인성 습진으로도 불린다. 건조한 환경, 과다한 비누 사용, 과도한 때밀기 등이 주요 원인이다.

(3) 감염성 피부질환

1) 세균성 피부질환(Bacterial Dermatoses, 박테리아)
  ① 농가진(Impetigo, 감염성농가진)
    주로 유·소아에서 두피, 안면, 팔, 다리 등에 수포와 진물이 나며, 노란색의 가피를 보이는 피부질환으로 화농성 연쇄상구균이 주 원인균으로 감염력이 높다.
  ② 절종 및 옹종(Furuncle and Carbuncle)
    3모낭과 그 주변 조직에 걸쳐 심재성 괴사를 일으켜 화농된 상태의 피부 질환, 옹종(종기)은 수 개의 절종이 뭉쳐서 나타나는 질환이다.
  ③ 봉소염(Cellulitis)
    초기에는 작은 홍반, 소수포로 시작되어 점차 큰 판을 형성하고, 임파절 종대, 전신적인 발열이 동반되는 깊은 층의 감염을 말한다.

2) 바이러스성 피부질환(Viral Dermatosis)
  ① 수두(Chickenpox, Varicella)
    주로 소아에서 발생되며, 피부 및 점막의 감염성 수포질환이다. 발진 후 1일부터 6일까지 호흡계통으로 감염되고 환자와의 격리에 주의한다.
  ② 단순포진(Herpes Simplex)
    점막이나 피부를 침범하는 급성 수포성 질환으로 배꼽상부, 즉 입주위에 수포를 형성하는 I형과 배꼽하부 성기에 발생하는 II형이 있다.
  ③ 대상포진(Herpes Zoster)
    수두 후에 잠복 감염되어 있던 바이러스가 다시 분열하여 신경을 따라 피부 발진을 일으키는 질환으로 수포가 심한 경우 흉터화 될 수 있다.

④ 수족구염(Hand-foot-mouth Disease)
주로 어린 아이의 손, 발, 입에 수포와 구진이 발생한다.
⑤ 편평 사마귀(Flat Wart)
1~3mm 되는 표면이 편평한 조금 융기된 옅은 갈색에서 짙은 갈색의 구진
⑥ 감염성 연속증(Molluscum Contagiosum)
물 사마귀로 불리며 자가 접종 및 접촉에 의하여 발생, 소아에게 흔히 볼 수 있다. 반구형의 피부색 혹은 분홍색의 구진으로 터트리면 유백색 진물이 나온다.
⑦ 홍역(Measles)
감염성이 매우 높으며 주로 소아에게 발병한다. 재채기나 기침에 의해 감염되며 호흡기계 감염, 결막염 등이 나타날 수 있으며 발열과 발진을 주 증상으로 하는 급성 발진성 바이러스 질환이다.

(4) 균성 피부질환(Dermatomyositis, 곰팡이)
곰팡이로 인한 다양한 질환으로 무좀으로 불리는 족부백선, 수부백선, 조갑백선, 체부백선 등이 있고 그 외 사타구니 습진인 완선과 캔디다증이 있다.

(5) 모발 질환

1) 원형 탈모증(Alopecia Areata)
다양한 크기의 원형 혹은 타원형의 탈모반을 말한다. 정신적 스트레스나 자가 면역 이상, 국소감염, 내분비장애 등이 원인이다.

2) 남성형 탈모증(Male Pattern Alopecia, 안드로겐탈모증)
유전적인 소인과 연령, 남성 호르몬의 영향, 노화로 인해 발생한다. 모발의 성장을 억제하는 남성 호르몬이 증가하면서 유전적 요인을 자극하여 발생된다.

(6) 색소성 피부질환

1) 저색소 침착 질환(Hypopigmentation)
① 백색증(Albinism)
선천적으로 멜라닌 색소가 결핍되어 나타나는 질환으로 멜라닌 세포의 수는 정상이나 색깔이 없는 멜라닌을 생성한다.
② 백반증(Vitiligo)
후천적으로 발생하는 저색소 침착 질환으로 멜라닌 세포의 결핍으로 인하여 여러 크기 및 형태의 백색반들이 피부에 나타나는 것이다.

2) 과색소 침착 질환(Hyperpigmentation)
① 기미(Melasma, Chloasma, 간반)
후천적인 과색소 침착증으로 연한갈색, 암갈색, 흑갈색의 다양한 크기와 불규칙한 형태로 주로 얼굴의 뺨, 이마, 눈 밑, 코, 목, 일광노출 부위에 좌우 대칭적으로 발생한다. 원인은 자외선, 임신, 스트레스, 호르몬 이상 등이 있다.
② 주근깨(Freckles)
멜라닌색소가 침착되어 나타나는 선천성 과색소 침착증으로 주로 얼굴, 목, 어깨 등 자외선 노출 부위에 나타난다. 유전적인 요인에 의해 어릴 때 생겨서 사춘기 때 진해지다가 성인이 되면 약해진다.
③ 흑자(Lentigo, 흑색점)
표피의 멜라닌 세포 증가에 의한 색소가 과량으로 침착된 색소모반이다. 단순성 흑자, 노인성 흑자, 악성 흑자가 있다.
④ 릴 안면흑피증(Riehl's Melanosis)

갈색 또는 암갈색의 색소침착으로 진피 상층부에 멜라닌이 증가한 것으로 일광노출 부위인 얼굴의 이마, 뺨, 귀 뒤, 목 등에 넓게 나타난다. 원인은 화장품, 향수, 감미료, 약제 등에 함유된 광감작 성분에 의한 광과민성 증상이다.
⑤ 베를로크 피부염(Berloque Dermatitis)
향수, 오데 코롱 등의 사용 후 일광에 노출되어 생기는 색소침착 현상으로 베르가못 오일의 광감수성을 높이는 성질로 인해 색소침착이 발생한다.
⑥ 오타모반(Ota Nervus)
멜라닌 세포의 비정상적인 증식으로 진피 내에 존재, 대부분 출생 시부터 존재하고 소아기와 사춘기에 증상이 뚜렷하게 나타나며 일생동안 지속된다. 청갈색 혹은 청회색의 얼룩진 색소반이 이마, 눈 주위, 광대뼈 부분에 나타나는 피부 질환이다.

(7) 여드름

1) 여드름의 형태 및 종류
① 비염증성 여드름
㉮ 폐쇄 면포(White Head)
모공이 막힌 상태로 Closed Comedo라고 한다.
㉯ 개방 면포(Black Head)
피지가 산화되어 검게 보이고 모공이 벌어져 있는 상태로 Open Comedo라고 한다.
② 염증성 여드름
㉮ 붉은 여드름(Papule)
여드름 균에 의하여 염증이 발생된 상태로 구진이라 하며, 여드름의 초기상태이다.
㉯ 화농성 여드름(Pustule)
구진이 진행되어 염증이 악화된 상태로 고름이 잡혀 있는 단계로 농포라 한다.
㉰ 결절성 여드름(Nodule)
모낭 아래 조직이 파괴되어 심한 통증과 흉터가 남을 수 있다.
㉱ 낭종성 여드름(Cysts)
화농상태가 가장 심하고 진피층까지 영향이 미쳐 손상된 상태로 치료 후 흉터가 남을 수 있다.

2) 여드름의 발전 단계
① 제 1기 여드름(Grade Ⅰ)
표피나 모낭의 각화가 일어나며 면포성의 초기 여드름 단계이다.
② 제 2기 여드름(Grade Ⅱ)
면포성 여드름이 계속 진행되어 구진이나 농포가 발생하는 단계이다.
③ 제 3기 여드름(Grade Ⅲ)
구진과 농포가 악화된 상태로 염증과 통증을 나타내며, 치료 후 흉터가 남을 수 있어 전문적인 치료를 요하는 단계이다.
④ 제 4기 여드름(Grade Ⅳ)
여드름 중 가장 심한 단계로 결절과 낭종이 동반되고 전문적인 치료 후에도 흉터가 남을 수 있는 단계이다.

(8) 기타 피부질환
① 비립종(Miliums)
조직학적으로 표피의 유핵층에 발생하는 작은 표피 낭종이다.
② 한관종(Syringoma)
피부색의 작은 구진으로 내용물이 없는 다발성 병변이다.

③ 연성섬유종(Acrochordon)

일명 쥐젖으로 중년 이후 발생되며 목, 겨드랑이, 흉부 등에 연한 돌기 모양의 다발성 병변이다.

Section 5 피부와 광선

1 자외선

자외선은 가시광선보다 짧은 파장으로 눈에 보이지 않는 빛이다. 비타민D를 활성화시키고, 살균작용을 하여 건강선 또는 화학선이라고도 한다. 과도하게 노출될 경우 피부암에 걸릴 수도 있다.

1) 자외선의 구분

자외선의 종류	침투정도	특 성	피부의 영향
UV C (단파장) 200~290nm	피부에 거의 미치지 않음	살균작용 생체파괴성이 강한 자외선	① 99% 이상이 오존층과 산소에 의해 흡수 ② 살균작용, DNA 변화 ③ 병원균 바이러스 살균력 우수 ④ 자외선 소독용으로 쓰임 ⑤ 피부암을 유발
UV B (중파장) 290~320nm	표피의 기저층 또는 진피상부	레저 자외선 기미의 주원인	① 자극이 강하고 Sunburn 발생 ② 기미의 직접적인 원인(색소침착) ③ 만성적일 때 DNA손상, 피부암을 유발하기도 함 ④ 비타민 D를 활성화하여 구루병 예방, 칼슘 수치를 향상 ⑤ 적당량은 면역력 강화
UV A (장파장) 320~400nm	진피층	생활 자외선 광노화의 원인	① 파장이 길어 유리창 투과 ② 멜라닌세포의 증가로 색소 침착의 원인 ③ 홍반을 일으키지 않고 Suntan 발생 ④ 진피섬유의 변성으로 피부탄력 감소, 주름형성, 백내장, 일광탄력섬유증 유발 ⑤ 유리기 생성으로 만성적인 광노화

2) 자외선에 의한 피부 반응

① 홍반

진피 내 혈관확장으로 혈류량이 증가되어 피부가 붉게 되는 현상으로 주로 UV B에 의해 나타난다.

② 색소침착

자외선에 의해 멜라닌 양이 증가하고 색소침착에 의해 기미, 주근깨 등을 생성하는 것을 말한다. 즉시색소침착은 가시광선과 UV A에 의해 발생한다.

③ 피부두께의 변화

자외선이 조사되면 피부의 자외선 방어기능을 강화시켜 표피의 두께가 두꺼워진다.

④ 일광화상

자외선에 과도하게 노출되어 나타나는 현상으로 주로 UV B에 의해 유발된다.

⑤ 광노화

자외선이 진피의 섬유질을 손상시켜 콜라겐의 함량을 감소시키고, 엘라스틴의 가교 결합을 증가시켜 주름형성, 색소침착, 탄력 저하, 피부 건조증 등을 유발하여 피부노화를 촉진한다.

2 적외선

800~1,000,000nm의 장파장으로 피부의 표면에 별다른 자극 없이 피부 깊숙이 침투하며 열을 발생하여 열선이라고도 한다.

1) 적외선의 종류

종 류	특 징
근적외선	진피 침투, 자극 효과
원적외선	표피 전 층 침투, 진정 효과

2) 적외선의 효과

① 피부에 유해한 자극 없이 체온을 상승시켜 온열 효과를 준다.
② 혈관을 확장하여 혈액순환을 촉진, 노폐물을 배출시키고 지방의 축적을 방지한다.
③ 피부 근육을 이완시키고 신진대사를 활성화시킨다.
④ 혈액과 림프 순환을 촉진시킨다.
⑤ 신체 면역력을 향상시킨다.

3 가시광선

가시광선은 눈의 시각이 작용하는 파장 영역의 빛으로 인간의 눈에 밝게 느껴지는 전자기파이다. 그 파장의 범위는 사람에 따라 다소 다르지만, 대체로 400~700nm(4,000~7,000Å)이다. 가시광선은 주로 진피에서 흡수되며, 표피의 각질층에서도 소량 흡수된다.

Section 6 피부면역

1 면역의 종류와 작용

(1) 면역의 개요

1) 면역의 개념과 항원, 항체

① 면역

항원에 대한 항체의 방어 작용. 즉, 인체가 외부로부터 들어오는 이물질에 대해 방어하는 능력으로 특정의 병원체 또는 독소에 대해 특이적인 저항성을 갖는 상태를 말한다.

② 항원

외부에서 인체로 들어오는 병원소나 독소를 말한다.

③ 항체

항원에 대한 방어력을 가진 인체의 것, 항원에 대하여 형성되며 항원과 반응하는 물질로 혈액 중에 많은 양이 존재한다.

2) 면역계의 구분

구 분	방어 인자
1차 방어 (자연저항, 비특이성 저항)	피부, 위장관, 위산, 질 안의 정상 세균총
2차 방어 (비특이성 저항)	식세포로 구성된 면역계 (중성구, 대식세포)
3차 방어 (특이성 저항, 특이성 면역)	림프구로 구성된 면역계

(2) 면역과 피부

1) 면역기관으로서의 피부

① 물리적 방어 인자

여러 층으로 쌓여 있는 건조한 각질층을 뚫고 침투하기가 힘들다.

② 화학적 방어 인자

피부는 약산성의 천연 피지막이 있어 세균의 번식을 억제해 준다.

③ 피부 면역을 담당하는 세포

㉮ 랑게르한스세포(Langerhan's Cell)

유극층에 존재하며, 외부의 항원을 면역담당세포인 림프구로 전달하는 항원 인식 기능을 하며, 세포성면역을 유발한다.

㉯ 각질형성세포(Keratinocyte)

면역반응을 조절하는 다양한 생물학적 조절 물질을 생성·분비하며, 염증반응 및 면역반응을 매개한다.

2) 과민반응

① 특정한 항원에 의해 감작된 후 2차 접촉 시 그에 대한 면역반응이 과도하게 일어나서 조직손상을 가져오는 것이다.

② 면역반응의 결과가 생체에 있어 유리하게 작용하는 경우를 좁은 의미의 면역이라 하고 해롭게 또는 불리하게 작용하는 경우를 알레르기 혹은 과민반응이라 한다.

Section 7 피부 노화

1 피부 노화의 원인

(1) 노화의 원인

① 유전

타고난 유전자에 의해 노화 시기와 형태가 정해져 있으며, 백발이나 대머리, 피지선의 활동성과 보습력 등은 유전적 영향을 많이 받는다.

② 연령의 증가

인체의 생리적 기능이 저하됨으로 인해 영양·산소공급 및 노폐물의 배출이 원활하지 못하고, 피지선의 기능이 퇴화되고 피부층의 구조적 변화들이 나타남에 따라 피부노화 증상이 나타난다.

③ 혈액순환 저하

모세혈관이 위축되고 혈관벽이 두꺼워지며, 탄력성이 떨어져 영양공급에 지장을 초래하고, 혈관이 약화되어 늘어나는 등 여러 형태의 피부 노화증상이 나타난다.

④ 내장기능 장애

내장기능의 약화로 인해 여드름, 기미, 뾰루지, 피부색의 변화, 주름 등이 나타난다.

⑤ 소화기능 장애

위액이나 펩신 등의 소화액이 줄어들고 소장의 기능이 약해짐에 따라 영양소 흡수의 저하를 가져오게 되어 영양 결핍이 나타날 수 있다.

⑥ 영양학적 요인

피부는 인체의 체외말단부로서 영양이 충분하면 세포의 재생기능 또한 좋아져 노화가 더디게 올 수 있으며, 항산화제의 경우 활성산소의 활동을 억제시켜 노화를 지연시킬 수 있다.

⑦ 면역기능이상

인체의 방어벽 역할을 하는 면역력의 이상은 외부로부터 감염을 일으켜 세포 등을 손상시켜 노화를 촉진하게 된다.

⑧ 호르몬의 영향

여성호르몬인 에스트로겐(Estrogen)의 감소는 여드름 발생과 피부주름 생성에 관여하는 등 피부노화를 촉진시킨다.

(2) 노화의 종류

1) 내인성 노화

① 생리적 노화라고도 한다.

② 나이가 들어감에 따라 자연적으로 발생하는 피부의 노화 현상을 말하며, 생리적 노화 현상을 막을 수는 없다.

③ 20세 이후가 되면 인체를 구성하는 모든 기관의 기능이 저하되어 구조나 모양이 변하게 된다. 피부탄력성 저하, 주름형성, 노인성 반점 등의 다양한 노화현상이 나타나게 된다.

2) 외인성 노화

① 광노화 또는 환경적 노화라고도 하며, 주로 자외선에 만성적으로 노출될 때 나타나는 현상이다.

② 피부 조직학적 변화를 일으키는 현상으로 피부노화의 원인 중 80%를 차지하고 있다.

③ 광노화는 진피층의 콜라겐과 엘라스틴의 변성으로 피부 주름을 유발하고 모세혈관의 수가 감소하여 혈액순환과 림프순환을 저해시키며, 색소침착현상, 피부건조증, 피부암 등을 유발할 수 있다.

2 피부 노화 현상

1) 콜라겐의 변성

① 탄력섬유와 교원섬유의 감소와 변성으로 피부 탄력성, 신축성 저하 및 주름 형성

② 무코다당류의 감소로 피부 수분 손실로 인한 노화 현상 유발

2) 표피의 노화 현상

① 세포 분열의 저하로 새 세포 형성 둔화 및 과각질화 유발

② 기저층의 요철이 없어지고 평편화되며 피부 탄력 저하

③ 세포와 조직의 탈수 현상으로 피부 건조 및 잔주름 발생

3) 섬유아세포의 변성

① 섬유아세포의 변성으로 콜라겐과 엘라스틴 형성이 어려워짐

② 주름 유발 및 피부 탄력 저하 현상

4) 활성산소(Free Radical)

① 유해산소의 과잉 발생으로 세포를 산화시켜 피부 노화 유발

② 질병 유발(당뇨병, 동맥경화, 간 기능장애, 암 등)

③ 신진대사 및 피부 면역 기능 저하

5) 광노화

① 색소침착 불균형으로 기미, 주근깨, 얼룩반점 등 형성

② 세포와 조직의 탈수 현상으로 피부 건조 및 잔주름 형성

③ 자외선에 대한 방어능력 저하 및 피부암 유발

④ 노폐물 축적으로 표피가 과각질화

피부의 이해 적중예상문제

01 피부의 주체를 이루는 층으로서 망상층과 유두층으로 구분되며, 피부조직 외에 부속기관인 혈관, 신경관, 림프관, 땀샘, 기름샘, 모발과 입모근을 포함하고 있는 곳은?

① 표피　　　　　② 진피
③ 근육　　　　　④ 피하조직

해설 진피는 유두층과 망상층으로 구분되며, 피부부속기관이 망상층 내에 자리잡고 있다.

02 진피에 자리하고 있으며 통증이 동반되고, 여드름 피부의 4단계에서 생성되는 것으로 치료 후 흉터가 남는 것은?

① 가피　　　　　② 농포
③ 면포　　　　　④ 낭종

해설 제4기 여드름은 여드름 중 가장 심한 단계로 결절과 낭종이 동반되고 전문적인 치료가 필요하다.

03 기미에 대한 설명으로 틀린 것은?

① 피부 내에 멜라닌이 합성되지 않아 야기되는 것이다.
② 30~40대의 중년여성에게 잘 나타나고 재발이 잘된다.
③ 선탠기에 의해서도 기미가 생길 수 있다.
④ 경계가 명확한 갈색의 점으로 나타난다.

해설 기미는 멜라닌 세포의 과도생성으로 유발된다.

04 다음 중 비타민에 대한 설명으로 틀린 것은?

① 비타민 A가 결핍되면 피부가 건조해지고 거칠어진다.
② 비타민 C는 교원질 형성에 중요한 역할을 한다.
③ 레티노이드는 비타민 A를 통칭하는 용어이다.
④ 비타민 A는 많은 양이 피부에서 합성된다.

해설 비타민은 비타민 D를 제외하고 모두 체내에서 합성이 되지 않는다.

05 자외선에 대한 설명으로 틀린 것은?

① 자외선 C는 오존층에 의해 차단될 수 있다.
② 자외선 A의 파장은 320~400nm이다.
③ 자외선 B는 유리에 의하여 차단될 수 있다.
④ 피부에 제일 깊게 침투하는 것은 자외선 B이다.

해설 피부에 제일 깊숙이 침투하는 자외선은 장파장인 UV A이다.

06 피부의 면역에 관한 설명으로 맞는 것은?

① 세포성면역에는 보체, 항체 등이 있다.
② T림프구는 항원전달세포에 해당한다.
③ B림프구는 면역글로블린이라고 불리는 항체를 생성한다.
④ 표피에 존재하는 각질형성세포는 면역조절에 작용하지 않는다.

해설 면역세포에 의한 면역은 B림프구와 T림프구로 나뉘는데 B림프구는 체액성 면역으로 면역글로블린이란 항체를 생성하며, T림프구는 세포성 면역을 말한다.

07 피부의 노화원인과 가장 관련이 없는 것은?

① 노화유전자와 세포노화　② 항산화제
③ 아미노산 라세미화　　　④ 텔로미어(Telomere) 단축

해설 항산화제는 노화를 지연시키는 물질이고, ①, ③, ④는 노화를 촉진시키는 원인이다.

08 멜라닌 세포가 주로 분포되어 있는 곳은?

① 투명층　　　　② 과립층
③ 각질층　　　　④ 기저층

해설 기저층에는 각질형성세포와 멜라닌형성세포가 4~10:1의 비율로 분포되어 있다.

09 다음 중 피부상재균의 증식을 억제하는 항균기능을 가지고 있고, 발생한 체취를 억제하는 기능을 가진 것은?

① 바디샴푸　　　② 데오도란트
③ 샤워코롱　　　④ 오데토일렛

해설 데오도란트는 몸 냄새를 예방하거나 냄새의 원인이 되는 땀의 분비를 억제하는 물질로 항균기능이 있다.

10 화장품을 만들 때 필요한 4대 조건은?

① 안전성, 안정성, 사용성, 유효성
② 안전성, 방부성, 방향성, 유효성
③ 발림성, 안정성, 방부성, 사용성
④ 방향성, 안전성, 발림성, 사용성

11 캐리어오일 중 액체상 왁스에 속하고, 인체 피지와 지방산의 조성이 유사하여 피부친화성이 좋으며, 다른 식물성 오일에 비해 쉽게 산화되지 않아 보존안전성이 높은 것은?

① 아몬드 오일(Almond Oil)
② 호호바 오일(Jojoba Oil)
③ 아보카도 오일(Avocado Oil)
④ 맥아 오일(Wheat Germ Oil)

해설 호호바 오일(Jojoba Oil)은 액체왁스로 오일에 비해 안정성이 높으며, 피지성분과 유사하여 여드름피부에 유효하며 피부 친화성이 높다.

12 미백화장품의 매커니즘이 아닌 것은?

① 자외선 차단　　② 도파(DOPA) 산화억제
③ 티로시나제 활성　④ 멜라닌 합성 저해

해설 미백화장품의 경우 멜라닌 세포를 사멸시키는 물질, 멜라닌 색소를 제거하는 물질, 도파의 산화억제물질, 티로시나제의 작용억제물질로 나뉜다.

정답 01 ②　02 ④　03 ①　04 ④　05 ④　06 ③　07 ②　08 ④　09 ②　10 ①　11 ②　12 ③

13 피지와 땀의 분비 저하로 유·수분의 균형이 정상적이지 못하고, 피부결이 얇으며 탄력저하와 주름이 쉽게 형성되는 피부는?

① 건성피부
② 지성피부
③ 이상피부
④ 민감피부

> **해설** 건성피부는 땀과 피지의 분비가 원활하지 못해 자극에 예민하며 피지보호막이 얇고 피부손상과 주름발생이 쉬워 노화현상이 빨리 온다.

14 피부 색소를 퇴색시키며 기미, 주근깨 등의 치료에 주로 쓰이는 것은?

① 비타민 A
② 비타민 B
③ 비타민 C
④ 비타민 D

> **해설** 비타민 C는 멜라닌 색소 형성을 억제·환원하여 기미, 주근깨 등의 색소침착을 방지한다.

15 성인의 경우 피부가 차지하는 비중은 체중의 약 몇 % 정도인가?

① 5~7%
② 15~17%
③ 25~27%
④ 35~37%

> **해설** 피부가 차지하는 비중은 체중의 16% 정도이다.

16 여드름 발생의 주요 원인과 가장 거리가 먼 것은?

① 아포크린 한선의 분비 증가
② 모낭 내 이상 각화
③ 여드름 균의 군락 형성
④ 염증반응

> **해설** 여드름은 피지의 과잉생산이 원인이 된다.

17 피부노화 현상으로 옳은 것은?

① 피부노화가 진행되어도 진피의 두께는 그대로 유지된다.
② 광노화에서는 내인성 노화와 달리 표피가 얇아지는 것이 특징이다.
③ 피부노화에는 나이에 따른 노화의 과정으로 일어나는 광노화와 누적된 햇빛노출에 의하여 야기되는 내인성 피부노화가 있다.
④ 내인성 노화보다는 광노화에서 표피두께가 두꺼워진다.

> **해설** 내인성 노화의 경우 표피, 진피가 모두 얇아지며, 광노화의 경우 노폐물 축적으로 표피가 두꺼워진다.

18 다음 중 표피층을 순서대로 바르게 나열한 것은?

① 각질층, 유극층, 투명층, 과립층, 기저층
② 각질층, 유극층, 망상층, 기저층, 과립층
③ 각질층, 과립층, 유극층, 투명층, 기저층
④ 각질층, 투명층, 과립층, 유극층, 기저층

19 다음 중 멜라닌 세포에 관한 설명으로 틀린 것은?

① 멜라닌의 기능은 자외선으로부터의 보호 작용이다.
② 과립층에 위치한다.
③ 색소제조 세포이다.
④ 자외선을 받으면 왕성하게 활동한다.

> **해설** 기저층에는 멜라닌 색소를 생산하는 멜라닌형성세포가 있어 피부의 색상을 결정한다.

20 다음 중 원발진이 아닌 것은?

① 구진
② 농포
③ 반흔
④ 종양

> **해설** 반흔(흉터)은 질병이나 손상에 의한 진피의 결손을 메우는 새로운 결체조직의 형성을 말하며 속발진의 일종이다.

21 표피 수분부족 피부의 특징이 아닌 것은?

① 연령에 관계없이 발생한다.
② 피부조직에 표피성 잔주름이 형성된다.
③ 피부 당김이 진피(내부)에서 심하게 느껴진다.
④ 피부조직이 별로 얇게 보이지 않는다.

> **해설** 표피 수분부족 피부는 외부의 환경에 따라 발생하기 쉬우며 잔주름이 형성된다. 반면 진피 수분부족 피부는 피부자체의 수화능력에 문제가 생겨서 발생하며 피부 당김 현상이 내부에서 심하게 느껴진다.

22 성인이 하루에 분비하는 피지의 양은?

① 약 1~2g
② 약 0.1~0.2g
③ 약 3~5g
④ 약 5~8g

23 피부구조에 대한 설명 중 틀린 것은?

① 피부는 표피, 진피, 피하지방층의 3개층으로 구성된다.
② 표피는 일반적으로 내측으로부터 기저층, 투명층, 유극층, 과립층 및 각질층의 5층으로 나뉜다.
③ 멜라닌 세포는 표피의 기저층에 산재한다.
④ 멜라닌 세포수는 민족과 피부색에 관계없이 일정하다.

> **해설** 표피는 내측으로부터 기저층, 유극층, 과립층, 투명층, 각질층 5층으로 나뉜다.

24 각 비타민의 효능 설명 중 옳은 것은?

① 비타민 E – 아스코르빈산의 유도체로 사용되며 미백제로 이용된다.
② 비타민 A – 혈액순환 촉진과 피부 청정효과가 우수하다.
③ 비타민 P – 바이오플라보노이드(Bioflavonoid)라고도 하며 모세혈관을 강화하는 효과가 있다.
④ 비타민 B – 세포 및 결합조직의 조기노화를 예방한다.

> **해설** 비타민 E – 항산화, 노화예방
> 비타민 A – 상피보호, 주름개선
> 비타민 B_1– 지루, 여드름, 상처치유 / 비타민 B_2– 피지분비 조절

정답 13 ① 　14 ③ 　15 ② 　16 ① 　17 ④ 　18 ④ 　19 ② 　20 ③ 　21 ③ 　22 ① 　23 ② 　24 ③

25 지성피부에 대한 설명 중 틀린 것은?

① 지성피부는 정상피부보다 피지분비량이 많다.
② 피부결이 섬세하지만 피부가 얇고 붉은색이 많다.
③ 지성피부가 생기는 원인은 남성 호르몬인 안드로겐(Androgen)이나 여성 호르몬인 프로게스테론(Progesterone)의 기능이 활발해져서 생긴다.
④ 지성피부의 관리는 피지제거 및 세정을 주목적으로 한다.

> 해설 지성피부는 피부결이 거칠고 일반적으로 피부가 두껍다.

26 피부의 각질층에 존재하는 세포간지질 중 가장 많이 함유된 것은?

① 세라마이드(Ceramide)   ② 콜레스테롤(Cholesterol)
③ 스쿠알렌(Squalene)   ④ 왁스(Wax)

> 해설 세포간지질은 각질층을 단단하게 결합될 수 있도록 해주고 수분의 손실을 억제한다. 주로 세라마이드로 되어 있으며 각질층 사이에서 층상의 라멜라 구조로 존재한다.

27 사춘기 이후에 주로 분비가 되며, 모공을 통하여 분비되어 독특한 체취를 발생시키는 것은?

① 소한선   ② 대한선
③ 피지선   ④ 갑상선

> 해설 대한선은 체취선으로 불리며 성, 인종을 결정지어주는 독특한 물질을 가지고 있으며 모낭과 연결되어 있다.

28 콜라겐(Collagen)에 대한 설명으로 틀린 것은?

① 노화된 피부에는 콜라겐 함량이 낮다.
② 콜라겐이 부족하면 주름이 발생하기 쉽다.
③ 콜라겐은 피부의 표피에 주로 존재한다.
④ 콜라겐은 섬유아세포에서 생성된다.

> 해설 콜라겐은 교원섬유로 불리우며 진피의 구성성분(90%)이다.

29 광노화의 반응과 가장 거리가 먼 것은?

① 거칠어짐   ② 건조
③ 과색소침착증   ④ 모세혈관 수축

> 해설 광노화의 반응은 표피의 두께 증가, 멜라닌 세포의 이상항진, 진피 내 모세혈관의 확장 등이다.

30 피부 표피 중 가장 두꺼운 층은?

① 각질층   ② 유극층
③ 과립층   ④ 기저층

> 해설 유극층은 림프액이 흐르며 수분과 영양을 많이 함유하고 있어 표피에서 가장 두꺼운 층이다(5~10층).

31 피부 보호작용을 하는 것이 아닌 것은?

① 표피 각질층   ② 교원섬유
③ 평활근   ④ 피하지방

> 해설 평활근은 내장기관을 둘러싸고 있는 근육을 말한다.

32 여드름 치료에 있어 일상생활에서 주의해야 할 사항에 해당되지 않는 것은?

① 적당하게 일광을 쪼여야 한다.
② 과로를 피한다.
③ 비타민 B_2가 많이 함유된 음식을 먹지 않도록 한다.
④ 배변이 잘 이루어지도록 한다.

> 해설 비타민 B_2에는 피지분비를 억제하는 성분이 들어 있어 여드름 예방을 위해서는 비타민 B_2, 비타민 B_6, 비타민 C가 많은 야채 및 과일을 꾸준히 섭취하는 것이 좋다.

33 자각증상으로서 피부를 긁거나 문지르고 싶은 충동에 의한 가려움증은?

① 소양감   ② 작열감
③ 촉감   ④ 의주감

> 해설 작열감은 타는 듯한 느낌을 말하며, 의주감은 개미가 기어가는 듯한 느낌을 말한다.

34 다음 중 피지막의 작용 중 아닌 것은?

① 수분 증발 억제
② 유해성분 침투 억제
③ 피부의 윤활작용
④ 피부 pH의 알칼리화

> 해설 피지막은 약산성이므로 피부표면의 세균성장을 억제한다.

35 피부구조에 대한 설명으로 옳은 것은?

① 피부의 구조는 표피, 진피, 피하조직의 3층으로 구분된다.
② 피부의 구조는 각질층, 투명층, 과립층의 3층으로 구분된다.
③ 피부의 구조는 한선, 피지선, 유선의 3층으로 구분된다.
④ 피부의 구조는 결합섬유, 탄력섬유, 평활근의 3층으로 구분된다.

> 해설 표피는 각질층, 투명층, 과립층, 유극층, 기저층의 5층으로 구분된다.

36 다음 중 표피에 있는 것으로 면역과 가장 관계가 있는 세포는?

① 멜라닌 세포
② 랑게르한스 세포(긴수뇨세포)
③ 머켈 세포(신경종말세포)
④ 콜라겐

> 해설 멜라닌 세포 – 멜라닌 색소 형성, 머켈 세포 – 촉각 감지, 콜라겐 – 진피 구성물질

37 모세혈관 파손과 구진 및 농도성 질환이 코를 중심으로 양 볼에 나비모양을 이루는 증상은?

① 접촉성 피부염   ② 주사
③ 건선   ④ 농가진

> 해설
> • 접촉성 피부염 – 외부 물질과의 접촉에 의해 피부가 건조해지면서 거칠어지고 각질이 부풀어서 껍질이 벗겨지는 피부 질환
> • 건선 – 은백색의 두터운 인설로 덮여있는 홍반성 구진
> • 농가진 – 두피, 안면, 팔, 다리 등에 수포가 생기거나 진물이 나며, 노란색을 띠는 가피가 생기는 질환

정답 25 ② 26 ① 27 ② 28 ③ 29 ④ 30 ② 31 ③ 32 ③ 33 ① 34 ④ 35 ① 36 ② 37 ②

38 피부구조에서 진피 중 피하조직과 연결되어 있는 것은?

① 유극층 ② 기저층
③ 유두층 ④ 망상층

⊙해설 진피는 유두층과 망상층으로 되어 있고, 유두층은 표피의 기저층, 망상층은 피하조직과 연결되어 있다.

39 항산화 비타민으로 아스코르빈산(Ascorbic Acid)으로 불리는 것은?

① 비타민 A ② 비타민 B
③ 비타민 C ④ 비타민 D

40 중성피부에 대한 설명으로 옳은 것은?

① 중성피부는 화장이 오래가지 않고 쉽게 지워진다.
② 중성피부는 계절이나 연령에 따른 변화가 전혀 없이 항상 중성상태를 유지한다.
③ 중성피부는 외적인 요인에 의해 건성이나 지성 쪽으로 되기 쉽기 때문에 항상 꾸준한 손질을 해야 한다.
④ 중성피부는 자연적으로 유분과 수분의 분비가 적당하므로 다른 손질은 하지 않아도 된다.

41 모발은 하루에 얼마나 성장하는가?

① 0.2~0.5mm ② 0.6~0.8mm
③ 0.9~1.0mm ④ 1.0~1.2mm

42 다음 성분 중 피지를 구성하는 성분으로서 가장 많은 %를 차지하는 성분은?

① Fatty Acid(패티 산)
② Urocanic Acid(우로칸 산)
③ Triglyceride(트리글리세라이드)
④ Wax Ester(왁스 에스테르)

⊙해설 피지를 구성하는 성분 중 트리글리세라이드(Triglyceride)가 약 40% 정도로 가장 큰 비중을 차지하고 왁스 에스테르(Wax Ester), 스쿠알렌(Squalene), 패티 산(Fatty Acid), 콜레스테롤(Cholesterol) 등으로 구성된다. 땀에 함유된 우로칸 산(Urocanic Acid)은 UV B를 흡수하여 피부를 보호한다.

43 유용성 비타민으로서 간유, 버터, 우유 등에 많이 함유되어 있으며, 결핍하게 되면 건성피부가 되고 각질층이 두터워지며, 피부가 세균감염을 일으키기 쉬운 비타민은?

① 비타민 A ② 비타민 B₁
③ 비타민 B₂ ④ 비타민 C

44 다음 중 바이러스성 피부질환이 아닌 것은?

① 수두 ② 대상포진
③ 사마귀 ④ 켈로이드

⊙해설 켈로이드는 진피층의 결합조직이 과도하게 증식되어 주변에 비해 흉터 부분이 비대해지는 것을 말한다.

45 다음 중 피부의 보호 작용과 관련성이 없는 것은?

① 피지 ② 땀
③ 각질층 ④ 수분

⊙해설 정상피부 각질층의 수분함유상태는 10~20%이다. 수분이 많으면 각질층(각질세포)이 압력, 충격, 마찰 등 외부자극으로부터 방어기능을 하지 못한다.

46 다음 보기 중 피부의 감각기관인 촉각점이 가장 적게 분포하는 것은?

① 손끝 ② 입술
③ 혀끝 ④ 발바닥

⊙해설 촉각은 손가락, 입술, 혀 끝 등이 예민하고 온각과 냉각은 혀끝이 가장 예민하다. 통각은 피부의 감각기관 중 가장 많이 분포되어 있다.

47 홍반, 부종, 통증뿐만 아니라 수포를 형성하는 것은?

① 제1도 화상 ② 제2도 화상
③ 제3도 화상 ④ 중급화상

⊙해설 • 제1도 화상 : 홍반, 부종, 통증
• 제2도 화상 : 수포발생, 통증
• 제3도 화상 : 표피와 진피 파괴, 감각이 없어짐

48 다음은 어떤 피부질환에 대한 설명인가?

- 곰팡이균에 의하여 발생한다.
- 피부껍질이 벗겨진다.
- 가려움증이 동반된다.
- 주로 손과 발에서 번식한다.

① 흉터 ② 무좀
③ 홍반 ④ 사마귀

49 다음 피부의 작용 중 인간 생명유지를 위해 가장 중요한 작용은?

① 분비작용 ② 흡수작용
③ 보호작용 ④ 호흡작용

50 인간의 체온조절을 위한 피부 반응이 아닌 것은?

① 모세혈관 확장 ② 발한작용
③ 모공의 일시적 확장 ④ 동공의 확장

51 벨록 피부염(Berlock Dermatitis)이란?

① 향료에 함유된 요소가 원인인 광접촉 피부염이다.
② 눈 주위부터 볼에 걸쳐 다수 군집하여 생기는 담갈색의 색소반이다.
③ 안면이나 목에 발생하는 청자갈색의 불명료한 색소 침착이다.
④ 정상이나 까진 상처의 전후 처치를 잘못하면 그 부분에 생기는 색소 침착이다.

⊙해설 레몬, 오렌지, 유자, 만다린 등 감귤류의 향유는 햇볕에 대해 광과민성을 일으킨다. 광과민성을 나타내는 광독성의 성분은 자외선을 쬐었을 때 피부색이 변하여 평생 남게된다.

정답 38 ④ 39 ③ 40 ③ 41 ① 42 ③ 43 ① 44 ④ 45 ④ 46 ④ 47 ② 48 ② 49 ③ 50 ④ 51 ①

52 단파장으로 가장 강한 자외선이며, 원래는 완전 흡수되어 지표면에 도달되지 않았으나 오존층의 파괴로 인해 인체와 생태계에 많은 영향을 미치는 자외선은?

① UV A ② UV B
③ UV C ④ UV D

해설 UV C는 단파장으로 자외선 소독기에 이용되며, 피부암을 일으킨다.

53 비타민 C가 인체에 미치는 효과가 아닌 것은?

① 피부의 멜라닌 색소의 생성을 억제시킨다.
② 혈색을 좋게 하여 피부에 광택을 준다.
③ 호르몬의 분비를 억제시킨다.
④ 피부의 과민증을 억제하는 힘과 해독작용을 한다.

해설 비타민 C는 콜라겐 합성에 필요하며, 피부탄력에 도움을 주고 멜라닌 색소의 형성을 억제한다.

54 얼굴의 피지가 세안으로 없어졌다가 원상태로 회복될 때까지의 일반적인 소요시간은?

① 10분 정도 ② 30분 정도
③ 2시간 정도 ④ 5시간 정도

해설 정상적인 피부의 경우 완충능에 의해 2시간이 지나면 정상적인 상태로 회복되며, 민감성 피부인 경우는 3시간 이상 소요된다.

55 땀띠가 생기는 원인으로 가장 옳은 것은?

① 땀띠는 피부표면에 있는 땀구멍이 일시적으로 막히기 때문에 생기는 발한기능의 장애 때문에 발생한다.
② 땀띠는 여름철 너무 잦은 세안 때문에 발생한다.
③ 땀띠는 여름철 과다한 자외선 때문에 발생하므로 햇볕을 받지 않으면 생기지 않는다.
④ 땀띠는 피부에 미생물이 감염되어 생긴 피부질환이다.

56 피부 미백에 가장 많이 사용되는 비타민은?

① 비타민 A ② 비타민 B
③ 비타민 C ④ 비타민 D

해설 비타민 C는 기미 및 주근깨의 미백효과가 탁월하다.

57 한선에 대한 설명 중 틀린 것은?

① 체온 조절기능이 있다.
② 진피와 피하지방 조직의 경계부위에 위치한다.
③ 입술을 포함한 전신에 존재한다.
④ 에크린선과 아포크린선이 있다.

해설 입술에는 한선이 없으며, 독립 피지선이 존재한다.

58 흑갈색의 사마귀모양으로 40대 이후에 손등이나 얼굴에 생기는 것은?

① 기미 ② 주근깨
③ 흑피종 ④ 노인성 반점

59 헤모글로빈을 구성하는 물질로 피부의 혈색과도 밀접한 관계가 있는 무기질은?

① 칼슘(Ca) ② 인(P)
③ 철분(Fe) ④ 요오드(I)

해설 철분은 체내에서 산소의 운반과 저장 역할을 하며, 에너지의 생산에 필요한 효소의 구성성분이다. 헤모글로빈을 생성하여 정상적인 월경이 가능하도록 하며, 두뇌의 지적능력을 유지시키는 등 뇌신경 전도물질에 관여하는 효소를 활성화시킨다.

60 다음 중 피부의 중요작용이 아닌 것은?

① 보호 및 호흡작용
② 인체지지대작용
③ 영양분교환 및 분비작용
④ 감각 및 재생작용

해설 인체지지대작용은 골격계(뼈)의 기능 및 특징이다.

61 다음 피부의 감각종말신경과 관련이 없는 것은?

① 통각 ② 압각
③ 냉각 ④ 림프각

62 다음 중 피부색을 결정하는 요소가 아닌 것은?

① 멜라닌
② 혈관 분포와 혈색소
③ 각질층의 두께
④ 티록신

해설 피부색은 멜라닌, 멜라노이드, 카로틴, 헤모글로빈 등의 색소가 상호 작용해 나타내는데, 그 중에서도 피부색에 가장 중요한 역할을 하는 것은 멜라닌 색소이다. 티록신은 체내의 물질대사에 관여하는 갑상선 분비 호르몬이다.

63 75%가 에너지원으로 쓰이고 에너지가 되고 남은 것은 지방으로 전환되어 저장되는데 주로 글리코겐 형태로 간에 저장된다. 이것의 과잉섭취는 혈액의 산도를 높이고 피부의 저항력을 약화시켜 세균감염을 초래하여 산성체질을 만들고 결핍되었을 때는 체중감소, 기력부족 현상이 나타나는 영양소는?

① 탄수화물 ② 단백질
③ 비타민 ④ 무기질

해설 글리코겐(Glycogen)은 포도당으로 이루어진 다당류로 동물세포에서 보조적인 단기 에너지 저장 용도로 사용된다.

64 모발의 케라틴 단백질은 pH에 따라 물에 대한 팽윤성이 변한다. 다음 중 가장 낮은 팽윤성을 나타내는 pH는?

① pH 1 ② pH 4
③ pH 7 ④ pH 9

해설 모발은 pH 4 부근에서 전기적으로 중성을 띠며 이를 등전점이라 한다. 이러한 모발은 알칼리에 가까워질수록 단백질 구조가 불안정한 상태가 된다.

정답 52 ③ 53 ③ 54 ③ 55 ① 56 ③ 57 ③ 58 ④ 59 ③ 60 ② 61 ④ 62 ④ 63 ① 64 ②

제3장 피부의 이해 적중예상문제

65 직경 1~2mm의 둥근 백색 구진으로 안면(특히 눈 하부)에 호발하는 것은?

① 비립종(Milium)
② 피지선 모반(Nevus Sebaceous)
③ 한관종(Syringoma)
④ 표피낭종(Epidermal Cyst)

66 다음 중 피부의 진피층을 구성하고 있는 주요 단백질은?

① 알부민
② 콜라겐
③ 글로불린
④ 시스틴

해설 진피의 구성 물질은 교원섬유(콜라겐)와 탄력섬유(엘라스틴), 기질이며 그 중 진피의 90%를 차지하고 있는 교원물질은 콜라겐이다.

67 염증성 여드름의 원인인 여드름 균은?

① 포도구균
② 대장균
③ Pacnes(Propioni Bacterium Acnes)
④ 녹농균

해설 여드름이 생기는 원인에는 여러 가지 요인들이 작용한다. 그 중에서도 피지선에서 분비된 피지는 많은 양의 정상 피부세균을 함유하고 있으며 또한 유리지방산과 에스테르화된 지방산 Unsaponifiable Lipid의 성분을 포함하고 있다. 여기서 유리지방산은 피 아크네(Propioni Bacterium Acnes)의 효소에 의해 염증을 일으키는 주 자극원으로 작용한다.

68 피부의 흡수작용 중 가장 많이 흡수되는 곳은?

① 피부 각질층 전체
② 모공
③ 한선
④ 모발

해설 주로 피부에 분포하는 모공을 통해 이루어지며, 일부는 표피를 통해 직접 흡수되기도 한다. 표피를 통한 즉 각질층 전체를 통한 흡수는 피부층마다 존재하는 방어기전(피지막, 라멜라층상구조의 지질성분, 수분저지막 등)에 의해 흡수하기 힘들다.

69 다음 중 알레르기성 접촉 피부염을 가장 많이 일으키는 금속 성분은?

① 금
② 은
③ 동
④ 니켈

해설 금속 성분 중 니켈, 크롬 등은 주로 접촉을 통해 피부 알레르기를 유발한다.

70 여드름은 지나친 피지 분비와 이러한 피지의 배출을 억제하는 모공의 반응 때문에 발생한다. 이러한 모공의 반응을 무엇이라고 하는가?

① 지연색소침착
② 모공 속 각질비후 현상
③ 셀룰라이트
④ 코메도제닉

71 염증성 여드름 중 흉터를 유발할 수 있는 여드름의 종류를 묶은 것은?

① 열린면포(Black Head), 닫힌면포(White Head)
② 구진(Papule), 농포(Pustule)
③ 면포류(Micro Comedo, Mature Comedo)
④ 결절(Nodule), 낭종(Cyst)

해설 제4기 여드름은 여드름 중 가장 심한 단계로 결절과 낭종이 동반되고 전문적인 치료가 필요하다.

72 구조단백의 일종인 케라틴에 관한 설명으로 틀린 것은?

① 피부 세포의 골격을 이루는 주요 구성물질이다.
② 머리털, 손톱, 피부 등에는 존재하지 않는다.
③ 피부 건조작용은 케라틴의 물 함유량의 영향을 받는다.
④ 소프트 케라틴은 모근(털뿌리)에 존재한다.

해설 케라틴은 머리털, 손톱, 피부 등 상피구조의 기본을 형성하는 단백질이다.

73 진피 밑에 있는 피하조직에 대한 설명으로 틀린 것은?

① 피부의 가장 아래층에 있어 피하지방이라고도 한다.
② 탄력성이 좋아 몸의 내외부 압력에 대처하는 능력을 지녔다.
③ 체온유지, 수분조절, 에너지 저장 기능을 가지고 있다.
④ 피부의 주체를 이루는 층으로 표피와 경계를 이룬다.

해설 피부의 구조는 가장 상층부의 표피, 중간층의 진피, 아래층에 피하조직으로 구성되어 있다.

74 표피를 구성하는 피부층 중에서 멜라닌 색소가 포함되어 있는 곳은?

① 각질층
② 투명층
③ 과립층
④ 기저층

해설 기저층에는 케라틴 세포와 멜라닌 형성세포가 4:1~10:1의 비율로 존재한다.

75 2차적 피부증상인 속발진의 종류가 아닌 것은?

① 인설
② 찰상
③ 궤양
④ 반점

해설 반점은 1차적 피부증상에 해당하는 원발진 피부질환이다.

76 두 가지 이상의 피부유형이 존재하는 복합성 피부의 특징은?

① T-존 부위는 지성, 그 외 부위는 건성을 띤다.
② 탄력성이 저하되어 모공이 넓어진다.
③ 자외선에 의한 색소침착 현상이 빨라진다.
④ 여드름이 생기기 쉬운 피부이다.

해설 복합성 피부는 얼굴부위에 따라 상반되는 전혀 다른 피부유형이 공존한다.

77 3대 영양소 작용에 대한 설명으로 틀린 것은?

① 에너지 공급
② 신체 조직구성
③ 생리 및 대사 조절
④ 질병의 치료

해설 3대 영양소인 탄수화물, 단백질, 지방은 열량영양소, 구성영양소, 조절영양소로 질병치료와는 직적접 연관성이 없다.

정답 65 ① 66 ② 67 ③ 68 ② 69 ④ 70 ② 71 ④ 72 ② 73 ④ 74 ④ 75 ④ 76 ① 77 ④

제4장 화장품 분류

Section 1 화장품 기초

1. 화장품의 정의

(1) 화장품의 정의 및 기능성 화장품

1) 화장품의 정의

인체를 청결·미화하여 매력을 더하고 용모를 밝게 변화시키거나 피부·모발의 건강을 유지 또는 증진하기 위해 인체에 사용되는 물품으로서 인체에 대한 작용이 경미한 것을 말한다. 또한 기능성화장품은 보건복지가족부령이 정한 것을 말한다(화장품법 제2조 1항). 다만 약사법 제2조 4항의 의약품에 해당하는 물품은 제외한다.

2) 기능성 화장품

① 미백 제품
  피부의 미백에 도움을 주는 제품
② 주름개선 제품
  피부의 주름개선에 도움을 주는 제품
③ 자외선차단 제품, 태닝 제품
  피부를 곱게 태워주거나 자외선으로부터 피부를 보호하는 데 도움을 주는 제품

3) 화장품, 의약부외품, 의약품의 구분

구 분	화장품	의약부외품	의약품
사용대상	정상인	정상인	환자
사용목적	청결, 미화	위생, 미화	질병치료 및 진단
사용기간	장기간, 지속적	장기간 또는 단속적	일정기간
사용범위	전신	특정부위	특정부위
부작용	없어야 함	없어야 함	있을 수 있음
종 류	스킨, 로션, 샴푸 등	치약, 구강청결제, 여성청결제 등	연고, 항생제 등

4) 화장품의 4대 요건

① 안전성 : 피부에 대한 자극, 알레르기, 독성이 없어야 한다.
② 안정성 : 화장품 보관에 따른 변질, 변색, 변취, 미생물의 오염이 없어야 한다.
③ 사용성 : 피부에 사용했을 때 손놀림이 쉽고, 피부에 매끄럽게 잘 스며들어야 한다.
④ 유효성 : 피부에 적절한 보습, 노화 억제, 자외선 차단, 미백, 세정, 색채효과 등을 부여할 수 있어야 한다.

2. 화장품의 분류

분 류	사용목적	주요제품
기초 화장품	세안	클렌징 워터, 클렌징 로션, 클렌징 크림, 클렌징 폼, 클렌징 오일 등 클렌징 제품
	피부정돈	화장수(토너), 팩(마스크)
	피부보호	로션, 에센스, 크림류
메이크업 화장품	피부색과 결점 보완	메이크업베이스, 파운데이션, 페이스파우더
	색채감과 입체감 부여	립스틱, 아이새도우, 마스카라, 아이라이너, 블러셔
모발 화장품	세정	샴푸
	컨디셔닝, 트리트먼트	헤어린스, 헤어트리트먼트
	정발	헤어스프레이, 헤어무스, 포마드
	퍼머넌트 웨이브	퍼머넌트 웨이브 로션(1액, 2액)
	염색, 탈색	염모제, 헤어블리치
	육모, 양모	육모제, 양모제
	탈모, 제모	탈모제, 제모제(왁싱 젤, 왁싱 크림)
바디 화장품	피부보호	바디로션, 바디오일, 핸드크림
	땀 억제	데오도란트 로션, 파우더
	피부세정	바디 클렌저, 바디 스크럽, 버블바스
방향 화장품	향취부여	퍼퓸, 오데토일렛, 오데코롱, 샤워코롱

Section 2 화장품 제조

1. 화장품의 원료 및 작용

(1) 수성원료와 작용

1) 정제수

① 물은 피부를 촉촉하게 하는 작용을 하며 화장수, 크림, 로션의 기초 화장품에서 사용된다.
② 세균과 금속이온이 제거된 정제수를 사용한다.

2) 에탄올

① 휘발성이 있으며, 피부에 시원한 청량감과 가벼운 수렴효과를 부여한다.
② 용매의 역할을 하여 다른 원료와 섞어주면 그 원료를 녹이는 효과가 있으며, 배합향이 높아지면 수렴효과 외에 살균, 소독 작용도 나타낸다.

(2) 유성원료와 작용

1) 오일

① 지용성 용매로서의 작용과 함께 피부의 오염물질에 대한 세정작용, 피부나 모발에 대해 유연 · 보습작용을 한다.

② 오일의 종류

㉠ 식물성 오일 : 월견초유, 로즈힙오일, 피마자유, 올리브유, 아보카도유, 아몬드유 등

㉯ 동물성 오일 : 라놀린, 밍크오일, 난황오일, 스쿠알란 등

㉰ 광물성 오일 : 미네랄오일, 실리콘오일, 바셀린 등

2) 왁스

① 실온에서 고체의 유성성분으로 고급 지방산과 고급 알코올이 결합된 에스테르를 말한다. 식물성, 동물성 오일에 비해 변질이 적고 안정성이 높아 립스틱, 크림, 파운데이션에 사용되며, 광택이나 사용감을 향상시킨다.

② 왁스의 종류

㉠ 식물성 왁스 : 카르나우바 왁스, 칸데릴라 왁스, 호호바오일 (액체 왁스류) 등

㉯ 동물성 왁스 : 밀납, 라놀린 등

(3) 계면활성제와 그 작용

① 한 분자 내에 친수성기와 친유성기를 함께 가지고 성질이 다른 두 개의 경계면에 작용함으로써 계면의 장력을 약화시켜 용도에 맞게 성질을 현저하게 변화시키는 물질이다.

② 계면활성제의 친수기가 물에서 해리될 때 나타나는 성질에 따라 양이온성 〉 음이온성 〉 양쪽성 〉 비이온성 계면활성제로 구분한다.

③ 계면활성제의 종류

분류	특징	종류
양이온성 계면활성제	① 살균, 소독작용 ② 정전기 발생을 억제, 유연효과 ③ 피부 자극이 강함	헤어린스, 헤어트리트먼트
음이온성 계면활성제	① 세정작용, 기포 형성 작용이 우수 ② 탈지력이 강해 피부가 거칠어짐	비누, 샴푸, 클렌징 폼
양쪽성 계면활성제	① 음이온성과 양이온성을 동시에 가짐 ② 피부자극과 독성이 적고 정전기억제 ③ 세정력과 피부 안정성이 좋음	베이비 샴푸, 저자극 샴푸
비이온성 계면활성제	① 물에 용해되어도 이온이 되지 않음 ② 피부자극이 적어 기초 화장품 분야에 많이 사용	화장수의 가용화제, 크림의 유화제, 클렌징 크림의 세정제, 분산제로 이용

> **Tip** 계면 활성제의 피부 자극 순서
> 양이온성 〉 음이온성 〉 양쪽성 〉 비이온성

(4) 기타 원료와 그 작용

1) 보습제

① 보습제의 정의

㉠ 피부의 건조를 막아 피부를 촉촉하게 하는 물질

㉯ 수분을 끌어당기는 흡습능력과 수분보류 성질이 강해야 한다.

㉰ 피부 친화성이 우수해야 한다.

② 보습제의 종류

㉠ 폴리올 : 글리세린, 폴리에틸렌글리콜, 프로필렌글리콜, 부틸렌글리콜, 솔비톨

㉯ 천연보습인자 : 피롤리돈카르본산염, 아미노산, 요소, 젖산염

㉰ 고분자보습제 : 히아루론산염, 콘드로이친황상염, 가수분해콜라겐

2) 방부제

① 방부제의 정의

㉠ 화장품의 오염 또는 부패의 원인이 되는 미생물의 증가를 억제하는 물질

㉯ 비합량이 많으면 피부 트러블을 유발시킬 수 있다.

② 방부제의 종류

㉠ 파라벤류(Paraben, 파라옥시향산에스테르)
대표적인 방부제 : 메틸파라벤(Methylparaben), 에틸파라벤(Ethylparaben), 프로필파라벤(Propylparaben), 부틸파라벤(Butylparaben)

㉯ 이미다졸리디닐 우레아(Imidazolidinyl Urea)
㉠ 세균에 강하고 파라벤류와 함께 혼합하여 사용
㉡ 독성이 적어 기초 화장품, 유아용 샴푸 등에 사용

㉰ 페녹시에탄올(Phenoxy Ethanol)
화장품에서 사용 허용량을 1% 미만으로 하여 메이크업 제품에 많이 사용

㉱ 이소치아졸리논(Isothiazolinone)
샴푸처럼 씻어내는 제품에 사용

3) 색소(착색료)

① 염료 : 물 또는 오일에 녹는 색소로 화장품 자체에 시각적인 색상효과를 부여하기 위해 사용한다.

② 안료 : 물과 오일에 모두 녹지 않는 것으로 무기안료, 유기안료, 착색안료, 백색안료, 체질안료, 펄안료가 있다.

③ 레이크(Lake) : 수용성 염료에 알루미늄, 마그네슘, 칼슘염을 가해 물과 오일에 녹지 않게 만든 것으로 산, 염기에 약하며, 중성에서도 물에 조금씩 녹는 경우가 있다. 색상의 화려함은 무기안료와 유기안료의 중간 정도이다.

2 화장품 제조와 제품 종류

(1) 가용화(Solubilization)

① 물과 물에 녹지 않는 소량의 오일성분이 계면활성제에 의해 투명하게 용해된 상태의 제품이다.

② 가용화된 제품은 화장수, 향수, 에센스, 헤어토닉 등이 있다.

(2) 분산(Dispersion)

① 물 또는 오일 성분에 미세한 고체 입자가 계면활성제에 의해 균일하게 혼합된 상태의 제품이다.

② 계면활성제는 고체입자의 표면에 흡착되어 고체입자가 서로 뭉치거나 가라앉는 것을 방지해 준다.

③ 립스틱, 아이섀도, 마스카라, 아이라이너, 파운데이션, 트윈케이크 등이 있다.

(3) 유화(Emulsion)

① 물에 오일 성분이 계면활성제에 의해 우유빛으로 백탁화된 상태의 제품이다.

② 가시광선의 파장보다 유화입자 크기가 커서 빛이 반사되어 산란되므로 뿌옇게 백탁화되어 보인다.

③ 유화형태에 따라 로션류(보습로션, 선탠로션), 크림류(영양크림, 클렌징크림, 선크림) 등이 있다.

> **Tip** 유화형태
> - 유중수형(Water in Oil type, W/O형) : 오일 중에 물이 분산되어 있는 형태
> - 수중유형(Oil in Water type, O/W형) : 물에 오일이 분산되어 있는 형태

Section 3 화장품의 종류와 기능

1 기초 화장품

(1) 기초 화장품의 목적

기능	화장품	역할
세정	비누, 클렌징 폼, 클렌징 크림, 클렌징 로션, 클렌징 젤, 클렌징 오일, 포인트 메이크업 리무버	피부 표면의 더러움, 메이크업 잔여물 제거 및 노폐물을 제거
정돈	화장수	세정으로 인하여 파괴된 pH를 복구 및 피부결 정돈
보호	에센스, 로션, 크림, 팩, 마스크	적당한 유·수분을 공급하여 외부의 자극으로부터 피부를 보호

(2) 세정용 화장품

제품	특징
클렌징 크림 (Cleansing Cream)	① 광물성 오일 40~50% 정도 함유 ② 오일함량이 많은 제품으로 세정력이 우수 ③ 짙은 메이크업 시 건성·노화피부에 효과적
클렌징 로션 (Cleansing Lotion)	① 식물성 오일이 함유되어 있어 이중세안이 불필요함 ② 세정력이 클렌징크림보다 떨어지므로 옅은 화장을 지울 때 적합 ③ 자극이 적고 사용감이 가벼워 모든 피부 타입에 적합
클렌징 젤 (Cleansing Gel)	① 유성타입과 수성타입 ② 유성타입 : 세정력이 우수하여 짙은 화장도 깨끗이 지워짐 ③ 수성타입 : 세정력이 약하나 사용감이 촉촉하고 유분에 민감한 피부 사용에 적합
클렌징 오일 (Cleansing Oil)	① 물과 친화력이 있는 오일(수용성 오일) 성분을 배합시킨 제품 ② 물에 쉽게 용해되고 진한 화장도 깨끗이 지워짐 ③ 건성, 노화, 민감 피부에 사용
클렌징 워터 (Cleansing Water)	① 가벼운 메이크업을 했을 경우 사용이 적당 ② 에탄올의 배합량이 높으므로 건성, 예민피부는 사용이 부적합 ③ 아이 & 립 포인트 메이크업의 리무버 용도로 사용
클렌징 폼 (Cleansing Foam)	① 계면활성제형 세안화장품으로 비누처럼 거품 발생 ② 세정력이 뛰어나며, 보습제가 함유되어 있어 사용 후 피부가 당기지 않음
비누 (Soap)	① 알칼리 작용으로 피부에 있는 노폐물 제거 ② 탈수, 탈지 현상을 일으켜 피부 건조 유발 ③ 민감성, 건성 피부의 경우 순한 약산성 비누를 사용하는 것이 효과적

(3) 조절용 화장품(화장수)

① 화장수의 기본 성분 : 정제수 + 에탄올 + 보습제

② 피부의 수분공급, pH조절, 피부 정돈

분류	특징
유연 화장수	① 스킨 로션(Skin Lotion), 스킨 소프트너(Skin Softner), 스킨 토너(Skin Toner) 등으로 부른다. ② 보습제와 유연제가 함유되어 각질층을 부드럽고 촉촉하게 한다.
수렴 화장수	① 흔히 아스트린젠트(Astringent), 스킨 프레시너(Skin Freshner), 토닝 로션(Toning Lotion) 등으로 불린다. ② 알코올 함량이 유연화장수에 비해 많아 청량감과 모공 수축작용을 한다.
소염 화장수	① 알코올 함량이 높아 수렴과 소염작용을 동시에 효과를 주는 화장수이다. ② 지성, 여드름, 복합성 피부 T-존 부위의 염증이 생긴 피부에 사용하며 살균 소독을 통하여 피부를 청결하게 한다.

(4) 보호용 화장품

제품	특징
로션 (Lotion, 유액)	① 유분이 30% 이하인 O/W형 유화로 피부에 수분과 유분을 공급 ② 수분이 약 60~80%의 점성이 낮은 제품으로 빨리 흡수되며 사용감이 가볍다.
크림 (Cream)	① 배합 성분에 따라 O/W형으로 W/O형으로 구분 ② 유분과 보습제가 다량 함유되어 있어 피부의 보습, 유연기능을 갖게 한다.
에센스 (Essence)	① 켄센트레이트, 세럼이라고도 한다. ② 각종 보습성분과 유효성분이 다량 함유되어 있는 고농축 화장품이다.
팩과 마스크 (Pack & Mask)	① 피부에 적당한 두께로 발라 일정시간 외부로부터 공기를 차단하여 원하는 효과를 얻는 것 ② 팩은 얇은 피막을 만들거나 굳어지지 않지만 마스크는 굳어져 외부의 공기와 차단되는 차이가 있으나 비슷한 효능을 가지고 있다. ③ 혈액순환 촉진 및 영양공급 효과 ④ 수분증발 억제와 청결 작용 ⑤ 진정 효과와 탄력 부여

2 메이크업 화장품

구분	종류	특징
베이스 메이크업 (Base Make-up)	메이크업 베이스	① 파운데이션이 피부에 흡수되는 것을 막고 파운데이션의 퍼짐성과 밀착감을 좋게 해 주어 화장의 지속성을 높여 준다. ② 피부색을 한 가지 톤으로 정리해 준다.
	파운데이션	① 피부의 결점을 감추고 원하는 피부색으로 조절해 준다. ② 파운데이션의 형태별 종류 ㉠ 유화형 : 리퀴드 파운데이션, 크림 파운데이션 ㉡ 분산형 : 스킨커버, 컨실러 ㉢ 파우더형 : 파우더 파운데이션, 트윈케이크(투웨이케이크)
	파우더	① 땀과 피지에 의해 화장이 번지거나 지워지는 것을 막고 피부를 화사하게 표현한다. ② 페이스 파우더(가루분, 루스 파우더)와 가루날림이 없고 휴대가 간편한 고형으로 만들어진 콤팩트 파우더(고형분, 프레스 파우더)가 있다.
포인트 메이크업 (Point Make-up)	아이섀도	① 눈두덩이에 색채와 음영을 주어 입체감을 부여한다. ② 색채감을 주는 착색안료가 배합되어 있다.
	아이 브로우	① 눈썹 모양을 그리고 눈썹 색을 조정하기 위해 사용된다. ② 펜슬타입, 섀도타입, 케이크타입이 있다.
	아이 라이너	① 눈의 윤곽을 뚜렷하게 한다. ② 리퀴드타입, 펜슬타입, 케이크타입, 크림타입 등

포인트 메이크업 (Point Make-up)	마스카라	① 눈 주위에 도포하는 것이므로 피부 안정성이 매우 중요하다. ② 속눈썹이 짙고 길게 보이게 해준다.
	블러셔	① 볼 부위에 도포하여 얼굴색을 건강하고 밝게 보이게 하며, 윤곽을 뚜렷하게 하여 얼굴을 입체적으로 만들어준다. ② 파운데이션과 친화성이 좋고 적당한 커버력, 광택성, 부착성이 있어야 한다.
	립스틱	① 입술점막에 사용하는 제품이므로 자극이 있어서는 안되며, 먹어도 인체에 안전하고 불쾌한 냄새나 맛이 없어야 한다. ② 발한현상이나 발분현상이 없어야 하며, 보관중 산화가 되지 않아야 한다.

3 모발 화장품

구 분	종 류	특 징
세발용	두피나 모발에 부착된 노폐물을 제거하여 청결한 상태로 유지하기 위해 사용된다.	헤어샴푸
	양이온성 계면활성제가 함유되어 정전기를 방지하고 자연스러운 광택을 준다.	헤어린스
정발용	모발의 스타일링 기능과 모발 형태를 고정시켜주는 세팅기능을 하기 위해 사용된다.	헤어오일, 헤어로션, 헤어크림, 헤어무스, 헤어스프레이, 헤어젤, 헤어리퀴드, 포마드
트리트먼트용	모발이 손상되는 것을 방지하고 손상된 모발을 복구하기 위해 사용된다.	헤어트리트먼트 크림, 헤어팩, 헤어블로우, 헤어코트, 헤어토닉
기타 헤어제품	염모용, 퍼머용, 탈모용, 제모용 화장품	

4 전신관리 화장품

구 분	종 류	특 징
세정용	피부표면의 먼지나 노폐물을 제거하여 청결한 상태로 유지하기 위해 사용된다.	비누, 바디 클렌저, 버블 바스(입욕제)
각질 제거제	노화된 각질을 부드럽게 제거하기 위해 사용한다.	바디 스크럽, 바디 솔트
바디 트리트먼트 (보습제)	샤워 후 건조함을 예방하여 촉촉하고 건강한 피부를 유지하기 위하여 사용한다.	바디로션, 바디오일, 바디크림, 핸드로션, 핸드크림, 풋 크림
슬리밍 제품	신체의 혈액순환을 도와 노폐물을 배출하고 셀룰라이트가 생기기 쉬운 부위의 예방과 관리를 하기 위해 사용된다.	마사지 크림, 지방분해 크림, 바스트 크림
체취방지 제품	신체의 불쾌한 냄새를 예방하거나 방지하기 위하여 사용한다.	데오드란트 로션, 데오드란트 스틱, 데오드란트 스프레이
자외선 태닝제품	제품을 이용하여 균일하게 그을리게 하여 건강한 피부를 표현하기 위해 사용한다.	선탠 오일, 선탠 크림, 선탠 젤

5 네일 화장품

구 분	특 징
네일 에나멜 (Nail Enamel)	① 손톱을 아름답게 할 목적으로 바른다. ② 도포 후 색상이나 광택이 변하지 않아야 한다. ③ 제거 시 쉽게 지워져야 한다.
베이스 코트 (Base Coat)	① 네일 에나멜 도포 전 먼저 도포한다. ② 네일 에나멜의 착색 또는 변색을 예방한다. ③ 손톱 표면을 고르게 하여 에나멜의 밀착성을 좋게 한다.
탑 코트 (Top Coat)	네일 에나멜 위에 도포하여 광택과 굳기를 증가시켜 내구성을 좋게 한다.
에나멜 리무버 (Enamel Remover)	① 네일 에나멜의 피막을 용해시켜 제거한다. ② 폴리시 리무버(Polish Remover)라고도 한다.
큐티클 리무버 (Cuticle Remover)	① 손톱 주변의 죽은 세포를 정리하거나 제거할 때 사용한다. ② 큐티클 오일(Cuticle Oil)이라고도 한다.

6 향수

(1) 향의 농도에 따른 분류

종류	부향률 (농도)	지속시간	특징 및 용도
퍼퓸 (Perfume)	10~30%	6~7시간	① 향기가 풍부하고 완벽해서 가격이 비쌈 ② 향기를 강조하고 싶거나 오래 지속시키고 싶을 때 사용
오데 퍼퓸 (Eau de Perfume)	9~10%	5~6시간	① 향의 강도가 약해서 부담이 적고 경제적 ② 퍼퓸에 가까운 지속력과 풍부한 향을 가지고 있음
오데 토일렛 (Eau de Toilette)	6~9%	3~5시간	① 고급스러우면서도 상쾌한 향 ② 퍼퓸의 지속성과 오데코롱의 가벼운 느낌을 가짐
오데 코롱 (Eau de Cologne)	3~5%	1~2시간	가볍고 신선한 효과로 향수를 처음 접하는 사람에게 적당
샤워 코롱 (Shower Cologne)	1~3%	1시간	전신용 방향제품으로 가볍고 신선함

(2) 향의 휘발 속도에 따른 단계별 분류

단 계	특 징
탑 노트 (Top Note)	① 향수의 첫 느낌 ② 휘발성이 강한 향료들로 이루어져 있다.
미들 노트 (Middle Note)	① 알코올이 날아간 다음 나타나는 향 ② 주로 플로랄과 프루티향들로 이루어져 있다.
베이스 노트 (Base Note)	① 마지막까지 은은하게 유지되는 향 ② 휘발성이 낮은 향료들로 이루어져 있다.

7 아로마 오일 및 캐리어 오일

(1) 아로마 오일(Aroma Oil)

① 아로마 오일은 식물의 꽃, 잎, 줄기, 열매, 껍질, 뿌리에서 추출한 오일을 말하며, 고농축 상태의 오일인 에센셜 오일(Essential Oil = 정유)과 이것을 희석시켜 사용하는 캐리어 오일(Carrier Oil)로 구분한다.

② 아로마 오일을 추출하는 방법으로는 수증기증류법, 압착법과 용매를 이용하는 용매추출법, 침윤법, 이산화탄소 추출법이 있다.

(2) 에센셜 오일(Essential Oil = 정유)
① 식물의 꽃, 잎, 줄기, 열매, 껍질, 뿌리에서 추출한 100% 휘발성 오일을 말하며 '정유'라고 한다.
② 지용성으로 지방과 오일에 잘 녹는다.
③ 빛이나 열에 약하므로 갈색 유리병에 담아 냉암소에 보관한다.
④ 종류는 허브계열, 수목계열, 플로랄계열, 시트러스계열(감귤류), 스파이시계열 등이 있다.
⑤ 캐리어 오일(Carrier Oil)과 희석하여 사용한다.

(3) 캐리어 오일(Carrier Oil)
① 에센셜 오일이 매우 강하므로 도포 시 희석시키고 또한 피부에 효과적으로 침투시키기 위하여 사용하는 오일을 말한다.
② 아로마 테라피에 사용되는 캐리어 오일은 매우 다양하고 효능 또한 다르기 때문에 사용 목적에 알맞은 캐리어 오일을 선택하는 것이 중요하다.
③ 베이스 오일(Base Oil)이라고도 한다.
④ 종류로는 호호바오일, 아몬드오일, 헤이즐넛오일, 윗점오일, 아보카도오일, 포도씨오일, 올리브오일, 로즈힙오일, 마카다미아오일 등이 있다.

8 기능성 화장품

(1) 미백 성분
① 티로신의 산화를 촉매하는 티로시나아제의 작용을 억제하는 물질 : 알부틴, 코직산, 상백피 추출물, 닥나무 추출물, 감초 추출물
② 도파의 산화를 억제하는 물질 : 비타민 C
③ 각질 세포를 벗겨내서 멜라닌 색소를 제거하는 물질 : AHA (Alpha-Hydroxy Acid)
④ 멜라닌 세포 자체를 사멸시키는 물질 : 하이드로 퀴논

> **Tip 멜라닌 색소의 생성과정**
> 티로신(Tyrosine) ➡ 도파(Dopa) ➡ 도파퀴논(Dopa Quinone) ➡
> ↑ ↑
> 티로시나아제(Tyrosinase) 도파퀴나제(Dopaquinase)
>
> 도파크롬(Dopachrome) ➡ 멜라닌(Melanin)
>
> ※ 기저층의 멜라닌 세포에서 형성된 멜라닌색소는 각질형성세포에 전달되고 각화과정을 통해 각질층까지 도달한다.

(2) 주름개선 성분
① 레티놀(Retinol)
   피부의 자극이 적은 지용성 비타민으로 세포 생성을 촉진한다.
② 레티닐 팔미네이트(Retinyl-palmitate)
   레티놀의 안정화를 위해서 팔미틴산과 같은 지방산과 결합한 것이다.
③ 베타카로틴(β-carotene)
   비타민 A의 전구물질로 당근에서 추출하며, 피부재생과 피부 유연효과가 뛰어나다.
④ 항산화제(비타민 E, Tocopherol)
   지용성 비타민으로 피부 흡수력이 우수하고 항산화, 항노화, 재생작용을 한다.
⑤ 아데노신(Adenosine)
   낮이나 저녁 모두 사용할 수 있고 섬유세포의 증식 촉진, 피부세포의 활성화, 콜라겐합성을 증가시켜 피부 탄력과 주름을 예방한다.

(3) 자외선 차단제

구 분	자외선 산란제	자외선 흡수제
동의어	난반사 인자, 물리적 차단제, 미네랄 필터	화학적 차단제, 화학적 필터
원리	피부에서 자외선을 반사	자외선을 흡수하여 화학적인 방법으로 열과 진동으로 변환시켜 피부 침투를 막는다.
영향	각질	멜라닌 색소
장점	• 피부에 자극을 주지 않고 비교적 안전 • 예민 피부도 사용 가능	사용감 우수
단점	뿌옇게 밀리는 백탁현상이 생김(나노입자, 마이크로입자는 표현되지 않음)	피부에 자극을 줄 수 있음
성분	이산화티탄, 산화아연, 탈크	벤조페논 유도체, 파라옥시향산 유도체 등이 사용된다.

> **Tip 자외선차단지수(SPF)**
> SPF(Sun Protection Factor)는 피부가 자외선(UV B)으로부터 차단되는 수치를 말한다.
> $$SPF = \frac{차단제를 바른 피부의 최소 홍반량(MED)}{차단제를 바르지 않은 피부의 최소 홍반량(MED)}$$

화장품 분류 적중예상문제

01 SPF에 대한 설명으로 틀린 것은?

① Sun Protection Factor의 약자로서 자외선 차단지수라 불린다.

② 엄밀히 말하면 UV-B 방어효과를 나타내는 지수라고 볼 수 있다.

③ 오존층으로부터 자외선이 차단되는 정도를 알아보기 위한 목적으로 사용된다.

④ '자외선 차단제를 바른 피부가 최소의 홍반량을 일어나게 하는 데 필요한 자외선 양'을 '자외선 차단제를 바르지 않은 피부가 최소의 홍반을 일어나게 하는 데 필요한 자외선 양'으로 나눈 값이다.

해설 보기 ③은 UV-C에 대한 설명이다.

02 다음 중 피부에 수분을 공급하는 보습제의 기능을 가지는 것은?

① 계면활성제
② 알파-하이드록시산
③ 글리세린
④ 메틸파라벤

해설 알파-하이드록시산은 미백(각질층 제거), 메틸파라벤은 방부제의 기능을 한다.

03 계면활성제에 대한 설명으로 옳은 것은?

① 계면활성제는 일반적으로 둥근 머리모양의 소수성기와 막대 꼬리모양의 친수성기를 가진다.

② 계면활성제의 피부에 대한 자극은 양쪽성 > 양이온성 > 음이온성 > 비이온성의 순으로 감소한다.

③ 비이온성 계면활성제는 피부자극이 적어 화장수의 가용화제, 크림의 유화제, 클렌징크림의 세정제 등에 사용된다.

④ 양이온성 계면활성제는 세정작용이 우수하여 비누, 샴푸 등에 사용된다.

해설 ① 계면활성제는 둥근 머리모양의 친수성기와 막대모양의 친유성기로 나뉜다.
② 계면활성제의 피부에 대한 자극은 양이온성 > 음이온성 > 양쪽성 > 비이온성의 순으로 감소한다.
④ 음이온성 계면활성제는 세정작용이 우수하여 비누, 샴푸 등에 사용된다.

04 핸드케어(Hand Care) 제품 중 사용할 때 물을 사용하지 않고 직접 바르는 것으로 피부 청결 및 소독효과를 위해 사용하는 것은?

① 핸드 워시(Hand Wash)
② 핸드 새니타이저(Hand Sanitizer)
③ 비누(Soap)
④ 핸드 로션(Hand Lotion)

해설 핸드 새니타이저는 알코올을 함유하고 있어 손을 소독할 때 사용한다.

05 크림 파운데이션에 대한 설명 중 알맞은 것은?

① 얼굴의 형태를 바꾸어 준다.

② 피부의 잡티나 결점을 커버해 주는 목적으로 사용된다.

③ O/W형은 W/O형에 비해 비교적 사용감이 무겁고 퍼짐성이 낮다.

④ 화장 시 산뜻하고 청량감이 있으나 커버력이 약하다.

해설 크림 파운데이션은 유분을 많이 함유하고 있어 피부결점 커버력이 우수하다.

06 땀의 분비로 인한 냄새와 세균의 증식을 억제하기 위해 주로 겨드랑이 부위에 사용되는 제품은?

① 데오도란트 로션
② 핸드 로션
③ 보디 로션
④ 파우더

해설 데오도란트는 체취방지제로 몸 냄새를 예방하기 위해 액와 부위에 사용하며, 데오도란트 로션, 데오도란트 스틱, 데오도란트 스프레이 등의 제품이 있다.

07 다음 중 물에 오일성분이 혼합되어 있는 유화상태는?

① O/W 에멀젼
② W/O 에멀젼
③ W/S 에멀젼
④ W/O/W 에멀젼

해설 O/W - 수중유형, W/O - 유중수형

08 아로마테라피(Aromatherapy)에 사용되는 아로마 오일에 대한 설명 중 가장 거리가 먼 것은?

① 아로마테라피에 사용되는 아로마 오일은 주로 수증기 증류법에 의해 추출된 것이다.

② 아로마 오일은 공기 중의 산소, 빛 등에 의해 변질될 수 있으므로 갈색병에 보관하여 사용하는 것이 좋다.

③ 아로마 오일은 원액을 그대로 피부에 사용해야 한다.

④ 아로마 오일을 사용할 때에는 안전성 확보를 위하여 사전에 패치테스트(Patch Test)를 실시하여야 한다.

해설 아로마 에센셜 오일은 매우 강한 성분으로 피부에 사용할 때는 캐리어 오일에 블렌딩해서 사용해야 한다.

09 자외선 차단제에 대한 설명 중 틀린 것은?

① 자외선 차단제의 구성성분은 크게 자외선 산란제와 자외선 흡수제로 구분된다.

② 자외선 차단제 중 자외선 산란제는 투명하고, 자외선 흡수제는 불투명한 것이 특징이다.

③ 자외선 산란제는 물리적인 산란작용을 이용한 제품이다.

④ 자외선 흡수제는 화학적인 흡수작용을 이용한 제품이다.

해설 자외선 산란제는 차단효과는 우수하나 불투명하고, 자외선 흡수제는 투명하나 접촉성 피부염을 유발할 가능성이 있다.

정답 1 ③ 2 ③ 3 ③ 4 ② 5 ② 6 ① 7 ① 8 ③ 9 ②

10 다음 중 기능성 화장품의 범위에 해당되지 않는 것은?

① 미백크림 ② 바디오일
③ 자외선차단 크림 ④ 주름개선 크림

해설 기능성 화장품은 미백, 주름개선, 자외선 차단에 도움을 주는 제품을 말한다.

11 세정작용과 기포형성 작용이 우수하여 비누, 샴푸, 클렌징 폼 등에 주로 사용되는 계면활성제는?

① 양이온성 계면활성제 ② 음이온성 계면활성제
③ 비이온성 계면활성제 ④ 양쪽성 계면활성제

해설 음이온성 계면활성제는 세정작용, 기포형성 작용이 우수하여 비누, 클렌징 폼, 샴푸 등에 사용되나 탈지력이 강해 피부가 거칠어지기 쉽다.

12 자외선 차단제에 대한 설명으로 옳은 것은?

① 일광에 노출 전에 바르는 것이 효과적이다.
② 피부 병변이 있는 부위에 사용하여도 무관하다.
③ 사용 후 시간이 경과하여도 다시 덧바르지 않는다.
④ SPF지수가 높을수록 민감한 피부에 적합하다.

해설 자외선 차단제는 자외선 침투를 막아 피부를 보호하기 위한 것으로 노출 전에 발라야 효과적이다.

13 다음의 설명에 해당되는 천연향의 추출방법은?

식물의 향기부분을 물에 담가 가온하여 증발된 기체를 냉각하면 물 위에 향기 물질이 뜨게 되는데 이것을 분리하여 순수한 천연향을 얻어내는 방법이다. 이는 대량으로 천연향을 얻어낼 수 있는 장점이 있으나 고온에서 일부 향기성분이 파괴될 수도 있는 단점이 있다.

① 수증기 증류법 ② 압착법
③ 휘발성 용매 추출법 ④ 비휘발성 용매 추출법

해설 수증기 증류법은 가장 오래된 방법으로 많이 이용되고 증기와 열, 농축의 과정을 거쳐 수증기와 정유가 함께 추출되어 물과 오일을 분리시키는 방법이다.

14 기능성 화장품에 대한 설명으로 옳은 것은?

① 자외선에 의해 피부가 심하게 그을리거나 일광화상이 생기는 것을 지연해 준다.
② 피부 표면에 더러움이나 노폐물을 제거하여 피부를 청결하게 해준다.
③ 피부 표면의 건조를 방지해주고 피부를 매끄럽게 한다.
④ 비누 세안에 의해 손상된 피부의 pH를 정상적인 상태로 빨리 돌아오게 한다.

해설 기능성 화장품 – 미백화장품, 주름개선화장품, 자외선차단 화장품, 선탠화장품

15 바디 샴푸에 요구되는 기능과 가장 거리가 먼 것은?

① 피부 각질층 세포간지질 보호 ② 부드럽고 치밀한 기포 부여
③ 높은 기포 지속성 유지 ④ 강력한 세정성 부여

해설 바디 샴푸는 세정 후 피부표면을 보호하고 보습의 기능을 가져야 한다.

16 다음 중 향수의 부향률이 높은 것부터 순서대로 나열된 것은?

① 퍼퓸 → 오데퍼퓸 → 오데코롱 → 오데토일렛
② 퍼퓸 → 오데토일렛 → 오데코롱 → 오데퍼퓸
③ 퍼퓸 → 오데퍼퓸 → 오데토일렛 → 오데코롱
④ 퍼퓸 → 오데코롱 → 오데퍼퓸 → 오데토일렛

해설 농도에 따른 향수의 구분 – 퍼퓸 > 오데퍼퓸 > 오데토일렛 > 오데코롱 > 샤워코롱

17 박하(Peppermint)에 함유된 시원한 느낌의 혈액순환 촉진 성분은?

① 자일리톨(Xylitol)
② 멘톨(Menthol)
③ 알코올(Alcohol)
④ 마조람 오일(Marjoram Oil)

18 향료 사용의 설명으로 옳지 않은 것은?

① 향 발산을 목적으로 맥박이 뛰는 손목이나 목에 분사한다.
② 자외선에 반응하여 피부에 광 알레르기를 유발시킬 수도 있다.
③ 색소침착된 피부에 향료를 분사하고 자외선을 받으면 색소침착이 완화된다.
④ 향수 사용 시 시간이 지나면서 향의 농도가 변하는데 그것은 조합향료 때문이다.

해설 향료는 햇빛에 의해 분해되어 알레르기를 유발할 수 있으므로 가급적 햇빛에 노출되지 않는 부위에 뿌려야 한다.

19 다음 중 진정 효과를 가지는 피부관리 제품 성분이 아닌 것은?

① 아줄렌(Azulene)
② 카모마일 추출물(Camomile Extract)
③ 비사볼롤(Bisabolod)
④ 알코올(Alcohol)

해설 알코올은 수렴 및 소독 효과를 갖는다.

20 약산성인 피부에 가장 적합한 비누의 pH는?

① pH 3 ② pH 4
③ pH 5 ④ pH 7

해설 피부의 pH는 약 5.5이므로 중성인 pH 7인 비누를 사용하는 것이 좋다.

21 피부관리 시 수용성제품을 피부 속으로 침투시키는 과정은?

① 이온토포레시스
② 디스인크러스테이션
③ 케라티나이제이션
④ 필링

해설 ② 디스인크러스테이션 – 피부미용기기로 각질을 제거
③ 케라티나이제이션 – 각화과정
④ 필링 – 각질 제거

정답 10 ② 11 ② 12 ① 13 ① 14 ① 15 ④ 16 ③ 17 ② 18 ③ 19 ④ 20 ④ 21 ①

제4장 화장품 분류 적중예상문제

22 제모(Removing Unwanted Hair) 후에는 어떤 제품을 바르는 것이 가장 좋은가?

① 알코올
② 진정 젤
③ 파우더
④ 우유

23 천연보습인자(NMF)의 구성 성분 중 40%를 차지하는 중요 성분은?

① 요소
② 젖산염
③ 무기염
④ 아미노산

24 유성 파운데이션의 기능이 아닌 것은?

① 유연효과가 좋아 하절기에 적당하다.
② 피부에 퍼짐성이 좋다.
③ 피부에 부착성이 좋다.
④ 심한 기미나 주근깨 등의 피부반점을 커버하기에 좋다.

해설 유성 파운데이션은 유분이 많아 영양이 필요한 날씨나 추운 동절기에 적당하다.

25 세안 물로서 경수를 연수로 만들 때 사용하는 약품은?

① 붕사(Borax)
② 에탄올(Ethanol)
③ 석탄산(Phenol)
④ 크레졸(Cresol)

해설 경수는 물속에 칼슘, 마그네슘이 많이 포함된 경도 10도 이상인 물로서 해수, 지하수, 우물물 등이 이에 해당된다. 이러한 경수를 연수로 만들 때는 붕사를 사용한다.

26 다음 중 수분 함량이 가장 많은 파운데이션은?

① 크림 파운데이션
② 리퀴드 파운데이션
③ 스틱 파운데이션
④ 스킨 커버

해설 수분이 많아 가볍고 부드럽게 발라지는 리퀴드 파운데이션은 초보자들에게도 적당하다.

27 다음 중 지성피부 관리에 알맞은 크림은?

① 콜드 크림
② 라놀린 크림
③ 바니싱 크림
④ 에모리엔트 크림

해설 바니싱 크림(Vanishing Cream)은 일반크림과는 달리 유분이 적게 함유되었으며, 피부에 촉촉히 젖은 느낌을 준다.

28 진흙 성분의 머드 팩에 주로 함유되어 있는 성분은?

① 카올린(Kaolin)이나 벤토나이트(Bentonite)
② 유황(Sulphur)
③ 캄포(Campor)
④ 레시틴(Lecithin)

해설 카올린이나 벤토나이트는 피지흡착능력이 좋아 지성피부에 좋다.

29 고형의 유성성분으로 고급 지방산에 고급 알코올이 결합된 에스테르를 말하며 화장품의 굳기를 증가시켜 주는 것은?

① 피마자유　　　　② 바셀린
③ 왁스　　　　　　④ 밍크오일

해설 왁스는 식물성, 동물성 오일에 비해 변질이 적고 안정성이 높아 립스틱, 크림, 파운데이션에 사용되며 광택이나 사용감을 향상시킨다.

30 세안용 화장품인 클렌징의 가장 큰 효과는?

① 피부영양 공급
② 피지 및 노폐물제거
③ 색소 및 잡티제거
④ 피부광택 개선

해설 클렌징의 가장 기본적인 솔루션은 피지와 메이크업의 잔여물을 제거해주는 것이다.

31 피부의 건조함을 막아주는 보습제의 성분 중 옳은 것은?

① 글리세린
② 폴리비닐 알코올
③ 펙틴
④ 젤라틴

해설 보습제의 종류는 글리세린, 프로필렌 글리콜, 부틸렌 글리콜, 솔비톨 등이 있다.

32 화장품의 착색료 중 백색안료의 역할은?

① 색의 농도조절
② 커버력
③ 가루의 부착
④ 피복력 조절

해설 착색료 중에서 물 또는 오일에 녹지 않는 색소를 안료라고 하며, 백색안료는 파우더나 파운데이션 등이 주요 원료로 사용된다.

33 아로마 오일의 보관방법으로 옳지 않은 것은?

① 산소와 빛 등에 변질될 수 있으므로 갈색병에 보관한다.
② 변질될 우려가 없으므로 투명유리병에 보관해도 무방하다.
③ 블랜딩한 오일은 반드시 암갈색 유리병에 담아 냉장보관한다.
④ 블랜딩한 오일의 유통기간은 냉장보관 경우 6개월 정도이다.

해설 순수 식물성 오일인 아로마 오일은 햇빛에 노출을 피하는 게 좋다.

정답 22 ②　23 ④　24 ①　25 ①　26 ②　27 ③　28 ①　29 ③　30 ②　31 ①　32 ②　33 ②

제5장 소독학

Section 1 소독의 정의 및 분류

1 소독관련 용어정의 및 소독기전

(1) 소독관련 용어정의

1) 소독의 정의

   병원 미생물의 생활력을 파괴하여 감염력을 없애는 것

2) 용어 정리

분류	설명
멸균	병원성 또는 비병원성 미생물 및 포자를 가진 것을 전부 사멸 또는 제거하는 것
살균	생활력을 가지고 있는 미생물을 여러 가지 물리적·화학적 작용에 의해 급속하게 죽이는 것
소독	사람에게 유해한 미생물을 파괴시켜 감염의 위험성을 제거하는 비교적 약한 살균작용으로 세균의 포자까지는 작용하지 못한다.
방부	병원성 미생물의 발육과 그 작용을 제거하거나 정지시켜 음식물의 부패나 발효를 방지하는 것
희석	미용용품이나 시술도구를 청결하게 세척하는 것
가열	세균의 단백질 변성에 의한 기전을 이용하여 살균하는 것
아포	고온, 건조, 동결, 방사선 등 악조건에서도 영양형 보다 오래 생존하는 것
수용액	소독약 1g을 물에 녹이면 1%의 수용액이 된다.
용액	용질(액체에 녹는 물질)+용매(용질을 녹이는 물질)이다.

3) 소독력의 크기 : 멸균 > 살균 > 소독 > 방부

(2) 소독기전과 소독약의 구비조건

1) 소독(살균)기전

   ① 산화작용 : 과산화수소, 오존, 염소, 과망간산칼륨
   ② 균체 단백의 응고 : 석탄산, 알코올, 크레졸, 포르말린, 승홍
   ③ 균체 효소의 불활성화 작용 : 알코올, 석탄산, 중금속염
   ④ 가수분해작용 : 강산, 강알칼리, 열탕수
   ⑤ 탈수작용 : 식염, 설탕, 알코올
   ⑥ 중금속염의 형성 : 승홍, 머큐로크롬, 질산은
   ⑦ 핵산에 작용 : 자외선, 방사선, 포르말린, 에틸렌옥사이드
   ⑧ 세포막의 삼투성 변화작용 : 석탄산, 중금속용, 역성비누 등

2) 소독약의 구비조건

   ① 살균력이 강하고 높은 석탄산계수를 가져야 한다(미량으로 효과가 클 것).
   ② 물품의 부식성, 표백성이 없어야 한다.
   ③ 용해성이 높고, 안정성이 있어야 한다.
   ④ 침투력이 강해야 한다.
   ⑤ 경제적이고 사용방법이 간편해야 한다.
   ⑥ 독성이 약하여 인체에 무독해야 한다.
   ⑦ 식품에 사용 후에도 수세가 가능해야 한다.
   ⑧ 냄새(방취력)가 강하지 않아야 한다.

3) 소독약 사용과 보관법

   ① 소독약은 증상에 따라 제조비율에 맞춰서 사용해야 한다.
   ② 소독약은 냉장보관하고 라벨이 오염되어서는 안된다.
   ③ 소독 대상에 따라 소독약 선택과 소독방법이 달라야 한다.
   ④ 병원 미생물의 종류, 소독의 목적에 따라 방법과 시간을 달리한다.

4) 소독액 농도표시법

   ① 푼(分)

   푼 또는 분(分)은 10분의 1를 나타내는 단위표시다. 몇 개로 등분한 것 중 하나를 가리킬 때 쓴다. 소독액의 혼합비를 표시할 때 보통 사용한다.

   ② 퍼센트(%)

   희석액 100중에 포함되어 있는 소독약의 양을 말한다

   $$퍼센트(\%) = \frac{용질(소독약)}{용액(희석액)} \times 100(\%)$$

   ③ 퍼밀리(‰)

   소독액 1,000중에 포함되어 있는 소독약의 양을 말한다.

   $$퍼밀리(‰) = \frac{용질(소독약)}{용액(희석액)} \times 1,000(‰)$$

   ④ 피피엠(ppm)

   용액량 100만 중에 포함되어 있는 용질량을 말한다.

   $$피피엠(ppm) = \frac{용질(소독약)}{용액(희석액)} \times 1,000,000(ppm)$$

2 소독법의 분류 및 소독방법

(1) 소독법의 분류

구분		내용
자연 소독법		희석, 태양광선, 한랭
물리적 소독법	건열에 의한 멸균법	화염멸균법, 건열멸균법, 소각소독법
	습열에 의한 멸균법	자비소독법, 저온소독법, 유통증기소독법, 간헐멸균법, 고압증기멸균법
	무가열에 의한 멸균법	자외선조사, 방사선조사, 세균여과법, 초음파 살균법
화학적 소독법	가스에 의한 멸균법	E.O(에틸렌 옥사이드), 포름알데히드, 오존 등
	기타 방법	알코올, 역성비누, 계면활성제, 페놀화합물, 과산화수소 등

(2) 소독방법과 용도

1) 자연소독법
① 희석 : 살균효과는 없으나 균수를 감소시켜준다.
② 태양광선 : 도노선(290~320nm)파장의 강력한 살균작용
③ 한랭 : 세균의 발육이 저지되기는 하나 사멸되지는 않는다.

2) 물리적 소독방법
① 건열 멸균법
　㉮ 화염멸균법 : 표면 살균으로 불꽃에서 20초 이상 태우며, 불에 타지 않는 금속류, 유리봉, 도자기류에 이용한다.
　㉯ 건열멸균법 : 건열멸균기(Dry Oven)를 이용하여 170℃에서 1~2시간 멸균 처리하는 방법. 주사침, 유리기구, 금속제품에 이용한다.
　㉰ 소각소독법 : 불에 태워 멸균시키는 가장 쉽고 안전한 방법. 오염된 가운, 수건, 휴지, 쓰레기, 침 등 배설물을 담았던 용기 등 재생가치 없는 물품에 이용한다.
② 습열 멸균법
　㉮ 자비소독(열탕소독)법 : 100℃의 끓는 물에서 15~20분간 처리하며, 소독효과를 높이기 위해 석탄산(5%), 크레졸(2~3%), 중조(탄산 수소 나트륨 : 1~2%)를 넣어주기도 한다. 아포형성균과 간염 바이러스를 제외한 모든 병원균은 파괴할 수 있다. 단, 금속부식성에 주의하면서 식기류, 도자기류, 주사기, 의류소독에 사용된다.
　㉯ 저온소독법(LTLT법) : 프랑스의 세균학자 파스퇴르가 고안, 61~65℃에서 30분간 가열하는 방법으로 포자를 형성치 않은 세균의 멸균을 위해서 결핵균, 소유산(Brucellaabortus), 살모넬라균 소독에 사용한다. 우유, 알코올, 과즙 등의 액체 병조림 식품에 적용한다.
　㉰ 유통증기멸균법 : 100℃의 유통증기에서 30~60분 가열하는 방법으로 식기, 조리기구, 행주 등에 사용한다.
　㉱ (유통증기)간헐멸균법 : 1일 1회씩 3일 동안 100℃에서 30분간 가열하는 방법으로 세균의 포자까지 멸균시키는 방법이다.
　㉲ 고압증기멸균법 : 100~135℃의 수증기로 미생물뿐만 아니라 아포까지 사멸시킨다. 10Lbs, 115.5℃의 상태 30분, 15Lbs, 121.5℃의 상태 20분, 20Lbs, 126.5℃의 상태 15분 작용한다. 초자기구, 거즈 및 약액, 자기류 소독에 적합하다.
　㉳ 초고온단시간소독법(HTST법) : 70~75℃에서 15~20초간 가열하는 방법으로 우유 등의 살균에 사용된다.
　㉴ 초고온순간멸균법(UHT법) : 멸균처리 기간의 단축과 영양물질의 파괴를 줄이기 위하여 사용되는 순간적인 열처리로 우유를 135℃에서 2초 동안 가열하는 방법으로 우유 소독에 적합하다.
③ 무가열 멸균법
　㉮ 자외선 조사 : 자외선을 이용하는 방법으로 290~320nm의 파장이 주로 사용되며, 무균실, 수술실, 제약실 등에서 공기, 식품, 기구 및 용기 등의 소독에 사용된다.
　㉯ 전류 및 방사선 조사 : 전류를 통해 균체가 갖고 있는 염화칼슘(Sodium Chlride) 이온을 유리시켜 살균하며, 이때 생긴 열로도 살균작용이 된다.
　㉰ 세균여과법 : 음료수나 액체식품 등을 세균여과기로 걸러서 균을 제거시키는 방법이다. 단, 바이러스는 걸러지지 않는다.
　㉱ 초음파 살균법
　　㉠ 교반작용(충체 파괴하는 살균력) : 8,800cycle/sec
　　㉡ 진동작용(강력한 살균력) : 2,000cycle/sec

3) 화학적 소독방법
화학적 소독제의 효과는 온도, 농도, pH, 소독대상물의 종류에 따라 차이가 있다.
① 에틸렌 옥사이드(Ethylene Oxide)
　㉮ 50~60℃의 저온에서 멸균된다.
　㉯ 멸균 후 보존기간이 길며, 비용이 비교적 비싸다.
　㉰ 에틸렌 옥사이드 가스는 독성을 띠므로 사용 후에는 반드시 환기 등의 방법으로 제거해 주어야 안전하다.
　㉱ 일반 세균은 물론 아포까지 불활성화시키는 장점이 있고 고무장갑이나 플라스틱의 소독에 가장 적합하다.
② 포름알데히드
　지용성이며, 단백질 응고작용이 있어 희석액에도 강한 살균작용을 한다. 피부 사용에 부적합하다.
③ 석탄산(페놀, C_6H_4OH)
　㉮ 일반적으로 3%의 수용액(온수)을 사용하며, 산성도가 높고 고온일수록 소독 효과가 크다.
　㉯ 살균력이 안정되고, 유기물질(배설물 등)에도 약화되지 않는다(안정성이 높고 화학 변화가 적다).
　㉰ 금속부식성이 있고, 냄새와 독성이 강하며, 피부점막에 자극성이 있다.
　㉱ 소독약품의 살균력 평가의 지표로서 주로 사용한다.
④ 크레졸
　㉮ 3%의 수용액을 사용하며, 석탄산 소독력의 2배 효과가 있다(석탄산계수2).
　㉯ 피부 자극성이 없으며, 강한 냄새가 단점이다.
　㉰ 물에 잘 녹지 않으며(불용성), 비누액으로 만들어 사용한다.
　㉱ 유기물질 소독에 효과적이고 세균소독에 이용한다.
⑤ 승홍($HgCl_2$)
　㉮ 0.1%의 농도를 사용(비율 : 승홍 1 + 식염 1 +물 1,000)한다.
　㉯ 맹독성이며, 금속 부식성이 강하므로 금속제 기구 및 식기류나 피부소독에는 부적합하다.
　㉰ 온도가 높을수록 살균력이 강해지므로 가온해서 사용한다.
⑥ 생석회(CaO)
　㉮ 습기 있는 분변, 하수, 오수, 오물, 토사물 소독에 적당하다.
　㉯ 건조한 소독대상물인 경우는 석회유($Ca(OH)_2$)를 생석회 분말 2, 물 8의 비율로 사용한다.
　㉰ 포자 형성 세균에는 효과가 없다.
⑦ 과산화수소(옥시풀, H_2O_2)
　㉮ 3%의 수용액을 사용하며, 무포자균을 빨리 살균한다.
　㉯ 살균력과 침투성은 약하지만 자극성이 적어서 구내염, 인두염, 입안 세척, 상처 등에 사용한다.
⑧ 알코올(Alcohol)
　㉮ 70%의 에탄올(에틸알코올)을 사용한다.
　㉯ 손, 피부 및 기구소독에 사용하며, 무포자균에 유효하다.
　㉰ 값이 비싸고 인화하기 쉬우며, 아포에는 효력이 없다.
　㉱ 고무나 플라스틱 제품은 녹기 때문에 주의해야 하며, 상처, 눈, 구강, 비강, 음부 등 점막에는 사용하지 않는다.
⑨ 머큐로크롬
　㉮ 2%의 수용액을 사용(과망간산칼륨은 0.2~0.5%의 수용액 사용)한다.
　㉯ 자극성이 없으나 살균력이 약하다.
　㉰ 점막 및 피부 상처에 사용한다.

⑩ 역성비누(양성비누)
  ㉮ 0.01~0.1%의 농도를 사용(손 소독인 경우에는 10% 용액을 100~200배 희석 사용하고, 식기류 소독일 때는 300~500배 희석사용)한다.
  ㉯ 세정력은 약하나 무미, 무해, 무자극, 무독이면서도 침투력과 살균력이 강하다.
  ㉰ 포도상구균, 결핵균에 유효하여 손 소독이나 식품소독에 사용한다.
⑪ 약용비누
  ㉮ 비누에 살균제를 혼합시킨 것이다.
  ㉯ 손, 피부소독에 이용되는 세탁효과와 살균제의 소독효과가 얻어진다.
⑫ 염소류
  ㉮ 액화염소(0.4기압) : 많은 양의 수돗물 소독에 이용한다.
  ㉯ 클로르칼크(표백분, $CaCl_2$) : 적은 양의 우물물, 수영장 소독에 이용된다.
  ㉰ 차아염소산나트륨(NaOCl) : 야채, 과실류 소독에 이용된다.
  ㉱ 염소는 조작이 간편하고 소독력이 강하다. 단, 냄새와 독성이 있으며, 금속물을 부식시키는 단점이 있다.

Section 2 미생물 총론

1 미생물의 정의 및 역사

(1) 미생물의 정의
  육안으로 보이지 않는 0.1㎛ 이하의 미세한 생물체의 총칭으로 조류(Algae), 균류(Bacteria), 원생동물류(Protozoa), 사상균류(Mold), 효모류(Yeast), 바이러스(Virus) 등이 이에 속한다.

(2) 미생물의 역사
  ① 기원 전 459~377년
    ㉮ 히포크라테스(Hippocrates)의 장기설 : '나쁜 바람이 병을 운반해 온다.'
    ㉯ 페스트, 천연두, 매독 유행
  ② 1632~1723년 : 네덜란드의 레벤후크(Leeuwenhoek)가 현미경 발견
  ③ 1822~1895년 : 파스퇴르(Pasteur)
    ㉮ 저온멸균법(미생물사멸)
    ㉯ S자 플라스크(외기의 침입방지로 장기간 보관)
    ㉰ 효모법 등의 발견
  ④ 1843~1910년 : 독일의 코흐(Kcoh)는 병원균(콜레라균, 결핵균, 탄저균) 발견으로 세균연구법 기초 확립

2 미생물의 분류 및 미생물의 증식

(1) 병원성 미생물
  ① 체내에 침입하여 병적인 반응을 일으키는 미생물
  ② 매독, 인도마마, 결핵, 수막염, 대장균, 세균성이질, 콜레라 등

(2) 비병원성 미생물
  ① 병원균이 침입하여도 반응이 없는 미생물
  ② 자연계의 항상성을 유지시켜주는 역할을 한다.

(3) 유익한 미생물
  ① 술, 간장, 된장, 기타 발효식품 등을 만드는 데 필요하다.
  ② 젖산균, 유산균, 효모균, 곰팡이균 등

(4) 미생물 증식곡선
  ① 잠복기 : 환경 적응 기간으로 미생물의 생장이 관찰되지 않는 시기
  ② 대수기 : 세포수가 2의 지수적으로 증가하는 시기
  ③ 정지기 : 세균수가 일정하고 최대치를 나타내는 시기
  ④ 사멸기 : 생존 미생물의 수가 점차로 줄어드는 시기

Section 3 병원성 미생물

1 병원성 미생물의 분류 및 특성

(1) 세균(Bacteria)
  ① 구균(Coccus, 세균의 형태가 구형이나 타원형인 것) : 포도상구균, 연쇄상구균, 단구균, 쌍구균 등
  ② 간균(Bacillus, 원통형 또는 막대기처럼 길쭉한 것) : 연쇄상간균(디프테리아균), 단균(장간균, 단간균)
  ③ 나선균(Spirochaeta, 세포벽이 얇고 탄력성이 있는 나선형, 코일 모양인 것) : 콜레라균, 트레포네마 등

(2) 바이러스(Virus)
  ① 병원체 중 가장 작아서 전자현미경으로 측정
  ② 살아있는 세포 속에서만 생존
  ③ 열에 불안정(56℃에서 30분 가열하면 불활성 초래 – 간염바이러스 제외)

(3) 기생충(동물성 기생체)
  1) 진균 : 광합성이나 운동성이 없는 생물
    ① 균사체로 구성된 사상균으로 버섯, 곰팡이, 효모 등이 해당된다.
    ② 두부백선, 조갑백선, 체부백선, 칸디다증(질염), 무좀의 원인균이다.
  2) 리케차
    ① 세균보다 작고 살아있는 세포 안에서만 기생하는 특성(세균과 바이러스의 중간 크기)
    ② 절지동물(진드기, 이, 벼룩 등)을 매개로 질병이 감염되며, 발진성, 열성 질환을 일으킨다.
  3) 클라미디아
    ① 세균보다 작고 살아있는 세포 안에서만 기생하나 균 체계 내에 생산계를 갖지 않는다.
    ② 트라코마, 앵무병, 서혜 림프 육아종 등

> **Tip**
> - 미생물의 크기 : 곰팡이 〉 효모 〉 세균 〉 리케차 〉 바이러스
> - 미생물의 성장과 사멸에 영향을 주는 요소
>   영양원, 온도와 산소농도, 물의 활성, 빛의 세기, 삼투압, pH

Section 4 소독방법

1 살균력 평가 및 주의사항

(1) 살균력 평가
① 소독제의 살균력을 평가하는 기준은 석탄산계수이다.

② 석탄산계수 = $\dfrac{\text{(다른) 소독약의 희석배수}}{\text{석탄산의 희석배수}}$

예를 들어 석탄산계수가 2이고 석탄산 희석배수가 40인 경우 소독약품의 희석배수는 80이다.

(2) 소독 시 고려요인 및 주의사항
① 소독할 물건의 성질에 유의하여 적당한 소독약이나 소독법을 선택하여 실시한다.
② 병원미생물의 종류와 멸균, 살균 또는 소독의 목적과 방법, 그리고 시간을 미리 염두에 둔다.
③ 소독약은 사용할 때마다 필요한 양만큼 조금씩 새로 만들어서 쓴다.
④ 약품에 따라 밀폐해서 냉암소에 보존해 둔다.

Section 5 분야별 위생 · 소독

1 기구 및 도구의 위생 · 소독

(1) 가위
① 금속제품을 소독할 때는 부식되거나 날이 상하지 않도록 유의하며, 70% 에탄올을 이용하여 소독한다(70%의 알코올 용액에 20분간 침수시켜 소독).
② 고압증기멸균기를 사용할 때에는 소독포에 싸서 소독하며, 소독하기 전 물이나 수건 등을 사용하여 이물질을 제거한다.

(2) 레이저
① 갈아 끼우는 부분에 때나 이물질이 끼어 소독 상태가 불완전하게 되는 경우가 많으므로 주의해야 한다.
② 고객마다 소독된 일회용 날을 사용해야 하며, 재사용해서는 안 된다.

(3) 헤어 클리퍼
① 사용 후 클리퍼 앞쪽을 분리한 후 머리카락을 털어 낸 다음 70% 알코올을 적신 솜으로 소독한다.
② 소독 후 건조한 다음 기름칠을 해야 하며, 주 1회 정도는 완전 분해하여 소독을 꼼꼼하게 한다.

(4) 각종 빗류
① 미온수에 세제 및 샴푸를 풀어 빗 종류를 담근 후에 세척하여 물기를 제거한 후 자외선 소독기에서 소독한다.
② 플라스틱 빗 종류는 약액 및 열에 변형되기 쉬우므로 주의한다.

(5) 타월
① 염모제 전용 타월과 일반 타월, 색깔 있는 타월과 백색 타월을 구분하여 세탁한다.
② 타월 세탁 시에는 세제와 염소계통의 소독약을 넣어 세탁한다.

(6) 가운류
① 섬유제품 : 세탁할 때 염소계통의 소독약을 넣어 세탁한다.
② 비닐제품 : 샴푸, 염색용 케이프는 물을 전혀 흡수하지 않아 세탁하면 뒷처리가 곤란하므로 손세탁으로 씻어내고 소독한 후 그늘에서 건조시킨다.

(7) 로드, 고무줄, 세팅롤
약액이 남으면 다음 고객에게 사용할 때 악영향을 미칠 수 있으므로 약액이 남지 않도록 꼼꼼하게 세척한다.

(8) 퍼머용 고무장갑, 스펀지
미온수에 약액이 남지 않도록 깨끗하게 헹궈 그늘에서 건조한다.

(9) 핀과 클립
진균 등으로 인한 피부염을 방지하기 위해 70% 알코올 용액에 20분 정도 담가 소독한 후 사용한다. 단, 재질이 플라스틱일 경우에는 70%의 알코올을 적신 솜으로 닦아 준다.

2 이 · 미용기구 소독의 일반기준

구 분	일 반 기 준
자외선소독	1cm²당 85μW 이상의 자외선을 20분 이상 쬐어준다.
건열멸균소독	섭씨 100℃ 이상의 건조 열에 20분 이상 쐬어준다.
증기소독	섭씨 100℃ 이상의 습한 열에 20분 이상 쐬어준다.
열탕소독	섭씨 100℃ 이상의 물속에 10분 이상 끓여준다.
석탄산수소독	석탄산수(석탄산 3%, 물 97%의 수용액)에 10분 이상 담가둔다.
크레졸소독	크레졸수(크레졸 3%, 물 97%의 수용액)에 10분 이상 담가둔다.
에탄올소독	에탄올수용액(에탄올이 70%인 수용액)에 10분 이상 담가두거나 에탄올수용액을 머금은 면 또는 거즈로 기구의 표면을 닦아준다.

소독학 적중예상문제

01 순도 100% 소독약 원액 2ml에 증류수 98ml를 혼합하여 100ml의 소독약을 만들었다면 이 소독약의 농도는?

① 2%
② 3%
③ 5%
④ 98%

해설 $\dfrac{용질량(소독약)}{용액량(희석량)} \times 100 = \dfrac{2}{100} \times 100 = 2\%$

02 다음 중 자비소독을 하기에 가장 적합한 것은?

① 스테인레스 보올
② 고무장갑
③ 플라스틱 빗
④ 염색용 케이프

해설 자비소독 : 100℃ 끓는 물에 15~20분간 처리하는 방법이다. 스테인레스류의 제품은 변형이 되지 않으므로 적합하다.

03 석탄산 소독액에 관한 설명으로 틀린 것은?

① 가구류의 소독에는 1~3% 수용액이 적당하다.
② 세균포자나 바이러스에 대해서는 작용력이 거의 없다.
③ 금속기구의 소독에는 적합하지 않다.
④ 소독액 온도가 낮을수록 효력이 높다.

해설 석탄산은 고온일수록 효과가 크다.

04 다음 중 가장 강한 살균작용을 하는 광선은?

① 자외선 ② 적외선
③ 가시광선 ④ 원적외선

해설 자외선 중 도노선(2800~3200 Å) 파장에서 살균작용을 한다.

05 산소가 있어야만 잘 성장할 수 있는 균은?

① 호기성 세균
② 혐기성균
③ 통성혐기성균
④ 호혐기성균

해설 호기성 세균이란 산소가 있어야만 살 수 있는 세균으로 고초균, 아세트산균, 결핵균 등 대부분의 세균이 이에 속한다.

06 소독장비 사용 시 주의해야 할 사항 중 옳은 것은?

① 건열멸균기 – 멸균된 물건을 소독기에서 꺼낸 즉시 냉각시켜야 살균 효과가 크다.
② 자비소독기 – 금속성 기구들은 물을 끓이기 전부터 넣고 끓인다.
③ 간헐멸균기 – 가열과 가열 사이에 20℃ 이상의 온도를 유지한다.
④ 자외선소독기 – 날이 예리한 기구소독 시 타월 등으로 싸서 넣는다.

07 고압증기멸균법에 있어 20Lbs, 126.5℃의 상태에서는 몇 분간 처리하는 것이 가장 좋은가?

① 5분
② 15분
③ 30분
④ 60분

해설 고압증기멸균법은 121℃에서 15분간 처리한다.

08 이·미용업소에서 수건 소독에 가장 많이 사용되는 물리적 소독법은?

① 석탄산 소독
② 알코올 소독
③ 자비 소독
④ 과산화수소 소독

해설 이·미용업소에서 수건 소독에 가장 많이 사용되는 소독법은 자비 소독이다.

09 혈청이나 약제, 백신 등 열에 불안정한 액체의 멸균에 주로 이용되는 멸균법은?

① 초음파 멸균법 ② 방사선 멸균법
③ 초단파 멸균법 ④ 여과 멸균법

해설 여과 멸균법 : 혈청이나 약제, 백신 등 열에 불안정한 액체의 멸균에 주로 이용되는 멸균법으로 바이러스의 분리 및 세균의 대사물질을 균체로 분리할 때도 이용한다.

10 고압증기멸균기의 소독대상물로 적합하지 않은 것은?

① 금속성 기구 ② 의류
③ 분말 제품 ④ 약액

해설 분말 제품, 모래, 예리한 칼날, 부식되기 쉬운 재질로 된 것은 고압증기멸균기의 소독대상물로 적합하지 않다.

11 석탄산의 90배 희석액과 어느 소독약의 180배 희석액이 같은 조건하에서 소독효과가 있었다면 이 소독약의 석탄산계수는?

① 0.50 ② 0.05
③ 2.00 ④ 20.0

해설 석탄산계수 = $\dfrac{소독제의 희석배수}{석탄산의 희석배수}$

정답 1① 2① 3④ 4① 5① 6③ 7② 8③ 9④ 10③ 11③

제5장 소독학 적중예상문제

12 알코올 소독의 미생물 세포에 대한 주된 작용기전은?

① 할로겐 복합물형성　　② 단백질 변성
③ 효소의 완전 파괴　　④ 균체의 완전 융해

13 살균작용이 가장 강한 것은?

① 멸균
② 소독
③ 방부
④ 모두 동일하다.

해설 소독력의 크기 : 멸균 〉살균 〉소독 〉방부

14 3% 크레졸비누액 1,000ml를 만드는 방법으로 옳은 것은? (단, 크레졸 원액의 농도는 100%이다.)

① 크레졸원액 300ml에 물 700ml를 가한다.
② 크레졸원액 30ml에 물 970ml를 가한다.
③ 크레졸원액 3ml에 물 997ml를 가한다.
④ 크레졸원액 3ml에 물 1,000ml를 가한다.

해설 농도(%) = $\dfrac{용질}{용액} \times 100$

15 고압증기 멸균법의 대상물로 가장 부적당한 것은?

① 의료기구　　② 의류
③ 고무제품　　④ 음용수

해설 멸균법은 균 자체를 사멸시키는 방법으로 대상물로 적합한 것에는 수술복, 수술용 거즈, 세균배양, 타월, 미용기구 소독 등이 있다.

16 결핵환자의 객담 처리방법 중 가장 효과적인 것은?

① 소각법　　② 알코올소독
③ 크레졸소독　　④ 매몰법

17 다음 중 물리적 소독법으로 사용하는 것이 아닌 것은?

① 알코올　　② 초음파
③ 일광　　④ 자외선

해설 물리적 소독법에는 희석, 일광 및 자외선, 여과법, 열처리법(건열살균법, 습열살균법), 진동과 전기살균법이 있다. 참고로 알코올소독은 화학적 소독법에 해당된다.

18 크레졸로 미용사의 손 소독을 할 때 가장 적합한 농도는?

① 1%　　② 2%
③ 3%　　④ 5%

19 승홍에 관한 설명이 틀린 것은?

① 액 온도가 높을수록 살균력이 강하다.
② 금속 부식성이 있다.
③ 0.1% 수용액을 사용한다.
④ 상처 소독에 적당한 소독약이다.

해설 승홍은 인체의 피부점막에 자극을 주며, 수은 중독을 일으킬 수 있다.

20 미생물의 종류에 해당하지 않는 것은?

① 벼룩　　② 효모
③ 곰팡이　　④ 세균

해설 미생물에는 곰팡이, 효모, 세균, 리케차, 바이러스가 있다.

21 다음 중 아포를 포함한 모든 미생물을 완전히 멸균시킬 수 있는 것으로서 가장 좋은 것은?

① 자외선 멸균법
② 고압증기 멸균법
③ 자비 멸균법
④ 유통증기 멸균법

해설 고압증기 멸균법 : 고압 증기멸균솥을 이용하여 121℃에서 15~29분간 살균하는 방법으로 아포를 포함한 모든 균을 사멸시키는 물리적 소독 방법이다.

22 다음 소독제 중 피부 상처부위나 구내염 소독 시에 가장 적당한 것은?

① 과산화수소　　② 크레졸수
③ 승홍수　　④ 메틸알콜

해설 피부 상처 부위 소독제는 과산화수소와 에틸알코올이 있다. 그 중 과산화수소는 3% 수용액을 사용하며, 구내염 소독 시에도 적당하다.

23 화학적 소독법에 가장 많은 영향을 주는 것은?

① 순수성　　② 융점
③ 빙점　　④ 농도

해설 화학적 소독제의 효과는 온도, 농도, pH, 소독대상물의 종류에 따라 차이가 있다.

24 다음 중 화학적 소독법은?

① 건열소독법
② 여과세균소독법
③ 포르말린소독법
④ 자외선소독법

해설 화학적 소독법 : 가스에 의한 멸균법, 알코올, 역성비누, 계면활성제, 페놀화합물, 과산화수소 등

25 유리제품의 소독방법으로 가장 적당한 것은?

① 끓는 물에 넣고 10분간 가열한다.
② 건열멸균기에 넣고 소독한다.
③ 끓는 물에 넣고 5분간 가열한다.
④ 찬물에 넣고 75℃까지만 가열한다.

해설 유리제품을 끓는 물에서 소독할 때는 15~20분간 가열해야 한다.

26 자비소독 시 살균력 상승과 금속의 상함을 방지하기 위해서 첨가하는 물질(약품)로 알맞은 것은?

① 승홍수　　② 알코올
③ 염화칼슘　　④ 탄산나트륨

해설 1~2%의 탄산나트륨(NaCO₃)이 적합하다.

정답 12 ② 13 ① 14 ② 15 ④ 16 ① 17 ① 18 ① 19 ④ 20 ① 21 ② 22 ① 23 ④ 24 ③ 25 ② 26 ④

27 저온소독법(Pasteurization)에 이용되는 적절한 온도와 시간은?

① 50~55℃, 1시간 ② 62~63℃, 30분
③ 65~68℃, 1시간 ④ 80~84℃, 30분

해설 저온소독법 : 파스퇴르가 고안, 61~65℃에서 30분간 가열하는 방법

28 다음 중 일광소독법의 가장 큰 장점은?

① 아포도 죽는다. ② 산화되지 않는다.
③ 소독효과가 크다. ④ 비용이 적게 든다.

해설 일광소독 : 가장 간단하며, 비용이 저렴하다.

29 다음 중 소독제의 소독 약효를 감소시키는 원인이라 볼 수 없는 것은?

① 정수로 희석한 경우
② 경수로 희석한 경우
③ 고온에 노출될 경우
④ 햇빛에 노출될 경우

해설 정수 희석은 소독 약효에 변화를 주지 않는다.

30 병원에서 감염병환자가 퇴원 시 실시하는 소독법은?

① 반복소독 ② 수시소독
③ 지속소독 ④ 종말소독

31 다음 중 하수도 주위에 흔히 사용되는 소독제는?

① 생석회 ② 포르말린
③ 역성비누 ④ 과망간산칼륨

해설 생석회 : 습기 있는 분변, 하수, 오수, 오물, 토사물 소독에 적당

32 다음 내용 중 틀린 것은?

① 식기 소독에는 크레졸수가 적당하다.
② 승홍은 객담이 묻은 도구나 기구류 소독에는 사용할 수 없다.
③ 중성세제는 세정작용이 강해 살균작용도 한다.
④ 역성비누는 보통비누와 병용해서는 안 된다.

해설 역성비누가 살균력이 강하다.

33 어느 소독약의 석탄산계수가 1.5였다면 그 소독약의 적당한 희석배율은 몇 배인가?(단, 석탄산의 희석배율은 90배)

① 60배 ② 135배
③ 150배 ④ 180배

해설 문제는 소독약의 희석배율, 희석배수를 구하는 것
석탄산계수 = 소독약의 희석배수 / 석탄산의 희석배수
밑줄친 소독약 희석배수가 분자로 있기 때문에, 분모 즉, 석탄산의 희석배수를 없애야 구할 수 있다. 분모의 석탄산의 희석배수를 없애기 위해서는
석탄산의 계수 × 석탄산의 희석배수 = 소독약의 희석배수 공식을 변형시켜주면 된다.
다시 대입해보면
1.5 × 90 = 소독약의 희석배수
135 = 소독약의 희석배수

34 다음 소독약 중 독성이 없는 것은?

① 석탄산
② 승홍수
③ 에틸알코올
④ 포르말린

해설
• 석탄산 : 피부 점막에 자극, 냄새와 독성이 강함
• 승홍수 : 인체의 피부 점막을 자극
• 포르말린 : 강한 자극성

35 음식물을 냉장하는 이유가 아닌 것은?

① 미생물의 증식억제
② 자가소화의 억제
③ 신선도 유지
④ 멸균

해설 멸균 : 모든 미생물의 생활력은 물론 미생물 자체를 없애는 것으로 냉장보관으로는 균을 없애지 못한다.

36 역성비누의 설명 중 틀린 것은?

① 독성이 적다.
② 냄새가 거의 없다.
③ 세정력이 강하다.
④ 물에 잘 녹는다.

해설
• 역성비누 : 세정력이 약하고, 살균력이 강하다.
• 중성비누 : 세정력이 강하고, 살균력이 약하다.

37 멸균의 의미로 가장 옳은 표현은?

① 병원성 균의 증식 억제
② 병원성 균의 사멸
③ 아포를 포함한 모든 균의 사멸
④ 모든 세균의 독성만 파괴

해설 멸균이란 아포를 포함한 살아있는 모든 균을 완전히 제거하여 죽이는 것이다.
①은 방부, ②는 소독에 해당된다.

38 각종 살균제와 그 기전을 연결하였다. 틀린 것은?

① 과산화수소 - 가수분해
② 생석회 - 균체 단백질 변성
③ 알코올 - 대사저해 작용
④ 페놀 - 단백질 응고

해설 과산화수소는 산화작용에 의한 것이다.

39 E.O.(Ethylene Oxide) 가스 소독이 갖는 장점이라 할 수 있는 것은?

① 소독에 드는 비용이 싸다.
② 일반 세균은 물론 아포까지 불활성화시킬 수 있다.
③ 소독절차 및 방법이 쉽고 간단하다.
④ 소독 후 즉시 사용이 가능하다.

해설 E.O. 가스 소독은 일반 세균을 물론 아포까지 불활성화시키는 장점이 있다.

정답 27 ② 28 ④ 29 ① 30 ④ 31 ① 32 ③ 33 ② 34 ③ 35 ④ 36 ③ 37 ③ 38 ① 39 ②

40 다음 중 상처나 피부 소독에 가장 적당한 것은?

① 크레졸 비누액　　　② 포르말린수

③ 과산화수소　　　　④ 차아염소산나트륨

🔵해설　과산화수소는 창상용으로 피부 상처나 소독에 사용된다.

41 결핵환자가 사용한 침구류 및 의류의 가장 간편한 소독방법은?

① 일광소독　　　　　② 자비소독

③ 석탄산소독　　　　④ 크레졸소독

🔵해설　결핵환자가 사용하던 식기, 의류, 침구 등을 끓이거나 일광소독을 한다.

42 살균력과 침투성은 약하지만 자극이 없고 발포작용이 있어 구강이나 상처 소독에 주로 사용되는 소독제는?

① 페놀　　　　　　　② 염소

③ 과산화수소　　　　④ 알코올

🔵해설　과산화수소는 피부 상처 소독에 사용된다.

43 이·미용업소에서 기구 소독 시 가장 완전한 방법은?

① 고압증기멸균　　　② 건열멸균

③ 자비소독　　　　　④ 일광소독

🔵해설　고압증기멸균 : 100~135℃의 수증기로 미생물뿐만 아니라 아포까지 사멸

44 승홍을 희석하여 소독에 사용하고자 한다. 경제적 희석배율은 어느 정도로 되는가?(단, 아포살균 제외)

① 500배　　　　　　② 1,000배

③ 1,500배　　　　　④ 2,000배

🔵해설　승홍은 단백질과 결합하여 살균작용을 일으키며, 조직에 대한 자극성과 금속 부식성이 강하여 주로 0.1% 수용액이 사용된다.

45 소독약 10ml를 용액(물) 40ml에 혼합시키면 몇 %의 수용액이 되는가?

① 2%　　　　　　　② 10%

③ 20%　　　　　　　④ 50%

🔵해설　농도를 구하는 문제이다.

$$농도 = \frac{용질}{용액} \times 100$$

여기서 용질은 물질(단단한 것), 용액은 물질과 액(용매 + 용질)이 합해진 것이다. 문제에서는 소독약이 물질(= 용질)이다(흔히 농도를 구하는 문제는 소금으로 나오는데 쉽게 이해하기 위해서는 소독약을 딱딱한 소금으로 생각하면 된다).

구하고자 하는 것은 농도이므로

농도 = (소독약 10 / 물 40 + 소독약 10) × 100

　　 = 10 / 50 × 100 = 10 ÷ 50 × 100

　　 = 0.2 × 100 = 20

46 다음 중 플라스틱 브러시의 소독방법으로 가장 알맞은 것은?

① 0.5%의 역성비누에 1분 정도 담근 후 물로 씻는다.

② 100℃의 끓는 물에 20분 정도 자비 소독을 행한다.

③ 세척 후 자외선 소독기를 사용한다.

④ 고압증기 멸균기를 이용한다.

47 생석회 분말소독으로 가장 적절한 소독 대상물은?

① 화장실 분변

② 감염병 환자실

③ 채소류

④ 상처

🔵해설　생석회(CaO)는 재래식 화장실의 대량 소독에 적당하다.

48 염소 소독의 장점이 아닌 것은?

① 소독력이 강하다.

② 조작이 간편하다.

③ 냄새가 없다.

④ 잔류효과가 크다.

🔵해설　염소는 냄새와 독성이 있으며, 금속물을 부식시키는 단점이 있다.

49 소독의 주된 원리는 다음 중 어느 것인가?

① 균체 원형질 중의 탄수화물 변성

② 균체 원형질 중의 지방질 변성

③ 균체 원형질 중의 단백질 변성

④ 균체 원형질 중의 수분 변성

🔵해설　단백질로 되어 있는 세균의 원형질을 변화시켜 응고·융해시키거나, 탈수·산화·환원시켜서 세균을 죽이는 것이 소독 또는 멸균의 기본 원리이다.

50 소독의 정의에 대한 설명 중 가장 올바른 것은?

① 모든 미생물을 열이나 약품으로 사멸하는 것

② 병원성 미생물을 사멸하거나 제거하여 감염력을 잃게 하는 것

③ 병원성 미생물에 의한 부패방지를 하는 것

④ 병원성 미생물에 의한 발효방지를 하는 것

🔵해설　①은 멸균, ③은 방부의 정의에 해당한다.

51 다음 중 크레졸의 설명으로 틀린 것은?

① 3%의 수용액을 주로 사용한다.

② 석탄산에 비해 2배의 소독력이 있다.

③ 손, 오물 등의 소독에 사용된다.

④ 물에 잘 녹는다.

🔵해설　크레졸은 물에 잘 녹지 않는다.

52 소독약의 구비조건에 해당되지 않는 것은?

① 높은 살균력을 가질 것

② 인축에 해가 없어야 할 것

③ 저렴하고 구입과 사용이 간편할 것

④ 기름, 알코올 등에 잘 용해되어야 할 것

정답　40 ③　41 ①　42 ③　43 ①　44 ②　45 ③　46 ③　47 ①　48 ③　49 ③　50 ②　51 ④　52 ④

53 다음 중 에탄올에 의한 소독 대상물로서 가장 적합한 것은?

① 유리 제품 ② 셀룰로이드 제품
③ 고무 제품 ④ 플라스틱 제품

해설 에틸알코올(에탄올)은 인체에 무해하며 수지소독, 피부소독, 미용기구소독에 적합하다.

54 어떤 소독약의 석탄산계수가 2.0이라는 것은 무엇을 의미하는가?

① 석탄산의 살균력이 2이다.
② 살균력이 석탄산의 2배이다.
③ 살균력이 석탄산의 2%이다.
④ 살균력이 석탄산의 120%이다.

해설 석탄산계수 = $\frac{\text{소독약의 희석배수}}{\text{석탄산의 희석배수}} \times 100$ 으로 석탄산계수가 높을수록 살균력이 크다.

55 자비소독법 설명 중 틀린 것은?

① 아포형성균에는 부적당하다.
② 물에 탄산나트륨 1~2%를 넣으면 살균력이 강해진다.
③ 금속기구 소독 시 날이 무디어질 수 있다.
④ 물리적 소독법에서 가장 효과적이다.

해설 물리적 소독법에서 가장 효과적인 방법은 소각법이다. 자비소독법은 아포형성균과 간염바이러스를 제외한 모든 병원균을 파괴할 수 있다.

56 훈증소독법으로 사용할 수 있는 약품인 것은?

① 포르말린
② 과산화수소
③ 염산
④ 나프탈렌

해설 훈증소독은 포르말린과 과망간산칼륨 반응으로 생성되는 포름알데히드 기체를 이용하는 것으로 일정시간이 지난 후에 병원미생물을 죽일 수 있다.

57 미용용품이나 기구 등을 일차적으로 청결하게 세척하는 것은 다음의 소독방법 중 어디에 해당되는가?

① 방부
② 정균
③ 여과
④ 희석

해설 미용용품이나 기구 등은 일차적으로 희석하여 청결하게 세척한다.

58 화학적 약제를 사용하여 소독 시 소독약품의 구비조건으로 옳지 않은 것은?

① 용해성이 낮아야 한다.
② 살균력이 강해야 한다.
③ 부식성, 표백성이 없어야 한다.
④ 경제적이고 사용방법이 간편해야 한다.

해설 화학적 약제로 사용되는 소독약품은 표백성이 없고 용해성이 높으며, 안정성이 있어야 한다.

59 소독제의 농도가 알맞지 않은 것은?

① 승홍 0.1%
② 알코올 70%
③ 석탄산 0.3%
④ 크레졸 3%

해설 석탄산은 일반적으로 3% 농도(방역용)의 수용액을 사용하며, 손 소독 시에는 2% 수용액을 사용한다.

60 고압증기 멸균법의 압력과 처리시간이 틀린 것은?

① 10Lbs(파운드)에서 30분
② 15Lbs(파운드)에서 20분
③ 20Lbs(파운드)에서 15분
④ 30Lbs(파운드)에서 3분

해설 고압증기멸균법
- 10Lbs, 115.5°C의 상태 30분
- 15Lbs, 121.5°C의 상태 20분
- 20Lbs, 126.5°C의 상태 15분

61 다음 중 소독약품의 살균력 측정시험에서 지표로서 주로 사용하는 것은?

① 크레졸 ② 석탄산
③ 알코올 ④ 승홍

해설 석탄산계수 = $\frac{\text{소독약의 희석배수}}{\text{석탄산의 희석배수}} \times 100$ 으로 석탄산계수가 높을수록 살균력이 크다.

62 에틸렌 옥사이드(Ethylene Oxide) 가스의 설명으로 적합하지 않은 것은?

① 50~60°C의 저온에서 멸균된다.
② 멸균 후 보존기간이 길다.
③ 비용이 비교적 비싸다.
④ 멸균완료 후 즉시 사용 가능하다.

해설 에틸렌 옥사이드 가스는 독성을 띠므로 사용 후에는 반드시 환기 등의 방법으로 제거해 주어야 안전하다.

63 다음 중 일광소독은 주로 무엇을 이용한 것인가?

① 열선 ② 적외선
③ 가시광선 ④ 자외선

해설 자외선은 태양광선 중 파장이 200~400nm의 범위에 속하며, 특히 260nm 부근의 파장인 경우 강력한 살균작용을 한다.

64 70%의 희석 알코올 2L를 만들려면 무수 알코올(알코올 원액) 몇 ml가 필요한가?

① 700L ② 1,400L
③ 1,600L ④ 1,800L

해설 농도(%) = $\frac{\text{용질}}{\text{용액}} \times 100 = \frac{x}{2,000} \times 100 = 70\%$ 이므로 x는 1,400ml 이다.

정답 53 ① 54 ② 55 ④ 56 ① 57 ④ 58 ① 59 ③ 60 ④ 61 ② 62 ④ 63 ④ 64 ②

65 손 소독에 이용되는 알코올의 농도로 가장 적당한 것은?

① 3% ② 30%

③ 50% ④ 70%

해설 손 소독에는 70% 에탄올과 30~50% 이소프로판올을 사용한다.

66 고무장갑이나 플라스틱의 소독에 가장 적합한 것은?

① E.O. 가스 살균법

② 고압증기멸균법

③ 자비소독법

④ 오존멸균법

해설 E.O. 가스는 모든 종류의 미생물을 죽일 수 있고 고온, 고습, 고압을 필요로 하지 않으며 또한 기구나 물품에 손상을 주지 않는 장점이 있다.

67 다음 중 방역용 석탄산수의 알맞은 사용 농도는?

① 1% ② 3%

③ 5% ④ 70%

해설 일반적으로 3% 농도(방역용)의 수용액을 사용하나 손 소독 시에는 2% 수용액을 사용한다.

68 다음 중 소독 실시에 있어 수증기를 동시에 혼합하여 사용할 수 있는 것은?

① 승홍수 소독

② 포르말린수 소독

③ 석회수 소독

④ 석탄산수 소독

해설 포르말린수 소독은 포름알데히드가 37% 이상 포함된 수용액으로 수증기를 동시에 혼합하여 사용할 수 있다.

69 소독약품으로서 갖추어야 할 구비 조건이 아닌 것은?

① 안정성이 높을 것

② 독성이 낮을 것

③ 부식성이 강할 것

④ 용해성이 높을 것

해설 부식성이 강하면 용기까지 부식시킬 우려가 있으므로 적절하지 못하다.

70 이·미용사의 손 소독으로 가장 좋은 것은?

① 석탄산수 ② 크레졸액

③ 포르말린액 ④ 역성비누액

71 다음 중 석탄산 소독의 장점은?

① 안정성이 높고 화학 변화가 적다.

② 바이러스에 대한 효과가 크다.

③ 피부 및 점막에 자극이 없다.

④ 살균력이 크레졸 비누액보다 높다.

해설 석탄산은 살균력이 강하고 고온일수록 효과가 높으며, 사용범위가 넓어서 좋은 장점을 가지고 있다. 단점은 피부점막에 자극성이 강하고 금속을 부식시키며, 냄새와 독성이 강하다는 점이다.

72 무수알코올(100%)을 사용해서 70%의 알코올 1,800ml를 만드는 방법으로 옳은 것은?

① 무수알코올 700ml에 물 1,100ml를 가한다.

② 무수알코올 70ml에 물 1,730ml를 가한다.

③ 무수알코올 1,260ml에 물 540ml를 가한다.

④ 무수알코올 126ml에 물 1,674ml를 가한다.

해설 농도(%) = $\dfrac{용질}{용액} \times 100$

73 다음 중 금속제 기구의 소독에 사용되지 않는 것은?

① 승홍수 ② 알코올

③ 크레졸 ④ 역성비누액

해설 승홍수는 금속을 부식시키는 부식성이 있다.

74 소독제의 구비 조건에 해당되지 않는 것은?

① 장시간에 걸쳐 소독의 효과가 서서히 나타나야 한다.

② 소독대상물에 손상을 입혀서는 안 된다.

③ 인체 및 가축에 해가 없어야 한다.

④ 방법이 간단하고 비용이 적게 들어야 한다.

해설 소독제는 살균력이 강하고 용해성, 안전성이 있어야 하며, 부식성과 표백성은 없어야 한다.

75 금속제품을 자비소독할 경우 언제 물에 넣는 것이 가장 좋은가?

① 가열 시작 전 ② 가열 시작 직후

③ 끓기 시작한 후 ④ 수온이 미지근할 때

해설 100℃의 끓는 물에서 15~20분간 처리한다.

76 소독약의 사용과 보존상의 주의사항 중 틀린 것은?

① 소독약액은 사전에 많이 제조해둔 뒤에 필요량만큼씩 사용한다.

② 약품을 냉암소에 보관함과 동시에 라벨이 오염되지 않도록 다른 것과 구분해 둔다.

③ 소독물체에 적당한 소독약이나 소독방법을 선정한다.

④ 병원미생물의 종류, 저항성에 따라 그 방법, 시간을 고려한다.

해설 소독약액은 사용직전에 조제해야 한다.

77 고압증기 멸균기의 열원으로 수증기를 사용하는 이유가 아닌 것은?

① 일정 온도에서 쉽게 열을 방출하기 때문

② 미세한 공간까지 침투성이 높기 때문

③ 열 발생에 소요되는 비용이 저렴하기 때문

④ 바세린(Vaseline)이나 분말 등도 쉽게 통과할 수 있기 때문

78 에틸알코올(에탄올) 소독이 가장 부적합한 기구는?

① 빗(Comb) ② 가위

③ 면도칼 ④ 핀, 클립

해설 플라스틱이나 고무제품은 에탄올 소독 시 녹기 때문에 적당하지 않다.

정답 65 ④ 66 ① 67 ② 68 ② 69 ③ 70 ④ 71 ① 72 ③ 73 ① 74 ① 75 ③ 76 ① 77 ④ 78 ①

79 살균작용 기전으로 산화작용을 주로 이용하는 소독제는?

① 오존 ② 석탄산
③ 알코올 ④ 머큐로크롬

해설 오존 : 반응성이 풍부하고 산화작용이 강하다.

80 소독액의 농도표시법에 있어서 소독액 1,000,000ml 중에 포함되어 있는 소독양의 양을 나타낸 단위는?

① 밀리그램(mg) ② 피피엠(ppm)
③ 퍼밀리(‰) ④ 퍼센트(%)

해설 $ppm = \frac{1}{1,000,000}$, 퍼밀리(‰) $= \frac{1}{1,000}$, 퍼센트(%) $= \frac{1}{100}$

81 석탄산의 소독작용과 관계가 가장 먼 것은?

① 균체 단백질 응고 작용
② 균체 효소의 불활성화 작용
③ 균체의 삼투압 변화 작용
④ 균체의 가수분해 작용

해설 가수분해 작용은 강산, 강알칼리, 열탕수에 의해 일어난다.

82 다음 소독약 중 할로겐계의 것이 아닌 것은?

① 표백분
② 석탄산
③ 차아염소산나트륨
④ 요오드

해설 할로겐계 소독제로는 표백분, 차아염소나트륨 등의 염소계 요오드와 계면활성제 등의 혼합물이 있다.

83 이·미용실에서 사용하는 수건을 철저하게 소독하지 않았을 때 주로 발생할 수 있는 감염병은?

① 장티푸스
② 트라코마
③ 페스트
④ 일본뇌염

해설 장티푸스 : 소화기계 감염병(경구적 침입), 트라코마 : 눈병
페스트 및 일본뇌염 : 경피 침입(동물매개 감염병)

84 이·미용업소에서 간염의 감염을 방지하려면 다음 중 어느 기구를 가장 철저히 소독하여야 하는가?

① 수건 ② 머리 빗
③ 면도칼 ④ 조발용 가위

해설 면도 시 상처가 날 때 혈액으로 인해 간염이 감염되므로 면도칼을 철저히 소독해야 한다.

85 이·미용실 바닥 소독용으로 가장 알맞은 소독약품은?

① 알코올 ② 크레졸
③ 생석회 ④ 승홍수

해설 크레졸은 객담, 의류, 침구 커버, 천조각, 가위, 브러시, 고무제품, 실내 각부, 가구 등의 소독에 알맞다.

86 다음 중 자비소독에서 자비효과를 높이고자 일반적으로 사용하는 보조제가 아닌 것은?

① 탄산나트륨 ② 붕산
③ 크레졸액 ④ 포르말린

87 고압증기멸균법에 대한 설명으로 옳지 않은 것은?

① 멸균방법이 쉽다.
② 멸균시간이 길다.
③ 소독비용이 비교적 저렴하다.
④ 높은 습도에 견딜 수 있는 물품이 주 소독대상이다.

해설 고압증기멸균법은 가장 확실한 멸균법으로 멸균시간이 짧다.

88 포르말린 소독법 중 올바른 설명은?

① 온도가 낮을수록 소독력이 강하다.
② 온도가 높을수록 소독력이 강하다.
③ 온도가 높고 낮음에 관계없다.
④ 포르말린은 가스상으로는 작용하지 않는다.

해설 포르말린 소독은 온도가 높을 때 소독력이 강하며 세균, 아포, 바이러스 등 많은 미생물에 작용한다.

89 다음 중 소독에 영향을 가장 적게 미치는 인자는?

① 온도
② 대기압
③ 수분
④ 시간

해설 소독에 영향을 미치는 인자는 열, 자외선, 수분, 온도, 농도, 시간 등이다.

90 다음 중 B형 간염 바이러스에 가장 유효한 소독제는?

① 양성계면활성제
② 과산화수소
③ 양이온계면활성제
④ 포름알데히드

해설 포름알데히드 소독제는 7시간 이상 밀폐한 채 방치해 두며 환원력이 강하고, 형태가 큰 소독에 용이하다.

91 다음 중 세균이 가장 잘 자라는 최적 수소이온(pH) 농도에 해당되는 것은?

① 강산성
② 약산성
③ 중성
④ 강알칼리성

해설 세균은 pH 5.0∼8.5의 중성 조건에서 잘 성장한다.

92 초음파살균에 가장 효과적인 미생물은?

① 나선균 ② 파상풍균
③ 그람양성세균 ④ 쌍구균

해설 미생물 중 초음파에 가장 예민한 것은 나선균이다.

정답 79 ① 80 ② 81 ④ 82 ② 83 ② 84 ③ 85 ② 86 ④ 87 ② 88 ② 89 ② 90 ④ 91 ③ 92 ①

93 내열성이 강해서 자비소독으로 멸균이 되지 않는 것은?

① 장티푸스균　　　　　② 결핵균
③ 아포형성균　　　　　④ 쌍구균

⊙해설 아포형성균은 가장 강력한 고압증기멸균법을 이용한다.

94 다음 중 열에 대한 저항력이 커서 자비소독으로는 멸균이 되지 않는 것은?

① 장티푸스균　　　　　② 결핵균
③ 살모넬라균　　　　　④ B형 간염바이러스

⊙해설 자비소독은 100℃에서 10~20분간 끓이는 것으로 아포형성균과 간염 바이러스를 제외한 모든 병원균이 파괴된다.

95 다음 중 소독방법과 소독대상이 바르게 연결된 것은?

① 화염멸균법 – 의류나 타월
② 자비소독법 – 아마인유
③ 고압증기멸균법 – 예리한 칼날
④ 건열멸균법 – 바세린(Vaseline) 및 파우더

⊙해설 건열멸균법은 유리기구, 유지, 글리세린, 분말금속류, 자기류 등에 효과적인 소독방법이다.

96 살균력이 강하지만 자극성과 부식성이 강해서 상수 또는 하수의 소독에 주로 이용되는 것은?

① 알코올　　　　　② 질산은
③ 승홍　　　　　④ 염소

⊙해설 액체염소는 펄프나 종이를 표백하거나, 유기화합물이나 무기화합물을 만들 때, 수돗물을 살균할 때 이용된다.

97 파스퇴르가 발명한 살균방법은?

① 저온살균법　　　　　② 증기살균법
③ 여과살균법　　　　　④ 자외선살균법

⊙해설 저온살균법은 프랑스의 세균 면역학자인 파스퇴르에 의해 고안되었으며, 주로 식품에 이용되고 저온에서 살균하므로 맛이 그대로 유지된다.

98 다음 중 산소가 없는 곳에서만 증식을 하는 균은?

① 파상풍균
② 결핵균
③ 디프테리아균
④ 백일해균

⊙해설 파상풍의 원인균인 파상풍균은 혐기성세균에 해당된다.

99 다음 중 100℃에서도 살균되지 않는 균은?

① 대장균
② 결핵균
③ 파상풍균
④ 장티푸스균

⊙해설 파상풍균은 혐기성균으로 100℃에서 1시간 가열해도 완전히 사멸되지 않는다.

100 이 · 미용실에 사용하는 소독약 중 무색, 무취하고 맹독성이 강하여 아무데나 방치하면 위험하므로 착색을 하여 잘 보관하여야 하는 소독약품은?

① 석탄산수　　　　　② 포르말린수
③ 승홍수　　　　　④ 크레졸수

⊙해설 승홍수는 독성이 강하고 위험하므로 착색을 하고 반드시 라벨을 붙여 물과 구별하여 어두운 곳에 보관하여야 한다.

101 소독을 통해 살균되는 원리를 설명한 것 중 옳지 않은 것은?

① 산화작용
② 균체 단백의 응고작용
③ 가수분해 작용
④ 환원작용

⊙해설 환원작용은 퍼머넌트 웨이브 제 1제의 작용을 가리킨다.

102 다음의 병원미생물 중 크기가 가장 작은 것은?

① 바이러스　　　　　② 리케차
③ 세균　　　　　④ 기생충

⊙해설 가장 크기가 작은 병원미생물은 여과성 병원체인 바이러스이다. 리케차는 세균과 바이러스의 중간 크기이다.

103 습열 멸균법인 자비소독에 첨가하면 살균력을 높여주는 것은?

① 탄산나트륨　　　　　② 승홍수
③ 알코올　　　　　④ 포르말린

⊙해설 자비소독은 열탕소독이라고도 한다. 소독효과를 높이기 위해 크레졸이나 탄산나트륨을 넣어주기도 한다.

104 물리적 소독 방법인 건열 멸균법을 할 경우 적당한 시간과 온도는?

① 섭씨 100도에서 2시간 처리
② 섭시 130도에서 2시간 처리
③ 섭씨 150도에서 1~2시간 처리
④ 섭씨 170도에서 1~2시간 처리

⊙해설 건열 멸균법은 드라이 오븐을 이용하여 170도씨에서 1~2시간 멸균처리하는 방법이다.

105 태양광선에 의한 일광소독을 할 때 살균작용을 하는 광선은?

① 가시광선　　　　　② 자외선
③ 적외선　　　　　④ 엑스선

⊙해설 일광소독은 자외선에 의한 소독이다. 보통 미용실에서는 자외선 소독기를 사용한다.

106 다음 소독액의 살균 기전 중 단백질의 응고작용을 이용한 것은?

① 석탄산　　　　　② 승홍수
③ 생석회　　　　　④ 알코올

⊙해설 석탄산 살균 기전은 단백질 응고작용과 세포의 용해작용 등이다.

정답　93 ③　94 ④　95 ④　96 ④　97 ①　98 ①　99 ③　100 ①　101 ④　102 ①　103 ①　104 ④　105 ②　106 ①

제6장 공중위생관리법규

Section 1 목적 및 정의

1 공중위생관리법의 목적 및 정의

(1) 공중위생관리법의 목적

공중이 이용하는 영업과 시설의 위생관리 등에 관한 사항을 규정함으로써 위생수준을 향상시켜 국민의 건강 증진에 기여함을 목적으로 한다.

(2) 용어의 정의

용어	정의
공중위생영업	다수인을 대상으로 위생관리서비스를 제공하는 영업으로서 숙박업, 목욕장업, 이용업, 미용업, 세탁업, 건물위생관리업을 말한다.
이용업	손님의 머리카락 또는 수염을 깎거나 다듬는 등의 방법으로 손님의 용모를 단정하게 하는 영업을 말한다.
미용업	손님의 얼굴·머리·피부 등을 손질하여 손님의 외모를 아름답게 꾸미는 영업을 말한다.

Section 2 영업의 신고 및 폐업

1 공중위생영업의 신고

(1) 시장·군수·구청장에 신고

① 공중위생영업을 하고자 하는 자는 공중위생영업의 종류별로 보건복지부령이 정하는 시설 및 설비를 갖추고 시장·군수·구청장에게 신고하여야 한다.
② 공중위생영업 신고 시 시장·군수·구청장에게 제출할 서류
 ㉮ 영업시설 및 설비개요서
 ㉯ 교육 필증(미리 교육을 받은 경우)
 ㉰ 국유철도정거장 시설 영업자의 경우 국유재산사용허가서
 ㉱ 국유철도 외의 철도정거장 시설 영업자의 경우 철도시설 사용계약에 관한 서류

(2) 이용업과 미용업의 시설·설비 기준

구분	시설 설비 기준
이용업	㉮ 이용기구는 소독을 한 기구와 소독을 하지 아니한 기구를 구분해 보관할 수 있는 용기를 비치하여야 한다. ㉯ 소독기, 자외선 살균기 등 이용기구를 소독하는 장비를 갖추어야 한다. ㉰ 응접장소와 작업장소 또는 의자와 의자를 구획하는 커튼, 칸막이 그밖에 이와 유사한 장애물을 설치해서는 아니된다. ㉱ 영업소 안에서 별실 그 밖에 이와 유사한 시설을 설치해서는 아니 된다.
미용업	㉮ 미용기구는 소독을 한 기구와 소독을 하지 아니한 기구를 구분해 보관할 수 있는 용기를 비치하여야 한다. ㉯ 소독기, 자외선 살균기 등 미용기구를 소독하는 장비를 갖추어야 한다.

2 변경신고

영업신고사항의 변경 시 보건복지부령이 정하는 중요사항의 변경인 경우에는 시장·군수·구청장에게 변경신고를 하여야 한다.

(1) 보건복지부령이 정하는 중요한 사항인 경우
① 영업소의 명칭 또는 상호
② 영업소의 소재지
③ 신고한 영업장 면적의 3분의 1 이상의 증감
④ 대표자의 성명 또는 생년월일
⑤ 미용업 업종간 변경

(2) 변경신고 시 제출 서류
① 영업 신고증
② 변경사항을 증명하는 서류

> **Tip** 영업신고증의 재교부 신청사유
> ① 신고증을 잃어버렸을 때
> ② 신고증이 헐어 못쓰게 된 때
> ③ 신고인의 성명이나 주민등록번호가 변경된 때

3 폐업신고 및 영업의 승계

(1) 폐업신고
① 공중위생영업을 폐업한 자는 폐업한 날부터 20일 이내에 시장·군수·구청장에게 신고하여야 한다. 신고 시 폐업신고서를 제출한다. 법에 따른 영업정지 등의 기간 중에는 폐업신고를 할 수 없다.

(2) 영업의 승계

공중위생관리법 제3조 2에서 영업의 승계 조건을 규정하고 있다. 공중위생영업은 숙박업, 목욕장업, 이용업, 미용업, 세탁업 등을 말한다.

① 공중위생영업자가 그 공중위생영업을 양도하거나 사망한 때 또는 법인의 합병이 있는 때에는 그 양수인 상속인 또는 합병 후 존속하는 법인이나 합병에 의하여 설립되는 법인은 그 공중위생영업자의 지위를 승계한다.

② 민사집행법에 의한 경매, '채무자 회생 및 파산에 관한 법률'에 의한 환가나 국세징수법, 관세법 또는 '지방세 징수법'에 의한 압류재산의 매각 그 밖에 이에 준하는 절차에 따라 공중위생영업 관련시설 및 설비의 전부를 인수한 자는 이 법에 의한 그 공중위생영업자의 지위를 승계한다.

③ ①또는 ②의 규정에도 불구하고 이용업 또는 미용업의 경우에는 공중위생관리법 제6조의 규정에 의한 면허를 소지한 자에 한하여 공중위생영업자의 지위를 승계할 수 있다.

④ ①또는 ②의 규정에 의하여 공중위생영업자의 지위를 승계한 자는 1월 이내에 보건복지부령이 정하는 바에 따라 시장, 군수 또는 구청장에게 신고하여야 한다.

Section 3   영업자 준수사항

1 이 · 미용업자의 위생관리기준

구분	위생관리기준
이용업자	㉮ 이용기구 중 소독을 한 기구와 소독을 하지 아니한 기구는 각각 다른 용기에 넣어 보관하여야 한다. ㉯ 1회용 면도날은 손님 1인에 한하여 사용하여야 한다. ㉰ 업소 내에 이용업신고증, 개설자의 면허증 원본 및 최종지불요금표를 게시하여야 한다. ㉱ 영업장 안의 조명도는 75룩스 이상이 되도록 유지하여야 한다.
미용업자	㉮ 점빼기, 귓볼뚫기, 쌍꺼풀수술, 문신, 박피술 그밖에 이와 유사한 의료행위를 하여서는 아니 된다. ㉯ 피부미용을 위하여 약사법 규정에 의한 의약품 또는 의료기기법에 따른 의료기기를 사용하여서는 아니 된다. ㉰ 미용기구 중 소독을 한 기구와 소독을 하지 아니한 기구는 각각 다른 용기에 넣어 보관하여야 한다. ㉱ 1회용 면도날은 손님 1인에 한하여 사용하여야 한다. ㉲ 업소 내에 미용업신고증, 개설자의 면허증 원본 및 최종지불요금표를 게시 또는 부착하여야 한다. ㉳ 영업장 안의 조명도는 75룩스 이상이 되도록 유지하여야 한다.
공통	㉮ 신고한 영업장 면적이 66제곱미터 이상인 경우 영업소 외부에도 손님이 보기 쉬운 곳에 최종지불요금표를 게시 또는 부착하여야 하고 최종지불요금표에는 일부항목(이용은 3개 이상, 미용은 5개 이상)만을 표시할 수 있다. ㉯ 3가지 이상의 이 · 미용서비스를 제공하는 경우 개별 서비스의 최종 지불가격 및 전체 서비스의 총액에 관한 내역서를 이용자에게 미리 제공하고 사본을 1개월간 보관하여야 한다.

2 공중위생영업자의 불법카메라 설치 금지

영업소에 「성폭력범죄의 처벌 등에 관한 특례법」에 위반되는 행위에 이용되는 카메라나 그 밖에 이와 유사한 기능을 갖춘 기계장치를 설치해서는 아니 된다.

Section 4   이 · 미용사의 면허

1 이 · 미용사의 면허 발급 및 취소

(1) 자격기준

이용사 또는 미용사가 되고자 하는 자는 다음의 어느 하나에 해당하는 자로서 보건복지부령이 정하는 바에 의하여 시장 · 군수 · 구청장의 면허를 받아야 한다.

① 전문대학 또는 이와 같은 수준 이상의 학력이 있다고 교육부장관이 인정하는 학교에서 이용 또는 미용에 관한 학과를 졸업한 자

② 학점인정 등에 관한 법률의 관련 규정에 따라 대학 또는 전문대학을 졸업한 자와 같은 수준 이상의 학력이 있는 것으로 인정되어 이용 또는 미용에 관한 학위를 취득한 자

③ 고등학교 또는 이와 같은 수준의 학력이 있다고 교육부장관이 인정하는 학교에서 이용 또는 미용에 관한 학과를 졸업한 자

④ 초 · 중등교육법령에 따른 특성화고등학교, 고등기술학교나 고등학교 또는 고등기술학교에 준하는 각종학교에서 1년 이상 이용 또는 미용에 관한 소정의 과정을 이수한 자

⑤ 국가기술자격법에 의한 이용사 또는 미용사의 자격을 취득한 자

(2) 면허서류

① 졸업증명서 또는 학위증명서 1부(전문대학 또는 이와 동등 이상의 학력이 있다고 교육부장관이 인정하는 학교에서 이용 또는 미용에 관한 학과를 졸업한 사람이나 고등학교 또는 이와 동등의 학력이 있다고 교육부장관이 인정하는 학교에서 이용 또는 미용에 관한 학과를 졸업한 사람만 해당)

② 이수증명서 1부(교육부장관이 인정하는 고등기술학교에서 1년 이상 이용 또는 미용에 관한 소정의 과정을 이수한 사람만 해당)

③ 전문의 진단서 1부(정신질환자이지만 전문의가 이용사 또는 미용사로서 적합하다고 인정한 경우에만 해당)

④ 의사 진단서 1부(최근 6개월 이내의 것으로 정신질환자, 전염성 결핵환자 및 마약 · 대마 · 향정신성의약품 중독자에 각각 해당되지 않음을 증명. 다만, 정신질환자이지만 이용사 또는 미용사로서 적합하다고 인정한 전문의의 진단서를 제출하는 경우에는 전염성 결핵환자 및 마약 · 대마 · 향정신성의약품 중독자에 각각 해당되지 않음을 증명하는 것이어야 함)

⑤ 사진 2장(최근 6개월 이내에 찍은 가로 3.5센티미터 세로 4.5센티미터의 탈모 정면 상반신 사진이어야 함)

> **Tip** 제출하지 않아도 되는 서류 (담당공무원 확인)
> – 이용(미용)사 국가기술자격증
> – 학점은행제학위증명(전문학사, 학사)

(3) 결격사유

① 피성년후견인(금치산자)

② 정신보건법에 따른 정신질환자(다만, 전문의가 이용사 또는 미용사로서 적합하다고 인정하는 사람은 예외)

③ 공중의 위생에 영향을 미칠 수 있는 감염병환자로서 보건복지부령이 정하는 자(감염성 결핵환자)

④ 마약, 기타 대통령령으로 정하는 약물 중독자(대마 또는 향정신성의약품의 중독자)

⑤ 면허가 취소된 후 1년이 경과되지 아니한 자

(4) 면허의 정지 및 취소
시장·군수·구청장은 이용사 또는 미용사가 다음의 어느 하나에 해당하는 때에는 그 면허를 취소하거나 6월 이내의 기간을 정하여 그 면허의 정지를 명할 수 있다.
① 위의 (2) 결격사유 중 ① 또는 ④에 해당하게 된 때 : 면허 취소
② 면허증을 다른 사람에게 대여한 때 : 취소 또는 정지(세부 내용은 행정처분기준에 따름)

(5) 면허증 재교부
① 면허증의 기재사항에 변경이 있는 때, 면허증을 잃어버린 때 또는 면허증이 헐어 못쓰게 된 때에는 면허증의 재발급을 신청할 수 있다.〈개정 2012.6.29, 2019.9.27.〉
② 제1항에 따른 면허증의 재발급신청을 하려는 자는 지 제10호서식의 신청서(전자문서로 된 신청서를 포함한다)에 다음 각 호의 서류(전자문서를 포함한다)를 첨부하여 시장·군수·구청장에게 제출해야 한다.
③ 첨부서류는 면허증 원본(기재사항이 변경되거나 헐어 못쓰게 된 경우에 한정한다)과 사진 1장 또는 전자적 파일 형태의 사진
④ 면허증을 잃어버린 후 재교부 받은 자가 분실 면허증을 찾았을 경우, 지체 없이 이를 시장, 군수, 구청장에게 반납하여야 한다.

(6) 면허 수수료
미용사 면허를 받고자 하는 자는 지방자치단체의 수입증지 또는 정보통신망을 이용한 전자화폐, 전자결제 등의 방법으로 수수료를 납부하여야 한다.
① 면허를 신규로 신청하는 경우 : 5,500원
② 면허증을 재교부 받고자 하는 경우 : 3,000원

Section 5 이·미용사의 업무

1 이용사 및 미용사의 업무

(1) 이·미용사의 업무범위와 관련된 일반 사항
① 이용사 또는 미용사의 면허를 받은 자가 아니면 이용업 또는 미용업을 개설하거나 그 업무에 종사할 수 없다. 다만, 이용사 또는 미용사의 감독을 받아 이용 또는 미용 업무의 보조를 행하는 경우에는 그러하지 아니하다.
② 이용 및 미용의 업무는 영업소 외의 장소에서 행할 수 없다. 다만, 보건복지부령이 정하는 특별한 사유가 있는 경우에는 그러하지 아니하다.

> **Tip** 보건복지부령이 정하는 특별한 사유
> ① 질병, 기타의 사유로 인하여 영업소에 나올 수 없는 자에 대하여 이용 또는 미용을 하는 경우
> ② 혼례, 기타 의식에 참여하는 자에 대하여 그 의식 직전에 이용 또는 미용을 하는 경우
> ③ 사회복지사업법의 관련 규정에 따른 사회복지시설에서 봉사활동으로 이용 또는 미용을 하는 경우
> ④ 방송 등의 촬영에 참여하는 사람에 대하여 그 촬영 직전에 이용 또는 미용을 하는 경우
> ⑤ 위의 경우 외에 특별한 사정이 있다고 시장·군수·구청장이 인정하는 경우

(2) 이·미용사의 업무범위
① 이용사 : 이발, 아이론, 면도, 머리피부 손질, 머리카락 염색 및 머리 감기
② 미용사

자격	업무범위
미용사(일반)	파마·머리카락자르기·머리카락모양내기·머리피부손질·머리카락염색·머리감기, 의료기기나 의약품을 사용하지 아니하는 눈썹손질
미용사(피부)	의료기기나 의약품을 사용하지 아니하는 피부상태분석·피부관리·제모·눈썹손질
미용사(네일)	손톱과 발톱의 손질 및 화장
미용사(메이크업)	얼굴 등 신체의 화장·분장 및 의료기기나 의약품을 사용하지 아니하는 눈썹손질

Section 6 행정지도감독

1 영업소 출입검사
① 특별시장·광역시장·도지사 또는 시장·군수·구청장은 공중위생관리상 필요하다고 인정하는 때에는 공중위생영업자에 대하여 필요한 보고를 하게 하거나 소속공무원으로 하여금 영업소, 사무소, 공중이용시설 등에 출입하여 공중위생영업자의 위생관리의무이행 등에 대하여 검사하게 하거나 필요에 따라 공중위생영업장부나 서류를 열람하게 할 수 있다.
② 위 ①항의 경우에 관계공무원은 그 권한을 표시하는 증표를 지녀야 하며, 관계인에게 이를 내보여야 한다.

2 영업의 제한
시·도지사는 공익상 또는 선량한 풍속을 유지하기 위하여 필요하다고 인정하는 때에는 공중위생영업자 및 종사원에 대하여 영업시간 및 영업행위에 관한 필요한 제한을 할 수 있다.

3 영업소의 폐쇄
① 시장·군수·구청장은 공중위생영업자가 다음 각 호의 어느 하나에 해당하면 6월 이내의 기간을 정하여 영업의 정지 또는 일부 시설의 사용중지를 명하거나 영업소폐쇄등을 명할 수 있다.
㉠ 영업신고를 하지 아니하거나 시설과 설비기준을 위반한 경우
㉡ 변경신고를 하지 아니한 경우
㉢ 지위승계신고를 하지 아니한 경우
㉣ 공중위생영업자의 위생관리의무등을 지키지 아니한 경우
㉤ 카메라나 기계장치를 설치한 경우
㉥ 영업소 외의 장소에서 이용 또는 미용 업무를 한 경우
㉦ 보고를 하지 아니하거나 거짓으로 보고한 경우 또는 관계 공무원의 출입, 검사 또는 공중위생영업 장부 또는 서류의 열람을 거부·방해하거나 기피한 경우
㉧ 개선명령을 이행하지 아니한 경우
㉨ 「성매매알선 등 행위의 처벌에 관한 법률」, 「풍속영업의 규제에 관한 법률」, 「청소년 보호법」, 「아동·청소년의 성보호에 관한 법률」 또는 「의료법」을 위반하여 관계 행정기관의 장으로부터 그 사실을 통보받은 경우

② 시장·군수·구청장은 제1항에 따른 영업정지처분을 받고도 그 영업정지 기간에 영업을 한 경우에는 영업소 폐쇄를 명할 수 있다. 〈신설 2016. 2. 3.〉

③ 시장·군수·구청장은 다음 각 호의 어느 하나에 해당하는 경우에는 영업소 폐쇄를 명할 수 있다. 〈신설 2016. 2. 3.〉

   ㉠ 공중위생영업자가 정당한 사유 없이 6개월 이상 계속 휴업하는 경우

   ㉡ 공중위생영업자가 「부가가치세법」 제8조에 따라 관할 세무서장에게 폐업신고를 하거나 관할 세무서장이 사업자 등록을 말소한 경우

④ 행정처분의 세부기준은 그 위반행위의 유형과 위반 정도 등을 고려하여 보건복지부령으로 정한다. 〈개정 2016. 2. 3.〉

⑤ 영업소 폐쇄명령을 받고도 계속하여 영업을 하는 때에는 관계공무원으로 하여금 해당 영업소를 폐쇄하기 위하여 다음 각호의 조치를 하게 할 수 있다. 제3조제1항 전단을 위반하여 신고를 하지 아니하고 공중위생영업을 하는 경우에도 또한 같다. 〈개정 2016. 2. 3., 2019. 12. 3.〉

   ㉠ 해당 영업소의 간판 기타 영업표지물의 제거

   ㉡ 해당 영업소가 위법한 영업소임을 알리는 게시물등의 부착

   ㉢ 영업을 위하여 필수불가결한 기구 또는 시설물을 사용할 수 없게 하는 봉인

⑥ 시장·군수·구청장은 제5항제3호에 따른 봉인을 한 후 봉인을 계속할 필요가 없다고 인정되는 때와 영업자등이나 그 대리인이 해당 영업소를 폐쇄할 것을 약속하는 때 및 정당한 사유를 들어 봉인의 해제를 요청하는 때에는 그 봉인을 해제할 수 있다. 제5항제2호에 따른 게시물등의 제거를 요청하는 경우에도 또한 같다. 〈개정 2016. 2. 3.~ 2019. 12. 3.〉

4 공중위생감시원

① 공중위생 감시원의 자격 및 임명 : 특별시장, 광역시장, 도지사 또는 시장·군수·구청장은 다음에 해당하는 소속공무원 중에서 공중위생감시원을 임명한다.

   ㉠ 위생사 또는 환경기사 2급 이상의 자격증이 있는 사람

   ㉡ 대학에서 화학, 화공학, 환경공학 또는 위생학 분야를 전공하고 졸업한 사람 또는 법령에 따라 이와 같은 수준 이상의 학력이 있다고 인정되는 사람

   ㉢ 외국에서 위생사 또는 환경기사의 면허를 받은 사람

   ㉣ 1년 이상 공중위생 행정에 종사한 경력이 있는 사람

② 공중위생감시원의 업무범위

   ㉠ 시설 및 설비의 확인

   ㉡ 공중위생영업 관련 시설 및 설비의 위생상태 확인·검사, 공중위생영업자의 위생관리의무 및 영업자 준수 사항 이행여부의 확인

   ㉢ 위생지도 및 개선명령 이행여부의 확인

   ㉣ 공중위생영업소의 영업의 정지, 일부 시설의 사용중지 또는 영업소 폐쇄명령 이행여부의 확인

   ㉤ 위생교육 이행여부의 확인

> **Tip** 청문을 실시해야 하는 경우
> ㉮ 신고사항의 직권 말소
> ㉯ 이용사 및 미용사의 면허취소, 면허정지
> ㉰ 공중위생영업의 정지, 일부 시설의 사용중지, 영업소 폐쇄명령 등

③ 명예공중위생감시원

   ㉠ 시·도지사는 공중위생의 관리를 위한 지도, 계몽 등을 행하게 하기 위하여 명예공중위생감시원을 둘 수 있다.

   ㉡ 명예공중위생감시원의 자격 및 위촉방법, 업무범위 등에 관하여 필요한 사항은 대통령령으로 정한다.

④ 명예공중위생감시원의 자격 등 (공중위생관리법 시행령 제9조 2)

   ㉠ 공중위생에 대한 지식과 관심이 있는 자

   ㉡ 소비자단체, 공중위생 관련 협회 또는 단체의 소속직원 중에서 당해 단체 등의 장이 추천하는 자

⑤ 명예공중감시원의 업무

   ㉠ 공중위생감시원이 행하는 검사 대상물의 수거 지원

   ㉡ 법령의 위반 행위에 대한 신고 및 자료 제공

   ㉢ 그 밖에 공중위생에 관한 홍보, 계몽 등 공중위생관리 업무와 관련하여 시도지사가 따로 정하여 부여하는 업무

Section 7　업소 위생등급

1 위생평가

(1) 위생서비스수준의 평가

① 시·도지사는 공중위생영업소(관광숙박업 제외)의 위생관리수준을 향상시키기 위하여 위생서비스평가계획을 수립하여 시장·군수·구청장에게 통보하여야 한다.

② 시장·군수·구청장은 평가계획에 따라 관할지역별 세부평가계획을 수립한 후 공중위생영업소의 위생서비스수준을 평가하여야 한다.

③ 시장·군수·구청장은 위생서비스평가의 전문성을 높이기 위하여 필요하다고 인정하는 경우에는 관련 전문기관 및 단체로 하여금 위생서비스 평가를 실시하게 할 수 있다.

④ 위생서비스 평가의 주기, 방법, 위생관리등급의 기준 기타 평가에 관하여 필요한 사항은 보건복지부령으로 정한다.

(2) 위생서비스수준 평가의 주기

공중위생영업소의 위생서비스수준 평가는 2년마다 실시하되, 공중위생영업소의 보건·위생관리를 위하여 특히 필요한 경우에는 보건복지부장관이 정하여 고시하는 바에 의하여 공중위생영업의 종류 또는 위생관리등급별로 평가주기를 달리할 수 있다.

2 위생등급

(1) 위생관리등급 공표

① 시장·군수·구청장은 보건복지령이 정하는 바에 의하여 위생서비스평가의 결과에 따른 위생관리등급을 해당 공중위생영업자에게 통보하고 이를 공표하여야 한다.

② 공중위생영업자는 시장·군수·구청장으로부터 통보받은 위생관리등급의 표지를 영업소의 명칭과 함께 영업소의 출입구에 부착할 수 있다.

③ 시·도지사 또는 시장·군수·구청장은 위생서비스평가의 결과 위생서비스의 수준이 우수하다고 인정되는 영업소에 대하여 포상을 실시할 수 있다.

④ 시·도지사 또는 시장·군수·구청장은 위생서비스평가의 결과에 따른 위생관리등급별로 영업소에 대한 위생감시를 실시하여야 한다. 이 경우 영업소에 대한 출입·검사와 위생감시의 실시주기 및 횟수 등 위생관리등급별 위생감시기준은 보건복지부령으로 정한다.

(2) 위생관리등급의 구분
① 최우수업소 : 녹색등급
② 우수업소 : 황색등급
③ 일반관리대상업소 : 백색등급

Section 8 위생교육

1 영업자 위생교육

① 공중위생영업자는 매년 위생교육을 받아야 하며, 교육시간은 3시간으로 한다.
② 공중위생영업의 신고를 하고자 하는 자는 미리 위생교육을 받아야 한다. 다만, 다음의 사유로 미리 교육을 받을 수 없는 경우에는 영업개시 후 6개월 이내에 위생교육을 받을 수 있다.
　㉮ 천재지변, 본인의 질병, 사고, 업무상 국외출장 등의 사유로 교육을 받을 수 없는 경우
　㉯ 교육을 실시하는 단체의 사정 등으로 미리 교육을 받기 불가능한 경우
③ 위생교육을 받아야 하는 자 중 영업에 직접 종사하지 아니하거나 2개 이상의 장소에서 영업을 하는 자는 종업원 중 영업장별로 공중위생에 관한 책임자를 지정하고 그 책임자로 하여금 위생교육을 받게 하여야 한다.
④ 위생교육을 받은 자가 위생교육을 받은 날부터 2년 이내에 위생교육을 받은 업종과 같은 업종의 영업을 하려는 경우에는 해당영업에 대한 위생교육을 받은 것으로 본다.
⑤ 위생교육 대상자 중 보건복지부장관이 고시하는 도서, 벽지지역에서 영업이 있거나 하려는 자에 대하여는 교육교재를 배부하여 이를 익히고 활용하도록 함으로써 교육에 갈음할 수 있다.

2 위생교육기관

① 위생교육은 보건복지부장관이 허가한 단체 또는 규정에 따라 설립된 '공중위생영업자단체(공중위생과 국민보건의 향상을 기하고 그 영업의 건전한 발전을 도모하기 위하여 영업의 종류별로 전국적인 조직을 가지는 영업자단체)'가 실시할 수 있다.
② 위생교육 실시단체는 교육교재를 편찬하여 교육대상자에게 제공하여야 한다.
③ 위생교육 실시단체의 장은 위생교육을 수료한 자에게 수료증을 교부하고, 교육실시 결과를 교육 후 1개월 이내에 시장·군수·구청장에게 통보하여야 하며, 수료증 교부대장 등 교육에 관한 기록을 2년 이상 보관·관리하여야 한다.
④ 위 규정 외에 위생교육에 관하여 필요한 세부사항은 보건복지부장관이 정한다.

Section 9 벌칙

1 벌칙 및 과징금

(1) 1년 이하의 징역 또는 1천만 원 이하의 벌금
① 시장·군수·구청장에게 규정에 의한 공중위생영업의 신고를 하지 아니한 자
② 영업정지 명령 또는 일부 시설의 사용중지 명령을 받고도 그 기간 중에 영업을 하거나 그 시설을 사용한 자 또는 영업소 폐쇄 명령을 받고도 계속하여 영업을 한 자

(2) 6월 이하의 징역 또는 500만 원 이하의 벌금
① 공중위생영업의 변경신고를 하지 아니한 자
② 공중위생영업자의 지위를 승계한 자로서 규정에 의한 신고를 하지 아니한 자
③ 건전한 영업질서를 위하여 공중위생영업자가 준수하여야 할 사항을 준수하지 아니한 자

(3) 300만 원 이하의 벌금
① 면허가 취소된 후 계속하여 업무를 행한 자
② 면허 정지 기간 중에 업무를 행한 자
③ 면허를 받지 않고 이용 또는 미용의 업무를 행한 자

2 과태료, 양벌규정

(1) 300만 원 이하의 과태료
① 보고를 하지 아니하거나 관계공무원의 출입·검사 기타 조치를 거부, 방해 또는 기피한 자
② 개선명령을 위반한 자
③ 이용업신고를 하지 않고 이용업소 표시 등을 설치한 자

(2) 200만 원 이하의 과태료
① 이·미용업소의 위생관리 의무를 지키지 아니한 자
② 영업소 외의 장소에서 이용 또는 미용업무를 행한 자
③ 위생교육을 받지 아니한 자

(3) 규정에 따른 과태료는 대통령령으로 정하는 바에 따라 보건복지부장관 또는 시장·군수·구청장(처분권자)이 부과, 징수한다.

(4) 청문
보건복지부 장관 또는 시장, 군수, 구청장은 신고 사항의 직권말소, 면허취소 또는 면허정지, 영업 정지명령, 일부 시설의 사용 중지명령 또는 영업소 폐쇄명령에 해당하는 처분을 하려면 청문을 실시해야 한다.

(5) 양벌규정
법인의 대표자나 법인 또는 개인의 대리인, 사용인, 그 밖의 종업원이 그 법인 또는 개인의 업무에 관하여 위반행위를 하면 그 행위자를 벌하는 외에 그 법인 또는 개인에게도 해당 조문의 벌금형을 과한다(다만, 법인 또는 개인이 그 위반 행위를 방지하기 위하여 해당 업무에 관하여 상당한 주의와 감독을 게을리 하지 아니한 경우에는 예외이다).

Section 10 시정명령 및 시정조치 결정 사항

위반 행위	근거 법조문	1차 위반	2차 위반	3차 위반	4차 이상 위반
1. 영업신고를 하지 않거나 사업자 등록기관을 하지 아니한 경우	법 제11조 제1항 제1호				
가. 영업신고를 하지 않은 경우		영업장 폐쇄명령			
나. 사업 및 부가기관을 하지 아니한 경우	개선명령	영업정지 15일	영업정지 1월	영업장 폐쇄명령	
2. 변경신고를 하지 않은 경우	법 제11조 제1항 제2호				
가. 신고를 하지 않고 영업소의 명칭 및 상호 또는 영업장 면적의 3분의 1 이상을 변경한 경우		경고 또는 개선명령	영업정지 15일	영업정지 1월	영업장 폐쇄명령
나. 신고를 하지 아니하고 영업장의 소재지를 변경한 경우		영업정지 1월	영업정지 2월	영업장 폐쇄명령	
3. 지위승계신고를 하지 아니한 경우	법 제11조 제1항 제3호	경고	영업정지 10일	영업정지 1월	영업장 폐쇄명령
4. 공중위생영업자의 위생관리의무 등을 지키지 아니한 경우	법 제11조 제1항 제4호				
가. 소독을 한 기구와 소독을 하지 아니한 기구를 각각 다른 용기에 넣어 보관하지 아니하거나 1회용 면도날을 2인 이상의 손님에게 사용한 경우		경고	영업정지 5일	영업정지 10일	영업장 폐쇄명령
나. 피부미용을 위하여 「약사법」에 따른 의약품 또는 「의료기기법」에 따른 의료기기를 사용한 경우		영업정지 2월	영업정지 3월	영업장 폐쇄명령	
다. 점빼기·귓볼뚫기·쌍꺼풀수술·문신·박피술 그 밖에 이와 유사한 의료행위를 한 경우		영업정지 2월	영업정지 3월	영업장 폐쇄명령	
라. 미용업 신고증 및 면허증 원본을 게시하지 아니하거나 업소 내 조명도를 준수하지 않은 경우	개선명령 또는 경고	영업정지 5일	영업정지 10일	영업장 폐쇄명령	
마. 개수 미용업자가 지켜야 할 위생관리기준 또는 이용업자가 준수하여야 하는 위생관리 기준을 위반한 경우	경고	영업정지 5일	영업정지 10일	영업정지 1월	
5. 카메라나 기계장치를 설치한 경우	법 제11조 제1항 제5호	영업정지 1월	영업정지 2월	영업장 폐쇄명령	
6. 면허 정지 및 면허 취소 사유에 해당하는 경우	법 제7조 제1항				
가. 미용사의 면허를 받을 수 없는 자에 해당한 경우		면허취소			
나. 면허증을 다른 사람에게 대여한 경우		면허정지 3월	면허정지 6월	면허취소	
다. 「국가기술자격법」에 따라 자격이 취소된 경우		면허취소			
라. 「국가기술자격법」에 따라 자격정지처분을 받은 경우(「국가기술자격법」에 따른 자격정지처분 기간에 한정한다)		면허정지			
마. 이중으로 면허를 취득한 경우(나중에 발급받은 면허를 말한다)		면허취소			
바. 면허정지처분을 받고 그 정지 기간 중 업무를 한 경우		면허취소			
7. 영업소 외의 장소에서 이용 또는 미용업무를 한 경우		영업정지 1월	영업정지 2월	영업장 폐쇄명령	
8. 보고를 하지 아니하거나 거짓으로 보고한 경우 또는 관계 공무원의 출입·검사 또는 공중위생영업 장부 또는 서류의 열람을 거부·방해하거나 기피한 경우	법 제11조 제1항 제6호	영업정지 10일	영업정지 20일	영업정지 1월	영업장 폐쇄명령
9. 개선명령을 이행하지 않은 경우	법 제11조 제1항 제7호	경고	영업정지 10일	영업정지 1월	영업장 폐쇄명령
10. 「성매매알선 등 행위의 처벌에 관한 법률」, 「풍속영업의 규제에 관한 법률」, 「의료법」에 위반하여 관계 행정기관의 장의 요청이 있는 때	법 제11조 제1항 제8호				
가. 손님에게 성매매알선 등 행위 또는 음란행위를 하게 하거나 이를 알선 또는 제공한 경우					
(1) 영업소		영업정지 3월	영업장 폐쇄명령		
(2) 이용업자(업주)		면허정지 3월	면허취소		
나. 손님에게 도박 그 밖에 사행행위를 하게 한 경우		영업정지 1월	영업정지 2월	영업장 폐쇄명령	
다. 음란한 물건을 관람·열람하게 하거나 진열 또는 보관한 경우	경고	영업정지 15일	영업정지 1월	영업장 폐쇄명령	
라. 무자격안마사로 하여금 안마사의 업무에 관한 행위를 하게 한 경우		영업정지 1월	영업정지 2월	영업장 폐쇄명령	
11. 영업정지처분을 받고 그 영업정지 기간에 영업을 한 경우	법 제11조 제1항 제3호	영업장 폐쇄명령			
12. 공중위생영업자가 정당한 사유 없이 6개월 이상 계속 휴업하는 경우		영업장 폐쇄명령			
13. 공중위생영업자가 영업자에게 부과되는 「부가가치세법」에 따른 사업자등록을 말소한 경우		영업장 폐쇄명령			

공중위생관리법규 적중예상문제

01 미용업자가 위생관리 의무 규정을 위반하였을 때 취할 수 있는 것은?

① 개선
② 청문
③ 감시
④ 교육

02 다음 중 이·미용사 면허를 받을 수 없는 환자에 속하는 질병은?

① 당뇨병
② 결핵
③ 비감염성 피부질환
④ A형 간염

> 해설 당뇨병, 비감염성 피부질환, A형간염은 비감염성 질환이다.

03 영업허가 취소 또는 영업장 폐쇄명령을 받고도 계속하여 이·미용 영업을 하는 경우에 시장·군수·구청장이 취할 수 있는 조치가 아닌 것은?

① 당해 영업소의 간판 기타 영업표지물의 제거 및 삭제
② 당해 영업소의 위법한 것임을 알리는 게시물 등의 부착
③ 영업을 위하여 필수불가결한 기구 또는 시설물 봉인
④ 당해 영업소의 업주에 대한 손해 배상 청구

04 폐쇄명령을 받은 이용업소 또는 미용업소는 몇 개월이 지나야 동일 장소에서 동일 영업을 할 수 있는가?

① 3개월
② 6개월
③ 9개월
④ 12개월

05 이·미용사 면허증을 분실하였을 때 누구에게 재교부 신청을 하여야 하는가?

① 보건복지부장관
② 시·도지사
③ 시장·군수·구청장
④ 협회장

> 해설 이용업 또는 미용업에 종사하는 자는 영업소를 관할하는 시장·군수·구청장에게, 해당 영업에 종사하고 있지 아니한 자는 면허를 받은 시장·군수·구청장에게 신고한다.

06 미용사의 업무가 아닌 것은?

① 파마
② 면도
③ 머리카락 모양내기
④ 눈썹 손질

> 해설 조발, 면도는 이용업무에 속한다.

07 신고를 하지 아니하고 영업소의 소재지를 변경한 때 1차 위반 시 행정처분기준은?

① 영업장 폐쇄명령
② 영업정지 6월
③ 영업정지 2월
④ 영업정지 1월

08 면허증 원본을 게시하지 아니한 때 3차 위반 시 적절한 행정처분기준은?

① 경고
② 영업정지 5일
③ 영업정지 10일
④ 영업정지 30일

> 해설 1차 위반 – 경고   2차 위반 – 영업정지 5일
> 3차 위반 – 영업정지 10일   4차 위반 – 영업장 폐쇄명령

09 위생교육의 방법 및 절차 등에 관한 사항을 정하는 자는?

① 시·도지사
② 시장·군수·구청장
③ 보건복지부장관
④ 영업소 대표

> 해설 공중위생영업자는 매년 3시간의 위생교육을 받아야 하며, 위생교육의 방법, 절차 등에 관하여 필요한 사항은 보건복지부령으로 정한다.

10 다음 중 이용사 또는 미용사의 면허를 받을 수 있는 경우는?

① 피성년후견인
② 벌금형이 선고된 자
③ 정신병자
④ 약물중독자

> 해설 금치산자(피성년후견인), 정신질환자, 결핵환자, 약물중독자는 면허를 받을 수 없다.

11 과태료에 대한 설명 중 틀린 것은?

① 과태료는 관할 시장·군수·구청장이 부과 징수한다.
② 개선 명령에 위반한 자는 300만 원 이하의 과태료에 처한다.
③ 위생교육을 받지 않은 자는 200만 원 이하의 과태료에 처한다.
④ 과태료에 대하여 이의제기가 있을 경우 청문을 실시한다.

12 다음 이·미용기구의 소독기준 중 잘못된 것은?

① 열탕소독은 100℃ 이상의 물속에 10분 이상 끓여준다.
② 자외선소독은 1㎠당 85μW 이상의 자외선을 20분 이상 쬐어 준다.
③ 건열멸균소독은 100℃ 이상의 건조한 열에 20분 이상 쬐어 준다.
④ 증기소독은 100℃ 이상의 습한 열에 10분 이상 쬐어준다.

> 해설 증기소독은 100℃ 이상의 습한 열에 20분 이상 쬐어준다.

정답 1① 2② 3④ 4② 5③ 6② 7④ 8③ 9③ 10② 11④ 12④

13 다음은 공중위생 관리법에 규정된 벌칙으로 1년 이하의 징역 또는 1천만 원 이하의 벌금에 해당하는 것은?

① 영업정지 명령을 받고도 영업을 행한 자
② 규정에 의한 개선명령에 위반한 자
③ 공중위생영업자의 지위를 승계하고도 변경신고를 아니한 자
④ 건전한 영업질서를 위반하여 공중위생영업자가 지켜야 할 사항을 준수하지 아니한 자

해설 ② – 300만 원 이하 과태료
③, ④ – 6월 이하의 징역 또는 500만 원 이하의 벌금

14 이·미용사 면허의 발급권자는?

① 시장·군수·구청장
② 시·도지사
③ 미용사협회장
④ 보건복지부장관

해설 이·미용사가 되고자 하는 자는 보건복지부령이 정하는 바에 의하여 시장·군수·구청장에게 면허를 받아야 한다.

15 공중위생관리법의 목적에 가장 알맞은 것은?

① 국민의 건강한 생활 확보
② 국민의 건강증진에 기여
③ 국민의 삶의 질 향상
④ 국민체력 향상을 도모

해설 공중위생관리법은 공중이 이용하는 영업과 시설의 위생관리 등에 관한 사항을 규정함으로써 위생수준을 향상시켜 국민의 건강증진에 기여함을 목적으로 한다.

16 이·미용사의 면허취소, 공중위생영업의 정지, 일부시설의 사용중지 및 영업소 폐쇄명령 등의 처분을 하고자 하는 때에 실시해야 하는 절차는?

① 구두 통보
② 서면 통보
③ 청문
④ 공시

17 신고를 하지 않고 이·미용업소의 면적을 3분의 1 이상 변경한 때의 1차 위반 행정처분기준은?

① 경고 또는 개선명령
② 영업정지 15일
③ 영업정지 1월
④ 영업장 폐쇄명령

해설 1차 위반 – 경고 또는 개선명령　2차 위반 – 영업정지 15일
3차 위반 – 영업정지 1월　　　4차 위반 – 영업장 폐쇄명령

18 위생교육을 받지 아니한 경우의 벌칙은?

① 500만 원 이하의 벌금
② 300만 원 이하의 벌금
③ 200만 원 이하의 과태료
④ 경고

19 이·미용업소에 반드시 게시하여야 할 것은?

① 이·미용 최종지불요금표
② 미용업소 종사자 인적사항 표
③ 면허증 사본
④ 준수사항 및 주의사항

해설 이·미용업 신고증, 개설자의 면허증 원본 및 이·미용 최종지불요금표를 게시하여야 한다.

20 공중위생영업소를 개설하고자 하는 자는 언제 위생교육을 받아야 하는가?

① 미리 받는다.
② 개설 후 3개월 내
③ 개설 후 6개월 내
④ 개설 후 1년 내

해설 공중위생영업의 영업신고를 하고자 하는 자는 미리 위생교육을 받아야 한다. 다만, 부득이한 사유로 미리 교육을 받을 수 없는 경우에는 영업개시 후 보건복지부령이 정하는 기간 안에 위생교육을 받을 수 있다(6월 이내). 위생교육은 매년 3시간으로 하며 시장·군수·구청장이 이를 실시한 후 수료증을 교부한다.

21 다음 사항 중 1년 이하의 징역 또는 1천만 원 이하의 벌금에 처할 수 있는 것은?

① 이·미용업 허가를 받지 아니하고 영업을 한 자
② 이·미용업 신고를 하지 아니하고 영업을 한 자
③ 음란행위를 알선 또는 제공하거나 이에 대한 손님의 요청에 응한 자
④ 면허 정지 기간 중 영업을 한 자

해설 ① 이·미용업의 영업은 허가가 아닌 신고 대상임
③ 6월 이하의 징역 또는 500만 원 이하의 벌금
④ 300만 원 이하의 벌금

22 미용사 면허증의 재교부 사유가 아닌 것은?

① 성명 또는 주민등록번호 등 면허증의 기재사항에 변경이 있을 때
② 영업장소의 상호 및 소재지가 변경될 때
③ 면허증을 분실했을 때
④ 면허증이 헐어 못쓰게 된 때

해설 면허증의 기재사항에 변경이 있을 때(성명 및 주민등록번호의 변경에 한함), 면허증을 잃어버린 때 또는 면허증이 헐어 못쓰게 된 때에는 면허증의 재교부를 신청할 수 있다. 영업장소의 소재지, 명칭 또는 상호 변경될 때 시장·군수·구청장에게 변경신고를 해야 한다.

23 다음 중 공중위생감시원의 직무가 아닌 것은?

① 시설 및 설비의 확인에 관한 사항
② 영업자의 준수사항 이행여부에 관한 사항
③ 위생지도 및 개선명령 이행여부에 관한 사항
④ 세금납부의 적정여부에 관한 사항

24 이·미용업소의 위생관리기준에 해당되지 않는 것은?

① 소독한 기구와 소독을 하지 아니한 기구를 분리하여 보관한다.
② 1회용 면도날은 손님 1인에 한하여 사용한다.
③ 피부미용을 위한 의약품은 따로 보관한다.
④ 영업장 안의 조명도는 75룩스 이상이어야 한다.

해설 피부미용에 있어서 의약품은 사용할 수 없다.

정답　13 ①　14 ①　15 ②　16 ③　17 ①　18 ③　19 ①　20 ①　21 ②　22 ②　23 ④　24 ③

25 이·미용사의 면허를 받을 수 있는 자는?

① 피성년후견인
② 정신병자 또는 간질병자
③ 결핵환자
④ 면허취소 후 1년이 경과된 자

해설 이·미용사 면허의 결격사유 – 금치산자(피성년후견인), 정신질환자, 감염병환자(감염성 결핵), 마약, 대마 또는 향정신성의약품 중독자, 면허가 취소된 후 1년이 경과되지 아니한 자

26 이·미용 영업자에 대한 지도·감독을 위해 관계공무원의 출입, 검사를 거부·방해한 자에 대한 처벌 규정은?

① 50만 원 이하의 과태료
② 100만 원 이하의 과태료
③ 200만 원 이하의 과태료
④ 300만 원 이하의 과태료

해설 규정에 의한 보고를 하지 아니 하거나 관계공무원의 출입, 검사 기타 조치를 거부·방해 또는 기피한 자는 300만 원 이하의 과태료에 처한다.

27 공중위생영업을 하고자 하는 자가 시설 및 설비를 갖추고 다음 중 누구에게 신고해야 하는가?

① 보건복지부장관
② 행정자치부장관
③ 시·도지사
④ 시장·군수·구청장(자치구의 구청장)

해설 공중위생영업을 하고자 하는 공중위생영업의 종류별로 보건복지부령이 정하는 시설 및 설비를 갖추고 시장·군수·구청장(자치구의 구청장)에게 신고하여야 한다. 보건복지부령이 정하는 중요사항을 변경하고자 하는 때에도 또한 같다.

28 공중위생감시원의 자격, 임명, 업무범위 기타 필요한 사항은 무엇으로 정하는가?

① 대통령령
② 보건복지부령
③ 환경부령
④ 지방자치령

29 이·미용 영업소 폐쇄의 행정처분을 한 때에는 당해 영업소에 대하여 어떻게 조치하는가?

① 행정처분 내용을 통보만 한다.
② 언제든지 폐쇄여부를 확인만 한다.
③ 행정처분 내용을 행정처분 대장에 기록, 보관만 하게 된다.
④ 영업소 폐쇄의 행정처분을 받은 업소임을 알리는 게시물 등을 부착한다.

30 다음 중 이용사 또는 미용사의 업무범위에 관해 필요한 사항을 정한 것은?

① 대통령령
② 국무총리령
③ 보건복지부령
④ 노동부령

해설 공중위생관리법 시행규칙은 보건복지부령이다.

31 위생교육을 실시한 전문기관 또는 단체가 교육에 관한 기록을 보관·관리하여야 하는 기간은?

① 1월
② 2월
③ 1년
④ 2년

해설 위생교육 실시단체의 장은 위생교육을 수료한 자에게 수료증을 교부하고 수료증 교부대장 등 교육에 관한 기록을 2년 이상 보관·관리하여야 한다.

32 공중위생영업의 폐업 신고는 며칠 이내에 해야 하는가?

① 10일
② 20일
③ 30일
④ 50일

33 이·미용업 종사자로 위생교육을 받아야 하는 자는?

① 6개월 전에 위생교육을 받은 자
② 공중위생영업에 6개월 이상 종사자
③ 공중위생영업에 2년 이상 종사자
④ 공중위생영업을 승계한 자

34 공중위생영업자의 지위를 승계한 자가 시장·군수·구청장에게 신고해야 하는 기간은?

① 15일 이내
② 1월 이내
③ 3월 이내
④ 6월 이내

35 이·미용업의 상속으로 인한 영업자 지위승계 시 구비서류가 아닌 것은?

① 영업자 지위승계 신고서
② 양도계약서 사본
③ 호적등본(행정정보의 공동이용을 통한 확인에 동의하지 않을 경우)
④ 상속자임을 증명할 수 있는 서류

해설 양도계약서 사본은 영업양도의 경우 필요한 구비서류에 해당된다.

36 다음 중 이·미용 영업자에게 과태료를 부과, 징수할 수 있는 처분권자에 해당되지 않는 것은?

① 보건복지부장관
② 시장
③ 군수
④ 구청장

37 영업소에서 무자격 안마사가 손님에게 안마행위를 하였을 때 1차 위반시 행정처분기준은?

① 경고
② 영업정지 15일
③ 영업정지 1월
④ 영업장 폐쇄

해설 1차 위반 – 영업정지 1월
2차 위반 – 영업정지 2월
3차 위반 – 영업장 폐쇄명령

정답 25 ④ 26 ④ 27 ④ 28 ① 29 ④ 30 ③ 31 ④ 32 ② 33 ④ 34 ② 35 ② 36 ① 37 ③

38 이·미용업자가 준수해야 할 사항으로 옳은 것은?

① 업소 내에서는 이·미용 보조원의 명부만 비치하고 기록을 관리하면 된다.
② 업소 내 게시물에는 준수사항이 포함된다.
③ 면도기는 1회용 면도날을 손님 1인에게 사용해야 한다.
④ 손님이 사용하는 앞가리개는 반드시 흰색이어야 한다.

39 이·미용업소의 시설 및 설비 기준으로 적당한 것은?

① 소독을 한 기구와 소독을 하지 아니한 기구를 구분하여 보관할 수 있는 용기를 비치하여야 한다.
② 적외선 살균기를 갖추어야 한다.
③ 의자와 의자 사이에 칸막이를 설치할 수 있다.
④ 영업소 내에 2개소 이내의 별실을 설치할 수 있다.

40 다음 중 청문을 실시하여야 할 행정처분 내용은?

① 시설개수
② 경고
③ 시정명령
④ 영업정지

⊙해설 청문을 해야 할 시기는 영업정지, 폐쇄명령, 면허정지 및 면허취소를 하고자 하는 경우이다.

41 이·미용업의 개설자는 매년 몇 시간의 위생교육을 받아야 하는가?

① 3시간
② 6시간
③ 8시간
④ 10시간

⊙해설 공중위생영업자는 매년 3시간의 위생교육을 받아야 하며, 위생교육의 방법·절차 등에 관하여 필요한 사항은 보건복지부령으로 정한다.

42 임의로 이·미용 영업소의 소재지를 변경하여 적발되었을 때 1차 위반 행정처분기준은?

① 개선명령
② 영업정지 1월
③ 영업정지 2월
④ 영업장 폐쇄명령

⊙해설 신고를 하지 아니하고 영업소의 소재를 변경한 때는 1차 위반 시 영업정지 1월 처분을 받게 된다.

43 개선명령을 이행하지 않은 경우 2차 위반 시 적절한 행정처분기준은?

① 경고
② 영업정지 5일
③ 영업정지 10일
④ 영업정지 30일

⊙해설 1차 위반 – 경고
2차 위반 – 영업정지 10일
3차 위반 – 영업정지 1월
4차 위반 – 영업장 폐쇄명령

44 공중위생영업자가 위생관리 의무사항을 위반한 때의 당국의 조치사항으로 옳은 것은?

① 영업정지　　　　② 자격정지
③ 업무정지　　　　④ 개선명령

⊙해설 개선명령 – 시설 및 설비기준 위반, 위생관리 의무 등 위반, 실내 공기, 영업소 내부, 화장실 등 의무를 위반한 시설의 소유자가 있을 때

45 '공중위생영업자는 그 이용자에게 건강상 (　　)이 발생하지 아니하도록 영업관련 시설 및 설비를 안전하게 관리해야 한다.' (　　) 안에 들어갈 단어는?

① 질병　　　　　　② 사망
③ 위해요인　　　　④ 감염병

46 이·미용사가 이·미용업소 외의 장소에서 이·미용을 한 경우의 1차 위반 행정처분기준은?

① 경고
② 영업정지 10일
③ 영업정지 1월
④ 영업정지 2월

⊙해설 1차 위반 – 영업정지 1월
2차 위반 – 영업정지 2월
3차 위반 – 영업장 폐쇄명령

47 이·미용 영업의 영업정지 기간 중에 영업을 한 자에 대한 벌칙은?

① 2년 이하의 징역 또는 1,000만 원 이하의 벌금
② 2년 이하의 징역 또는 300만 원 이하의 벌금
③ 1년 이하의 징역 또는 1,000만 원 이하의 벌금
④ 1년 이하의 징역 또는 300만 원 이하의 벌금

48 위생서비스 평가의 전문성을 높이기 위하여 필요하다고 인정하는 경우에 관련 전문기관 및 단체로 하여금 위생서비스 평가를 실시하게 할 수 있는 자는?

① 대통령
② 보건복지부장관
③ 시장·군수·구청장
④ 시·도지사

⊙해설 위생서비스 평가계획의 수립은 시·도지사가 하며, 시장·군수·구청장은 평가계획에 따라 관할 공중위생영업소의 위생서비스 수준을 평가하여야 한다.

49 이·미용업을 하는 영업소의 시설과 설비기준에 적합하지 않은 것은?

① 탈의실, 욕실, 욕조 및 샤워기를 설치하여야 한다.
② 소독기, 자외선 살균기 등 기구를 소독하는 장비를 갖춘다.
③ 영업소 안에는 별실을 설치하여서는 안 된다.
④ 위생관리상 응접장소와 작업장소 사이에 칸막이를 설치하여서는 안 된다.

정답　38 ③　39 ①　40 ④　41 ①　42 ②　43 ③　44 ④　45 ③　46 ③　47 ③　48 ③　49 ①

50 이·미용업소에 영업신고증을 게시하지 아니한 때 1차 위반 행정처분기준은?

① 경고 또는 개선명령
② 영업정지 10일
③ 영업정지 15일
④ 영업정지 20일

해설 1차 위반 – 경고 또는 개선명령
2차 위반 – 영업정지 5일
3차 위반 – 영업정지 10일
4차 위반 – 영업장 폐쇄명령

51 공중위생관리법상에서 미용업이 손질할 수 있는 손님의 신체범위를 가장 잘 나타낸 것은?

① 얼굴, 손, 머리
② 손, 발, 얼굴, 머리
③ 머리, 피부
④ 얼굴, 피부, 머리

52 이용사 또는 미용사의 면허증을 다른 사람에게 대여한 때 2차 위반 행정처분 범위에 해당되는 것은?

① 면허정지 6월
② 면허정지 3월
③ 300만 원 이하의 과태료
④ 면허취소

해설 1차 위반 – 면허정지 3월
2차 위반 – 면허정지 6월
3차 위반 – 면허 취소

53 공중위생감시원에 관한 설명으로 틀린 것은?

① 특별시·광역시도 및 시·군·구에 둔다.
② 위생사 또는 환경기사 2급 이상의 자격증이 있는 소속 공무원 중에서 임명한다.
③ 자격·임명·업무범위 기타 필요한 사항은 보건복지부령으로 정한다.
④ 위생지도 및 개선명령 이행 여부의 확인 등 업무가 있다.

해설 공중위생감시원의 자격·임명·업무범위 기타 필요한 사항은 대통령령으로 정한다.

54 다음 중 공중위생관리법에서 정의되는 공중위생영업을 가장 잘 설명한 것은?

① 공중에게 위생적으로 관리하는 영업
② 다수인을 대상으로 위생관리서비스를 제공하는 영업
③ 다수인에게 공중위생을 준수하여 시행하는 영업
④ 공중위생서비스를 전달하는 영업

해설 공중위생관리법상 "공중위생영업"이라 함은 다수인을 대상으로 위생관리서비스를 제공하는 영업으로서 숙박업, 목욕장업, 이용업, 미용업, 세탁업, 건물위생관리업을 말한다.

55 공중위생영업소 위생관리 등급의 구분에 있어 최우수업소에 내려지는 등급은 다음 중 어느 것인가?

① 백색등급   ② 황색등급
③ 녹색등급   ④ 청색등급

해설 최우수업소는 녹색등급, 우수업소는 황색등급, 일반관리 대상 업소는 백색등급에 해당된다.

56 이·미용영업자가 건전한 영업질서를 위하여 준수하여야 할 사항을 준수하지 아니한 자에 대한 벌칙 사항은?

① 1년 이하의 징역 또는 500만 원 이하의 벌금
② 1년 이하의 징역 또는 300만 원 이하의 벌금
③ 6월 이하의 징역 또는 500만 원 이하의 벌금
④ 6월 이하의 징역 또는 300만 원 이하의 벌금

해설 6월 이하의 징역 또는 500만 원 이하의 벌금 : 변경신고를 하지 아니한 자, 공중위생영업자의 지위를 승계한 자로서 규정에 의한 신고를 하지 아니한 자, 건전한 영업질서를 위하여 공중위생영업자가 준수하여야 할 사항을 준수하지 아니한 자

57 다음 중 청문을 실시하는 사항이 아닌 것은?

① 공중위생영업의 정지처분을 하고자 하는 경우
② 정신질환자 또는 간질병자에 해당되어 면허를 취소하고자 하는 경우
③ 공중위생영업의 일부시설의 사용중지 및 영업소 폐쇄처분을 하고자 하는 경우
④ 공중위생영업의 폐쇄처분 후 그 기간이 끝난 경우

해설 청문을 해야 할 시기는 영업정지, 폐쇄명령, 면허정지 및 면허취소를 하고자 하는 경우이다.

58 영업소 출입 검사 관련 공무원이 영업자에게 제시해야 하는 것은?

① 주민등록증   ② 위생검사 통지서
③ 위생감시 공무원증 ④ 위생검사 기록부

해설 관계공무원은 그 권한을 표시하는 증표(위생감시 공무원증)를 지녀야 하며, 관계인에게 이를 내보여야 한다.

59 공중위생관리법에서 공중위생영업이란 다수인을 대상으로 무엇을 제공하는 영업으로 정의되고 있는가?

① 공중위생서비스   ② 위생안전서비스
③ 위생서비스   ④ 위생관리서비스

해설 공중위생영업은 다수 인물을 대상으로 위생관리서비스를 제공하는 영업이다.

60 이·미용사가 약물중독자에 해당하는 경우의 조치로 옳은 것은?

① 이환기간 동안 휴식하도록 한다.
② 3개월 이내의 기간을 정하여 면허정지 한다.
③ 6개월 이내의 기간을 정하여 면허정지 한다.
④ 면허를 취소한다.

해설 정신질환자, 약물중독자, 감염병 환자인 경우 면허를 취소할 수 있다.

정답 50 ① 51 ④ 52 ① 53 ③ 54 ② 55 ③ 56 ③ 57 ④ 58 ③ 59 ④ 60 ④

61 신고를 하지 않고 영업을 한 경우 2년 이하의 징역 또는 2천만 원 이하의 벌금을 처하는 업종은?

① 이용업
② 미용업
③ 숙박업
④ 목욕장업

> **해설** 보건복지부는 미신고 숙박업소가 꾸준히 적발되고 있어 숙박업 영업자에 대한 처벌기준을 현행 1년 이하의 징역 또는 1천만 원 이하의 벌금에서 2년 이하의 징역 또는 2천만 원 이하의 벌금으로 상향하였다.

62 다음 중 300만 원 이하의 벌금에 처하는 경우가 아닌 것은?

① 미용사 면허증을 빌려주거나 빌린 사람
② 면허취소 또는 정지 중에 미용업을 한 사람
③ 면허를 받지 않고 미용업에 종사한 사람
④ 공중위생영업의 변경신고를 하지 아니한 사람

> **해설** 영업의 변경신고를 하지 않은 경우엔 6월 이하의 징역 또는 500만 원 이하의 벌금에 처한다.

63 공중위생영업자가 준수해야할 위생 및 서비스 관련사항은 누구의 명령으로 시행하는가?

① 시장, 군수, 구청장
② 도지사, 광역단체장
③ 보건복지부령
④ 대통령령

> **해설** 보건복지부령의 위생기준은 유사의료행위 금지, 의료기기 사용금지, 영업장에 면허증 원본 게시 등이 있다.

64 면허취소 및 업무정지명령을 받은 자가 면허증을 반납할 때 절차 중 옳은 것은?

① 1주일 이내 시장, 군수, 구청장에게 반납
② 1개월 이내 시장, 군수, 구청장에게 반납
③ 3개월 이내 시장, 군수, 구청장에게 반납
④ 지체 없이 시장, 군수, 구청장에게 반납

> **해설** 공중위생관리법에 의해 면허취소, 정지명령을 받은 자는 지체 없이 시장, 군수, 구청장에게 면허증을 반납해야 한다.

65 미용업무는 영업소 외의 장소에 행할 수 없지만 특별한 사유가 있는 경우 허용한다. 이에 해당하지 않는 것은?

① 혼례 및 기타 의식에 참여하는 경우
② 질병 및 기타 사유로 영업소에 나올 수 없는 경우
③ 방송 등의 촬영에 참여하는 경우
④ 특별한 사정을 보건복지부장관이 인정하는 경우

> **해설** 특별한 사정이 있을 경우엔 시장, 군수, 구청장이 인정하면 영업소 외에서 미용업무를 할 수 있다.

66 공중위생영업자 위생교육에 관한 설명으로 옳지 않은 것은?

① 공중위생영업자는 매년 위생교육을 받아야한다.
② 영업의 신고를 하고자 하는 자는 미리 위생교육을 받아야 한다.
③ 도서, 벽지에서 영업을 하는 자는 위생교육 대상에서 제외한다.
④ 공중위생영업자 위생교육 시간 3시간이다.

> **해설** 보건복지부장관이 고시하는 도서, 벽지에서 영업하는 자는 교육 교재를 익히는 것으로 교육에 갈음할 수 있다.

67 공중위생업소의 위생서비스수준 평가의 주기는?

① 1년
② 2년
③ 3년
④ 4년

> **해설** 공중위생업소의 위생서비스수준 평가는 2년마다 실시하되, 특히 필요한 경우에는 평가주기를 달리할 수 있다.

정답 61 ③ 62 ④ 63 ③ 64 ④ 65 ④ 66 ③ 67 ②

Part 02

최신 시행 출제문제

제1회 최신 시행 출제문제
제2회 최신 시행 출제문제
제3회 최신 시행 출제문제
제4회 최신 시행 출제문제
제5회 최신 시행 출제문제
제6회 최신 시행 출제문제
제7회 최신 시행 출제문제
제8회 최신 시행 출제문제

- 미용사(네일) 자격의 신설로, 2015. 4. 17부터는 네일과 관련된 문제는 출제되지 않을 수도 있음을 알려드립니다.
- 미용사(메이크업) 자격의 신설로, 2016. 7. 10부터는 메이크업과 관련된 문제는 출제되지 않을 수도 있음을 알려드립니다.

국가기술자격검정 필기시험문제

제1회 최신 시행 출제문제

자격종목 및 등급(선택분야)	종목코드	시험시간	문제지형별
미용사(일반)	7937	1시간	B

01 미용의 특수성과 가장 거리가 먼 것은?
① 손님의 요구가 반영된다.
② 시간적 제한을 받는다.
③ 정적 예술로서 미적효과의 변화를 나타낸다.
④ 유행을 창조하는 자유예술이다.

02 두발의 색은 흑색, 적색, 갈색, 금발색, 백색 등 여러 가지 색이 있다. 다음 중 주로 검은 두발의 색을 나타나게 하는 멜라닌은?
① 티로신(Tyrosine)
② 멜라노사이트(Melanocyte)
③ 유멜라닌(Eumelanin)
④ 페오멜라닌(Pheomelanin)

03 헤어트리트먼트(Hair Treatment)의 종류가 아닌 것은?
① 헤어 리컨디셔닝(Hair Reconditioning)
② 틴닝(Thinning)
③ 클립핑(Clipping)
④ 헤어팩(Hair Pack)

04 두발에 도포한 약액이 쉽게 침투되게 하여 시술시간을 단축하고자 할 때에 필요하지 않은 것은?
① 스팀타월
② 헤어스티머
③ 신징
④ 히팅캡

05 원랭스 커트의 방법 중 틀린 것은?
① 동일선상에서 자른다.
② 커트라인에 따라 이사도라, 스파니엘, 패러럴 등의 유형이 있다.
③ 짧은 단발의 경우 손님의 머리를 숙이게 하고 정리한다.
④ 짧은 머리에만 주로 적용한다.

06 헤어세팅의 컬에 있어 루프가 두피에 45° 각도로 세워진 것은?
① 플래트 컬
② 스컬프쳐 컬
③ 메이폴 컬
④ 리프트 컬

07 헤어커트 시 사용하는 레이저(Razor)에 대한 설명 중 틀린 것은?
① 레이저의 날등과 날끝이 대체로 균등해야 한다.
② 초보자에게는 오디너리(Ordinary) 레이저가 적합하다.
③ 레이저의 날 선이 대체로 둥그스름한 곡선으로 나온 것이 더 정확한 커트를 할 수 있다.
④ 레이저의 어깨의 두께가 균등해야 좋다.

08 펌(Perm)의 1액이 웨이브(Wave)의 형성을 위해 주로 적용하는 모양의 부위는?
① 모수질(Medulla)
② 모근(Hair Root)
③ 모피질(Cortex)
④ 모표피(Cuticle)

09 뱅(Bang)의 설명 중 잘못된 것은?
① 플러프 뱅 – 부드럽게 꾸밈없이 볼륨을 준 앞머리
② 포워드롤 뱅 – 포워드 방향으로 롤을 이용하여 만든 뱅
③ 프린지 뱅 – 가르마 가까이에 작게 낸 뱅
④ 프렌치 뱅 – 풀 혹은 하프 웨이브로 만든 뱅

10 우리나라 여성의 머리 형태 중 비녀를 꽂은 것은?
① 얹은머리
② 쪽머리
③ 좀좀머리
④ 귀밑머리

11 매니큐어 바르는 순서가 옳은 것은?
① 네일 에나멜 – 베이스 코트 – 탑 코트
② 베이스 코트 – 네일 에나멜 – 탑 코트
③ 탑 코트 – 네일 에나멜 – 베이스 코트
④ 네일 표백제 – 네일 에나멜 – 베이스 코트

12 그러데이션 커트업 스타일에 퍼머넌트 웨이브의 와인딩 시 로드 크기의 사용방법 기준이 가장 옳은 것은?
① 두부의 네이프에는 소형의 로드를 사용한다.
② 두발이 두꺼운 경우는 로드의 직경이 큰 로드를 사용한다.
③ 두부의 몸에서 크라운 앞부분에는 중형로드를 사용한다.
④ 두부의 크라운 뒷부분에서 네이프 앞쪽까지는 대형로드를 사용한다.

13 한국 현대 미용사에 대한 설명 중 옳은 것은?
① 경술국치 이후 일본인들에 의해 미용이 발달했다.
② 1933년 일본인이 우리나라에 처음으로 미용원을 열었다.
③ 해방 전 우리나라 최초의 미용교육기관은 정화고등기술학교이다.
④ 오엽주 씨가 화신백화점 내에 미용원을 열었다.

14 논스트리핑 샴푸제의 특징은?
① pH가 낮은 산성이며, 두발을 자극하지 않는다.
② 징크피리티온이 함유되어 비듬치료에 효과적이다.
③ 알칼리성 샴푸제로 pH가 7.5~8.5이다.
④ 지루성 피부형에 적합하며, 유분함량이 적고 탈지력이 강하다.

15 그림㉮, ㉯와 같이 정사각형의 의미와 직각의 의미로 커트하는 기법은?

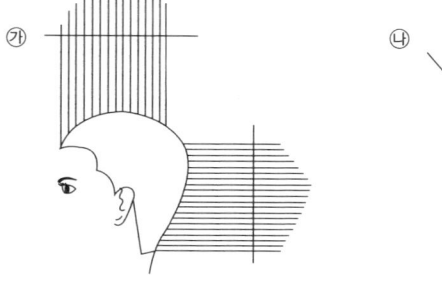

① 브런트 커트(Blunt Cut)
② 스퀘어 커트(Square Cut)
③ 롱 스트로크 커트(Long Stroke Cut)
④ 체크 커트(Check Cut)

16 원형 얼굴을 기본형에 가깝도록 하기 위한 각 부위의 화장법으로 맞는 것은?

① 얼굴의 양 관자놀이 부분을 화사하게 해준다.
② 이마와 턱의 중간부는 어둡게 해준다.
③ 눈썹은 활모양이 되지 않도록 약간 치켜 올린듯하게 그린다.
④ 콧등은 뚜렷하고 자연스럽게 뻗어 나가도록 어둡게 표현한다.

17 두발의 구성 중 피부 밖으로 나와 있는 부분은?

① 피지선
② 모표피
③ 모구
④ 모유두

18 프라이머의 사용 방법이 아닌 것은?

① 프라이머는 한 번만 바른다.
② 주요 성분은 메타크릴릭산(Methacrylic Acid)이다.
③ 피부에 닿지 않게 조심해서 다루어야 한다.
④ 아크릴 물이 잘 접착되도록 자연스럽게 바른다.

19 두발을 롤러에 와인딩할 때 스트랜드를 베이스에 대하여 수직으로 잡아 올려서 와인딩한 롤러 컬은?

① 롱 스템 롤러 컬
② 하프 스템 롤러 컬
③ 논 스템 롤러 컬
④ 숏 스템 롤러 컬

20 매니큐어 시술과정의 설명 중 맞는 것은?

① 소독제로 고객의 손만 소독하는 것이 좋다.
② 푸셔를 45° 각도로 밀어 올려 주며 손톱이 긁혀도 상관없다.
③ 파일은 손톱의 양측에서 중앙으로 한 방향으로 시술한다.
④ 표면이 매끄럽지 않을 경우 손톱이 상하더라도 다듬어 준다.

21 제2급 감염병에 속하는 것은?

① 말라리아　　　　② 파상풍
③ 일본뇌염　　　　④ 유행성이하선염

22 다음 중 하수의 오염지표로 주로 이용하는 것은?

① DB　　　　② BOD
③ 총인　　　　④ 대장균

23 대기오염의 주 원인물질 중 하나로 석탄이나 석유 속에 포함되어 있어 연소할 때 산화되어 발생되며, 만성기관지염과 산성비 등을 유발시키는 것은?

① 일산화탄소　　　　② 질소산화물
③ 황산화물　　　　④ 부유분진

24 임신초기에 감염이 되어 백내장아, 농아의 출산 원인이 되는 질환은?

① 심장질환　　　　② 뇌질환
③ 풍진　　　　④ 당뇨병

25 한 나라의 건강수준을 다른 국가들과 비교할 수 있는 지표로 세계보건기구가 제시한 내용은?

① 인구증가율, 평균수명, 비례사망지수
② 비례사망지수, 조사망률, 평균수명
③ 평균수명, 조사망률, 국민소득
④ 의료시설, 평균수명, 주거상태

26 눈의 보호를 위해서 가장 좋은 조명 방법은?

① 간접조명　　　　② 반간접조명
③ 직접조명　　　　④ 반직접조명

27 생활습관과 관계될 수 있는 질병과의 연결이 틀린 것은?

① 담수어 생식 – 간디스토마
② 여름철 야숙 – 일본뇌염
③ 경조사 등 행사 음식 – 식중독
④ 가재생식 – 무구조충

28 인간 전체 사망자 수에 대한 50세 이상의 사망자 수를 나타낸 구성비율은?

① 평균수명　　　　② 조사망률
③ 영아사망률　　　　④ 비례사망지수

29 작업환경의 관리원칙은?

① 대치 – 격리 – 폐기 – 교육
② 대치 – 격리 – 환기 – 교육
③ 대치 – 격리 – 재생 – 교육
④ 대치 – 격리 – 연구 – 홍보

30 일반적인 미생물의 번식에 가장 중요한 요소로만 나열된 것은?

① 온도 – 적외선 – pH
② 온도 – 습도 – 자외선
③ 온도 – 습도 – 영양분
④ 온도 – 습도 – 시간

31 다음 중 소독의 정의를 가장 잘 표현한 것은?
① 미생물의 발육과 생활 작용을 제지 또는 정지시켜 부패 또는 발효를 방지할 수 있는 것
② 병원성 미생물의 생활력을 파괴 또는 멸살시켜 감염되는 증식물을 없애는 조작
③ 모든 미생물의 영양형이나 아포까지도 멸살 또는 파괴시키는 조작
④ 오염된 미생물을 깨끗이 씻어내는 작업

32 다음 중 건열에 의한 멸균법이 아닌 것은?
① 화염멸균법
② 자비소독법
③ 건열멸균법
④ 소각소독법

33 이·미용실 바닥 소독용으로 가장 알맞은 소독약품은?
① 알코올
② 크레졸
③ 생석회
④ 승홍수

34 유리제품의 소독방법으로 가장 적합한 것은?
① 끓는 물에 넣고 10분간 가열한다.
② 건열멸균기에 넣고 소독한다.
③ 끓는 물에 넣고 5분간 가열한다.
④ 찬물에 넣고 75℃까지만 가열한다.

35 다음 중 소독방법과 소독대상이 바르게 연결된 것은?
① 화염멸균법 – 의류나 타올
② 자비소독법 – 아마인유
③ 고압증기멸균법 – 예리한 칼날
④ 건열멸균법 – 바세린(Vaseline) 및 파우더

36 소독제로서 석탄산에 관한 설명이 틀린 것은?
① 유기물에도 소독력은 약화되지 않는다.
② 고온일수록 소독력이 커진다.
③ 금속 부식성이 없다.
④ 세균단백에 대한 살균작용이 있다.

37 구내염, 입안세척 및 상처소독에 발포작용으로 소독이 가능한 것은?
① 알코올
② 과산화수소수
③ 승홍수
④ 크레졸비누액

38 소독약에 대한 설명 중 적합하지 않은 것은?
① 소독시간이 적당할 것
② 소독 대상물을 손상시키지 않는 소독약을 선택할 것
③ 인체에 무해하며 취급이 간편할 것
④ 소독약은 항상 청결하고 밝은 장소에 보관할 것

39 코발트나 세슘 등을 이용한 방사선 멸균법의 단점이라 할 수 있는 것은?
① 시설설비에 소요되는 비용이 비싸다.
② 투과력이 약해 포장된 물품에 소독효과가 없다.
③ 소독에 소요되는 시간이 길다.
④ 고온하에서 적용되기 때문에 열에 약한 기구소독이 어렵다.

40 소독제의 구비조건이라고 할 수 없는 것은?
① 살균력이 강할 것
② 부식성이 없을 것
③ 표백성이 있을 것
④ 용해성이 높을 것

41 민감성 피부에 대한 설명으로 가장 적합한 것은?
① 피지의 분비가 적어서 거친 피부
② 어떤 물질에 큰 반응을 일으키는 피부
③ 땀이 많이 나는 피부
④ 멜라닌 색소가 많은 피부

42 다음 중 항산화제에 속하지 않는 것은?
① 베타-카로틴(β-carotene)
② 수퍼옥사이드 디스뮤타제(SOD)
③ 비타민 E
④ 비타민 F

43 혈관과 림프관이 분포되어 있어 털에 영양을 공급하여 주로 발육에 관여하는 것은?
① 모유두 ② 모표피
③ 모피질 ④ 모수질

44 각질세포 내 천연보습인자 중 가장 많이 함유된 인자는?
① 아미노산 ② 요소
③ 젖산염 ④ 요산

45 표피로부터 가볍게 흩어지고 지속적이며, 무의식적으로 생기는 죽은 각질세포는?
① 비듬 ② 농포
③ 두드러기 ④ 종양

46 다음 중 손톱의 손상요인으로 가장 거리가 먼 것은?
① 네일 에나멜 ② 네일 리무버
③ 비누, 세제 ④ 네일 트리트먼트

47 털의 색상에 대한 원인을 연결한 것 중 가장 거리가 먼 것은?
① 검은색 – 멜라닌 색소를 많이 함유하고 있다.
② 금색 – 멜라닌 색소의 양이 많고 크기가 크다.
③ 붉은색 – 멜라닌 색소에 철성분이 함유되어 있다.
④ 흰색 – 유전, 노화, 영양결핍, 스트레스가 원인이다.

48 신체 부위 중 투명층이 가장 많이 존재하는 곳은?

① 이마
② 두정부
③ 손바닥
④ 목

49 알코올에 대한 설명으로 틀린 것은?

① 항바이러스제로 사용된다.
② 화장품에서 용매, 운반체, 수렴제로 쓰인다.
③ 알코올이 함유된 화장수는 오랫동안 사용하면 피부를 건성화시킬 수 있다.
④ 인체 소독용으로는 메탄올(Methanol)을 주로 사용한다.

50 물과 오일처럼 서로 녹지 않는 2개의 액체를 미세하게 분산시켜 놓은 상태는?

① 에멀전   ② 레이크
③ 아로마   ④ 왁스

51 법인의 대표자나 법인 또는 개인의 대리인, 사용인을 기타 총괄하여 그 법인 또는 개인의 업무에 관하여 벌금형에 행하는 위반 행위를 한 때에 행위자를 벌하는 외에 그 법인 또는 개인에 대하여도 동조의 벌금형을 과하는 것을 무엇이라 하는가?

① 벌금   ② 과태료
③ 양벌규정   ④ 위임

52 위생교육에 대한 내용 중 틀린 것은?

① 위생교육을 받은 자가 위생교육을 받은 날부터 3년 이내에 위생교육을 받은 업종과 같은 업종의 변경을 하려는 경우에는 해당영업에 대한 위생교육을 받은 것으로 본다.
② 위생교육의 내용은 「공중위생관리법」 및 관련 법규, 소양교육, 기술교육, 그 밖에 공중위생에 관하여 필요한 내용으로 한다.
③ 영업신고 전에 위생교육을 받아야 하는 자 중 천재지변, 본인의 질병, 사고, 업무상 국외 출장 등의 사유로 교육을 받을 수 없는 경우에는 영업신고를 한 후 6개월 이내에 위생교육을 받을 수 있다.
④ 위생교육실시 단체는 교육교재를 편찬하여 교육대상자에게 제공하여야 한다.

53 다음 이·미용업 종사자 중 위생교육을 받아야 하는 자는?

① 6개월 전에 위생교육을 받은 자
② 공중위생영업에 6개월 이상 종사자
③ 공중위생영업에 2년 이상 종사자
④ 공중위생영업을 승계한 자

54 다음 중 이·미용사의 면허를 받을 수 있는 사람은?

① 전과기록이 있는 자
② 피성년후견인
③ 마약, 기타 대통령령으로 정하는 약물중독자
④ 정신질환자

55 과태료를 부과할 수 있는 처분권자가 아닌 사람은?

① 시장
② 군수
③ 도지사
④ 구청장

56 음란한 물건을 손님에게 관람하게 하거나 진열 또는 보관한 때 1차 위반 시 행정처분기준은?

① 경고
② 업무정지 15일
③ 영업정지 20일
④ 업무정지 30일

57 이·미용사가 면허정지 처분을 받고 업무 정지 기간 중 업무를 행한 때 1차 위반 시 행정처분기준은?

① 면허정지 3월
② 면허정지 6월
③ 면허취소
④ 영업장 폐쇄명령

58 면허가 취소된 후 계속하여 업무를 행한 자에게 해당되는 벌칙은?

① 1년 이하의 징역 또는 1천만 원 이하의 벌금
② 6월 이하의 징역 또는 500만 원 이하의 벌금
③ 200만 원 이하의 과태료
④ 300만 원 이하의 벌금

59 이·미용업의 상속으로 인한 영업자 지위승계 신고 시 구비서류가 아닌 것은?

① 영업자 지위승계 신고서
② 가족관계증명서
③ 양도계약서 사본
④ 상속자임을 증명할 수 있는 서류

60 공중이용시설의 위생관리 기준이 아닌 것은?

① 소독을 한 기구와 소독을 하지 아니한 기구를 각각 다른 용기에 보관한다.
② 1회용 면도날을 손님 1인에 한하여 사용하여야 한다.
③ 업소 내에 최종지불요금표를 게시하여야 한다.
④ 업소 내에 화장실을 갖추어야 한다.

제1회 최신 시행 출제문제 정답

01	02	03	04	05	06	07	08	09	10	11	12	13	14	15	16	17	18	19	20
④	③	②	③	④	④	②	③	④	②	②	①	④	①	③	②	①	②	③
21	22	23	24	25	26	27	28	29	30	31	32	33	34	35	36	37	38	39	40
④	④	③	②	①	②	④	③	④	③	①	②	②	②	③	②	③	③	①	③
41	42	43	44	45	46	47	48	49	50	51	52	53	54	55	56	57	58	59	60
②	④	①	①	①	④	②	③	④	①	③	①	④	①	③	①	③	④	③	④

제1회 최신 시행 출제문제 해설

01 미용의 특수성 : 의사표현, 소재선정, 시간, 부용예술, 소재변화에 따른 미적효과를 고려해야 하는 미용은 자유예술이 아닌 부용예술로서 여러 가지 조건에 제한을 받는다.

02 ③ : 유멜라닌(Eumelanin) - 적갈색, 검정색
④ : 페오멜라닌(Pheomelanin) - 노란색, 빨강색

03 틴닝(Thinning)은 커트나 테이퍼하기 전 두발 숱을 쳐내는 방법이다.

04 신징 헤어 커터는 종래의 금속 절단 칼날 대신에 두발을 태워 그슬려 절단할 수 있는 발열판 날을 구비한 가위를 제공함으로써, 두발 손상을 억제함은 물론이고 두피에 영양 탈출을 방지함으로써 손상된 머릿결을 회복시키는 효과가 있다.

05 원랭스 커트의 경우 단발에서부터 긴머리에 주로 사용하며, 짧은 머리 스타일에는 그러데이션 커트가 많이 이용된다.

06 • 스탠드 업 컬 : 두피 면에 루프가 수직(90°)으로 세워서 말린 컬
• 플래트 컬 : 0°로 평평하고 납작하게 형성된 컬로 스컬프쳐 컬(두발 끝이 컬 루프의 중심이 되는 컬)과 메이폴 컬(핀컬로 두발 끝이 컬 루프의 바깥쪽이 되는 컬)로 나눈다.

07 오디너리 레이저(일상용 레이저)는 보통의 칼 모양으로 된 면도칼이며, 시간적으로 능률적이고 세밀한 작업이 용이한 반면 지나치게 자를 우려가 있어 초보자에게는 부적당하다. 날에 보호막이 있는 셰이핑 레이저가 초보자에게 적합하다.

08 모피질(Cortex)은 두발의 중간층으로 주요 부분을 이루고 있으며, 피질 세포 사이가 간충 물질로 채워져 있다. 펌은 1액의 알칼리 성분을 이용해 시스틴 결합을 절단시켜 웨이브를 만들기 쉽게 한다.

09 프렌치 뱅은 뱅 부분의 두발을 위로 빗어 올려 두발 끝을 부풀린 뱅이다.

10 쪽머리, 쪽진머리는 뒤통수에 머리를 낮게 틀어 올려 비녀를 꽂은 머리이다.

11 • 베이스 코트 : 에나멜을 바르기 전에 바르는 것으로 밀착성 유지
• 네일 에나멜 : 손톱에 다양한 색감을 표현해 줌
• 탑 코트 : 에나멜을 바른 후에 바르는 것으로 광택 증가, 지속성 유지

12 웨이브의 크기는 로드 굵기에 비례하므로 두부의 네이프에는 소형의 로드를 사용한다.

13 1933년 우리나라 최초로 오엽주 여사가 화신백화점 내에 화신미용원을 개원하였다.

14 논스트리핑 샴푸제(Nonstripping Shampoos) : pH가 낮은 산성의 샴푸제로서 두피와 두발을 자극하지 않으므로 영구적인 염모에 의한 염색 또는 탈색된 모발의 퇴화방지에 효과적이다.

15 스퀘어 커트(Square Cut)는 직각과 사각형의 형태를 지니며, 두부의 외곽선을 커버한다.

16 원형 얼굴형은 이마 가운데, 콧등, 턱은 밝은 색 파운데이션으로 하이라이트를 주고 얼굴의 옆면은 진한 색 파운데이션을 발라 얼굴이 갸름하고 이목구비가 뚜렷해 보이게 한다. 눈썹은 각진 형이나 올라간 눈썹 모양으로 그려 세련된 느낌을 준다.

17 모표피는 모간부로 모발의 가장 바깥층에 있으며 모발 내부를 보호하는 기능을 한다.

18 프라이머의 사용은 네일에 올린 아크릴이 볼에 접착이 잘 되도록 자연 네일 표면에 바르는 것으로 1~2회 정도 바른다.

19 • 롱 스템 롤러 컬 : 후방 45°로 셰이프해서 와인딩, 볼륨이 적기 때문에 네이프쪽에 많이 사용한다.
• 하프 스템 롤러 컬 : 수직(90°)으로 셰이프해서 와인딩, 볼륨감이 적다.
• 논 스템 롤러 컬 : 전방 45°로 셰이프해서 와인딩(후방 135°), 가장 볼륨감이 있다.

20 소독은 시술자, 고객 모두 하는 것이며, 푸셔를 사용할 때 손톱에 긁히지 않게 조심하고 손톱이 상하지 않도록 조심해서 시술해야 한다.

21 파상풍, 일본뇌염, 말라리아는 제3급감염병이다.

22 유기물을 분해시키는 데 소모되는 산소량이며, 하수의 오염을 측정하는 데는 주로 BOD(생물학적 산소요구량)을 이용한다.

23 황산화물(SO)은 대기오염의 주 원인물질이며, 만성기관지염과 산성비를 유발시킨다.

24 풍진 : 홍역보다 잠복기가 길며, 합병증이 거의 없다. 환자와의 직접적인 접촉으로 감염되며, 홍역보다 감염성이 훨씬 낮다. 예방접종을 실시하나 임산부는 예방접종을 금한다. 임신초기에 이환되었을 때에는 감마 글로블린을 주사한다. 임신 초기의 여성은 풍진 환자와 접촉하지 않도록 특히 조심해야 한다.

25 세계보건기구(WHO)는 한 나라의 보건수준을 표시하며, 국가들 간에 비교할 수 있는 지표로는 비례사망지수, 조사망률, 평균수명이 있다.

26 조명은 직접조명보다는 간접조명이 눈을 보호하기 가장 좋다.

27 가재생식 – 폐디스토마, 소고기 – 무구조충

28 • 평균수명 – 생명표상의 출생 시 평균여명
　　• 조사망률 – 인구 1,000명당 1년간의 발생 사망수로 표시하는 비율
　　• 영아사망률 – 영아(0세)의 사망을 나타내는 것

29 대치 – 격리 – 환기 – 교육이 작업환경의 관리원칙이다.

30 온도, 습도, 영양분, 산소, pH, 광선이 미생물의 번식에 영향을 미치며 그중 온도, 습도, 영양분이 가장 크게 영향을 미친다.

31 소독은 병원성 미생물을 죽이거나 감염력을 없애는 것으로 세포의 포자까지는 작용하지 못한다.

32 자비소독은 물리적소독법 중 습열에 의한 소독법이다.

33 이·미용실 실내외 청소용으로는 크레졸수를 많이 사용한다.

34 유리제품의 자비소독 시에는 끓기 전에 넣고 100℃에서 15~20분 정도 가열하거나 건열멸균기를 이용하는 방법이 있다.

35 • 화염멸균법 : 불연성 물질(유리, 금속제품)
　　• 자비소독법 : 식기류, 도자기류, 의류
　　• 고압증기멸균법 : 기구, 의류, 고무제품, 약액

36 석탄의 경우 금속을 부식시키는 단점이 있다.

37 입안세척이나 구내염, 상처소독에는 자극성이 적은 과산화수소(옥시풀)를 사용하게 된다.

38 소독약의 보관은 냉암소에 보관하는 것이 좋다.

39 방사선 멸균 시에는 소요비용이 비싼 것이 단점이다.

40 표백성이 없어야 한다.

41 민감성 피부는 피부가 민감하여 어떤 물질에 대해 반응을 바로 일으키는 피부를 말한다.

42 항산화제는 공기 중의 산소에 의해 산화 변질되는 것을 방지하는 것으로 비타민 A(레티놀), 베타-카로틴(β-carotene은 비타민 A 전구체), 수퍼옥사이드 디스뮤타제(SOD), 비타민 E(토코페롤), 메티오닌, 타우린, 아연 등이 있다.

43 모유두에서 모세혈관을 통한 영양공급이 이루어져 모발에 영양을 전해주며, 세포가 생성되고 모발이 성장한다.

44 천연보습인자(N.M.F) 성분 중에는 아미노산이 40%로 가장 많이 함유되어 있다.

45 ② 농포 : 붉은 구진성 여드름이 악화되어 농을 형성(여드름 3단계)
　　③ 두드러기(팽진, 담마진) : 크기나 형태가 변하고 수 시간 내에 소실됨
　　④ 종양 : 직경 2cm 이상의 피부 증식물

46 네일 트리트먼트(손질)는 손톱에 영양을 주는 것이다.

47 금색은 멜라닌 색소의 양이 적고 크기가 작다.

48 투명층은 손·발바닥에 존재하며, 엘라이딘(Elaidin)이라는 반유동 물질을 함유하고 있다.

49 인체 소독용으로는 에탄올을 주로 사용한다.

50 에멀전은 상호 혼합되지 않는 두 액체의 한 쪽이 작은 방울로 되어 다른 액체 중에 분산되어 있는 상태이며 레이크는 불용성 색소, 아로마는 향기를 뜻하고, 왁스는 고형의 유성성분으로 고급지방산에 고급알코올이 결합된 에스테르를 말한다.

51 양벌규정은 법인의 대표자, 법인, 개인의 대리인, 사용인 기타 영업종사자가 법률 제20조의 위반행위를 한 때 벌금형을 말한다.

52 위생교육을 받은 자가 위생교육을 받은 날부터 2년 이내에 위생교육을 받은 업종과 같은 업종의 영업을 하려는 경우에는 해당 영업에 대한 위생교육을 받은 것으로 본다.

53 공중위생영업을 승계한 자는 위생교육을 받아야 한다.
공중위생영업의 영업신고를 하고자 하는 자는 미리 위생교육을 받아야 하며, 위생교육은 매년 3시간으로 한다.

54 미용사 면허를 받을 수 없는 자는 금치산자, 약물중독자, 정신질환자, 간질병자, 감염병 환자, 면허가 취소된 후 1년이 경과되지 아니한 자로 전과기록이 있는 자는 해당사항이 아니다.

55 과태료는 대통령령으로 정하는 바에 따라 보건복지부장관 또는 시장·군수·구청장이 부과·징수한다.

56 • 1차 위반 – 경고
　　• 2차 위반 – 영업정지 15일
　　• 3차 위반 – 영업정지 1월
　　• 4차 위반 – 영업장 폐쇄명령

57 면허정지처분을 받고 그 영업정지기간 중 영업을 행한 때는 1차 위반 시 면허취소이다.

58 300만 원 이하의 벌금형 – 면허가 취소된 후 계속하여 업무를 행한 자, 면허를 받지 않고 이용 또는 미용의 업무를 행한 자, 면허정지 기간 중에 업무를 행한 자, 위생관리기준 또는 오염허용기준을 지키지 아니한 자로서 개선명령에 따르지 아니한 자

59 지위승계 시 신고 구비서류는 지위승계 신고서, 가족관계 증명원, 양도계약서 원본, 양도 또는 상속인임을 증명할 수 있는 서류이다.

60 면허증을 영업소 안에 게시해야 하며, 업소 내에 화장실을 갖추어야 하는 규정은 없다.

국가기술자격검정 필기시험문제

제2회 최신 시행 출제문제

자격종목 및 등급(선택분야)	종목코드	시험시간	문제지형별
미용사(일반)	7937	1시간	A

---

01 컬이 오래 지속되며 움직임을 가장 적게 해주는 것은?
① 논스템(Non Stem)
② 하프스템(Half Stem)
③ 풀스템(Full Stem)
④ 컬스템(Curl Stem)

02 다음 중 두발의 볼륨을 주지 않기 위한 컬 기법은?
① 스탠드업 컬(Stand Up Curl)
② 플래트 컬(Flat Curl)
③ 리프트 컬(Lift Curl)
④ 논스템 롤러 컬(Non Stem Roller Curl)

03 1940년대에 유행했던 스타일로 네이프선까지 가지런히 정돈하여 묶어 청순한 이미지를 부각시킨 스타일이며, 아르헨티나의 대통령 부인이었던 에바 페론의 헤어스타일로 유명한 업스타일은?
① 링고 스타일
② 시뇽 스타일
③ 킨키 스타일
④ 퐁파두르 스타일

04 다음 중 언더프로세싱(Under Processing)된 모발의 그림은?

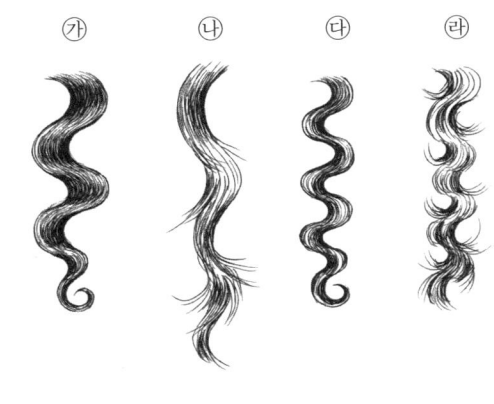

① 가
② 나
③ 다
④ 라

05 스캘프 트리트먼트의 목적이 아닌 것은?
① 원형 탈모증 치료
② 두피 및 모발을 건강하고 아름답게 유지
③ 혈액순환 촉진
④ 비듬방지

06 콜드 퍼머넌트 웨이브 시 두발 끝이 자지러지는 원인이 아닌 것은?
① 콜드웨이브 제1액을 바르고 방치시간이 길었다.
② 사전 커트 시 두발 끝을 너무 테이퍼링하였다.
③ 두발 끝을 블런트 커팅하였다.
④ 너무 가는 로드를 사용하였다.

07 염색한 두발에 가장 적합한 샴푸제는?
① 댄드러프 샴푸제
② 논스트리핑 샴푸제
③ 프로테인 샴푸제
④ 약용샴푸제

08 원랭스 커트(One Length Cut)에 속하지 않는 것은?
① 레이어 커트
② 이사도라 커트
③ 패러렐 보브 커트
④ 스파니엘 커트

09 다음 그림과 같이 와인딩했을 때 웨이브의 형상은?

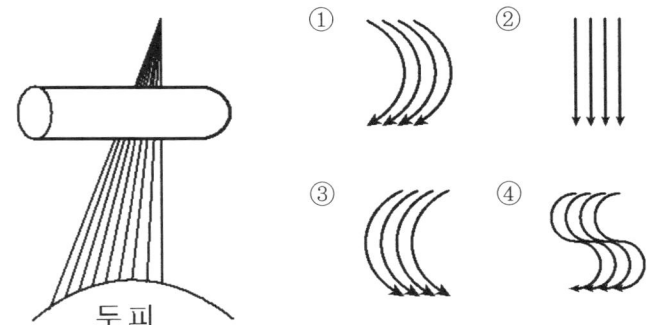

10 플러프 뱅(Fluff Bang)에 관한 설명으로 옳은 것은?
① 포워드 롤을 뱅에 적용시킨 것이다.
② 컬이 부드럽고 아무런 꾸밈도 없는 듯이 모이도록 볼륨을 주는 것이다.
③ 가르마 가까이에 작게 낸 뱅이다.
④ 뱅으로 하는 부분의 두발을 업콤하여 두발 끝을 플러프해서 내린 것이다.

11 콜드 웨이브 퍼머넌트 웨이브(Cold Permanent Wave) 시 제1액의 주성분은?
① 과산화수소
② 취소산나트륨
③ 티오글리콜산
④ 과붕산나트륨

12 손톱의 길이를 조정할 때 사용하는 손톱 줄은?
① 네일 브러시
② 오렌지 우드스틱
③ 에머리 보드
④ 큐티클 푸셔

13 큐티클 리무버(Cuticle Remover)에 대한 설명으로 옳지 않은 것은?
① 손톱주변 굳은살이 아주 딱딱한 사람에게 사용하면 좋다.
② 오일보다 농도가 짙어 손톱주변 굳은살을 부드럽게 하는 데 도움이 된다.
③ 매니큐어링이 끝난 후에 한 번 더 발라주면 효과적이다.
④ 아몬드 오일, 아보카도 오일, 호호바 오일을 사용한다.

14 레이저(Razor)에 대한 설명 중 가장 거리가 먼 것은?

① 셰이핑 레이저를 사용하여 커팅하면 안정적이다.
② 초보자는 오디너리 레이저를 사용하는 것이 좋다.
③ 솜털 등을 깎을 때는 외곡 선상의 날이 좋다.
④ 녹이 슬지 않게 관리를 한다.

15 올바른 미용인으로서의 인간관계와 전문가적인 태도에 관한 내용으로 가장 거리가 먼 것은?

① 예의바르고 친절한 서비스를 모든 고객에게 제공한다.
② 고객의 기분에 주의를 기울여야 한다.
③ 효과적인 의사소통 방법을 익혀두어야 한다.
④ 대화의 주제는 종교나 정치 같은 논쟁의 대상이 되거나 개인적인 문제에 관련된 것이 좋다.

16 이마의 상부와 턱의 하부를 진하게 표현하고 관자놀이에서 눈 꼬리와 귀밑으로 이어지는 부분을 특히 밝게 표현하며 눈썹은 "일자(一字)"로 그리되 살짝 빗겨 올라가도록 그리는 화장법에 속하는 얼굴형은?

① 장방형 얼굴　　　　② 삼각형 얼굴
③ 사각형 얼굴　　　　④ 마름모형 얼굴

17 저항성 두발을 염색하기 전에 행하는 기술에 대한 내용 중 틀린 것은?

① 염모제 침투를 돕기 위해 사전에 두발을 연화시킨다.
② 과산화수소 30ml, 암모니아수 0.5ml 정도를 혼합한 연화제를 사용한다.
③ 사전 연화기술을 프레-소프트닝(Pre-softening)이라고 한다.
④ 50~60분 방치 후 드라이로 건조시킨다.

18 메이크업(Make-up)을 할 때 얼굴에 입체감을 주기 위해 사용되는 브러시는?

① 아이브로우 브러시　　② 네일 브러시
③ 립 라인 브러시　　　　④ 섀도 브러시

19 1905년 찰스 네슬러가 어느 나라에서 퍼머넌트 웨이브를 발표했는가?

① 독일　　　　　　② 영국
③ 미국　　　　　　④ 프랑스

20 중국 현종(서기 713~755년) 때의 십미도(十眉圖)에 대한 설명이 옳은 것은?

① 열 명의 아름다운 여인　② 열 가지의 아름다운 산수화
③ 열 가지의 화장방법　　　④ 열 종류의 눈썹모양

21 자연독에 의한 식중독 원인물질과 서로 관계없는 것으로 연결된 것은?

① 테트로도톡신(Tetrodotoxin) – 복어
② 솔라닌(Solanin) – 감자
③ 무스카린(Muscarin) – 버섯
④ 에르고톡신(Ergotoxin) – 조개

22 다음 중 지구의 온난화 현상(Global Warming)의 주원인이 되는 가스는?

① CO_2　　　　　② CO
③ Ne　　　　　　④ NO

23 폐흡충증(폐디스토마)의 제1중간 숙주는?

① 다슬기　　　　② 왜우렁이
③ 게　　　　　　④ 가재

24 다음의 영아사망률 계산식에서 (A)에 알맞은 것은?

$$영아사망률 = \frac{(A)}{연간출생아수} \times 1,000$$

① 연간 생후 28일까지의 사망자수
② 연간 생후 1년 미만 사망자수
③ 연간 1~4세 사망자수
④ 연간 임신 28주 이후 사산+출생 1주 이내 사망자수

25 다음 중 감각 온도의 3요소가 아닌 것은?

① 기온　　　　　② 기습
③ 기압　　　　　④ 기류

26 다음 중 감염병 관리에 가장 어려움이 있는 사람은?

① 회복기 보균자　　② 잠복기 보균자
③ 건강 보균자　　　④ 병후 보균자

27 다음 중 제2급감염병이 아닌 것은?

① 장티푸스　　　　② 말라리아
③ 유행성 이하선염　④ 세균성 이질

28 다음 중 가족계획과 뜻이 가장 가까운 것은?

① 불임시술　　　　② 임신중절
③ 수태제한　　　　④ 계획출산

29 진동이 심한 작업장 근무자에게 다발하는 질환으로 청색증과 동통, 저림 증세를 보이는 질병은?

① 레이노드씨병　　② 진폐증
③ 열경련　　　　　④ 잠함병

30 인구구성의 기본형 중 생산연령 인구가 많이 유입되는 도시지역의 인구구성을 나타내는 것은?

① 피라미드형　　　② 별형
③ 항아리형　　　　④ 종형

31 이·미용실에서 사용하는 쓰레기통의 소독으로 적절한 약제는?

① 포르말린수　　　② 에탄올
③ 생석회　　　　　④ 역성비누액

32 실험기기, 의료용기, 오물 등의 소독에 사용되는 석탄산수의 적정한 농도는?

① 석탄산 0.1% 수용액
② 석탄산 1% 수용액
③ 석탄산 3% 수용액
④ 석탄산 50% 수용액

33 다음 중 세균의 포자를 사멸시킬 수 있는 것은?

① 포르말린
② 알코올
③ 음이온계면활성제
④ 차아염소산소다

34 다음 소독제 중 상처가 있는 피부에 적합하지 않은 것은?

① 승홍수
② 과산화수소수
③ 포비돈
④ 아크리놀

35 양이온 계면 활성제의 장점이 아닌 것은?

① 물에 잘 녹는다.
② 색과 냄새가 거의 없다.
③ 결핵균에 효력이 있다.
④ 인체에 독성이 적다.

36 금속 기구를 자비소독할 때 탄산나트륨($NaCO_3$)을 넣으면 살균력도 강해지고 녹이 슬지 않는다. 이때의 가장 적정한 농도는?

① 0.1~0.5%
② 1~2%
③ 5~10%
④ 10~15%

37 다음 중 일광 소독은 주로 무엇을 이용한 것인가?

① 열선
② 적외선
③ 가시광선
④ 자외선

38 섭씨 100~135℃ 고온의 수증기를 미생물, 아포 등과 접촉시켜 가열 살균하는 방법은?

① 간헐멸균법
② 건열멸균법
③ 고압증기멸균법
④ 자비소독법

39 소독약의 사용과 보전상의 주의사항으로 틀린 것은?

① 모든 소독약은 미리 제조해 둔 뒤에 필요량만큼씩 두고두고 사용한다.
② 약품은 암냉장소에 보관하고, 라벨이 오염되지 않도록 한다.
③ 소독물체에 따라 적당한 소독약이나 소독방법을 선정한다.
④ 병원미생물의 종류, 저항성 및 멸균·소독의 목적에 의해서 그 방법과 시간을 고려한다.

40 다음 중 객담이 묻은 휴지의 소독방법으로 가장 알맞은 것은?

① 고압멸균법
② 소각소독법
③ 자비소독법
④ 저온소독법

41 다음 중 광물성 오일에 속하는 것은?

① 올리브유
② 스쿠알렌
③ 실리콘오일
④ 바셀린

42 사마귀(Wart, Verruca)의 원인은?

① 바이러스
② 진균
③ 내분비이상
④ 당뇨병

43 표피에서 자외선에 의해 합성되며, 칼슘과 인의 대사를 도와주고 발육을 촉진시키는 비타민은?

① 비타민 A
② 비타민 C
③ 비타민 E
④ 비타민 D

44 한선의 활동을 증가시키는 요인으로 가장 거리가 먼 것은?

① 열
② 운동
③ 내분비선의 자극
④ 정신적 흥분

45 다음 중 표피와 무관한 것은?

① 각질층
② 유두층
③ 무핵층
④ 기저층

46 일상생활에서 여드름 치료 시 주의하여야 할 사항에 해당하지 않는 것은?

① 과로를 피한다.
② 배변이 잘 이루어지도록 한다.
③ 식사 시 버터, 치즈 등을 가급적 많이 먹도록 한다.
④ 적당한 일광을 쪼일 수 없는 경우 자외선을 가볍게 조사받도록 한다.

47 직경 1~2mm의 둥근 백색 구진으로 안면(특히 눈 하부)에 호발하는 것은?

① 비립종
② 피지선 모반
③ 한관종
④ 표피낭종

48 피지선에 대한 설명으로 틀린 것은?

① 피지를 분비하는 선으로 진피층에 위치한다.
② 피지선은 손바닥에는 전혀 없다.
③ 피지의 1일 분비량은 10~20g 정도이다.
④ 피지선의 많은 부위는 코 주위이다.

49 노화피부에 대한 전형적인 증세는?

① 지방이 과다 분비하여 번들거린다.
② 항상 촉촉하고 매끈하다.
③ 수분이 80% 이상이다.
④ 유분과 수분이 부족하다.

50 여러 가지 꽃향이 혼합된 세련되고 로맨틱한 향으로 아름다운 꽃다발을 안고 있는 듯, 화려하면서도 우아한 느낌을 주는 향수의 타입은?

① 싱글 플로럴(Single Floral)
② 플로럴 부케(Floral Bouquet)
③ 우디(Woody)
④ 오리엔탈(Oriental)

51 1회용 면도날을 2인 이상의 손님에게 사용한 때에 대한 1차 위반 시 행정처분기준은?

① 시정명령
② 경고
③ 영업정지 5일
④ 영업정지 10일

52 공중위생영업소의 위생서비스 수준 평가는 몇 년마다 실시하는가?(특별한 경우는 제외함)

① 1년
② 2년
③ 3년
④ 5년

53 공중위생관리법상 위생교육을 받지 아니한 때 부과되는 과태료의 기준은?

① 30만 원 이하
② 50만 원 이하
③ 100만 원 이하
④ 200만 원 이하

54 이·미용사의 면허를 받지 아니한 자가 이·미용 업무에 종사하였을 때 이에 대한 벌칙 기준은?

① 3년 이하의 징역 또는 1천만 원 이하의 벌금
② 1년 이하의 징역 또는 1천만 원 이하의 벌금
③ 300만 원 이하의 벌금
④ 200만 원 이하의 벌금

55 공중위생영업자의 지위를 승계한 자가 시장·군수·구청장에게 신고해야 하는 기간은?

① 7일 이내　　　② 15일 이내
③ 20일 이내　　　④ 30일 이내

56 다음 중 공중위생감시원의 직무사항이 아닌 것은?

① 시설 및 설비의 확인에 관한 사항
② 영업자의 준수사항 이행 여부에 관한 사항
③ 위생지도 및 개선명령 이행 여부에 관한 사항
④ 세금납부의 적정 여부에 관한 사항

57 이·미용 영업소 안에 면허증 원본을 게시하지 않은 경우 1차 행정처분기준은?

① 개선명령 또는 경고
② 영업정지 5일
③ 영업정지 10일
④ 영업정지 15일

58 이용업 또는 미용업의 영업장 실내조명 기준은?

① 30lux 이상
② 50lux 이상
③ 75lux 이상
④ 120lux 이상

59 위법 사항에 대하여 청문을 시행할 수 없는 기관장은?

① 경찰서장
② 구청장
③ 군수
④ 시장

60 이·미용사 면허증의 재교부 사유가 아닌 것은?

① 성명 또는 주민등록번호 등 면허증의 기재사항에 변경이 있을 때
② 영업장소의 상호 및 소재지가 변경될 때
③ 면허증을 분실했을 때
④ 면허증이 헐어 못쓰게 된 때

제2회 최신 시행 출제문제 정답

01	02	03	04	05	06	07	08	09	10	11	12	13	14	15	16	17	18	19	20
①	②	②	②	①	③	②	①	①	②	③	③	③	②	④	①	④	④	②	④

21	22	23	24	25	26	27	28	29	30	31	32	33	34	35	36	37	38	39	40
④	①	①	②	①	①	①	①	①	①	①	③	③	③	③	④	③	①	①	③

41	42	43	44	45	46	47	48	49	50	51	52	53	54	55	56	57	58	59	60
④	①	④	③	③	③	③	④	②	②	②	②	④	③	④	④	①	④	①	②

제2회 최신 시행 출제문제 해설

01 논스템(Non Stem)이 컬의 움직임이 가장 적고, 풀스템(Full Stem)이 컬의 움직임이 가장 크다.

02 컬의 상태에 따라 컬의 Loof가 두피로부터 세워져 있는 Stand Up Curl(스탠드업 컬)과 Loof가 두피로부터 세워져 있지 않고 Stand Up Curl보다 방향성을 추구하는 Flat(플랫-평평한) Curl로 나눌 수 있다. Stand Up Curl에 대해서 Loof가 두피에 세워져 있지 않은 것을 Flat Curl이라고 말한다.

03 시뇽 스타일은 한 올의 흐트러짐 없이 빗어 목 바로 위에서 단단하게 고정한다. 차분하고 깔끔한 이미지를 준다.

04 언더프로세싱(Under Processing)된 모발은 웨이브가 거의 나오지 않거나 전혀 되지 않는다.
① 적당히 프로세싱된 경우로 웨이브 형태가 매끄럽고 탄력있게 형성된 상태
② 언더프로세싱된 경우로 웨이브의 형태가 느슨하여 불안정한 상태
③ 오버프로세싱된 경우로 모발이 젖었을 때는 강한 웨이브, 말리면 부스러지는 웨이브 상태
④ 오버프로세싱된 경우로 모발 끝이 자지러진 웨이브 형태

05 스캘프 트리트먼트의 목적은 치료가 아닌 두피손질 또는 두피처치라는 뜻으로 '스캘프 트리트먼트'는 '약품과 기기 또는 손을 사용해서 두피의 혈액 순환을 돕고 비듬 등 더러운 것을 제거하는 것'을 말한다. 두발 성장 촉진, 두피 청결, 탈모 방지 등의 효과가 있다.

06 블런트 커팅(클럽 커팅)은 직선적으로 뭉툭하게 커트하는 방법이다. 두발 끝이 자지러지는 원인으로는 와인딩 시 텐션의 강약에 따라 많은 차이가 있다. 너무 느슨하게 와인딩하면 컬이 늘어짐을 명심하고 잡아당기지 않고 적당한 텐션을 가하여 와인딩해야 한다.

07 논스트리핑 샴푸제(Nonstripping Shampoos) : pH가 낮은 산성의 샴푸제로서 두피와 모발을 자극하지 않으므로 영구적인 염모에 의한 염색 또는 탈색된 모발의 퇴화방지에 효과적이다.

08 원랭스 커트(One Length Cut) 기법은 두발을 일직선상으로 갖추는 커트 기법으로 보브 커트의 기본이며, 레이어 커트 기법은 층이 지는 기법으로 두발의 길이가 점점 짧아지는 커트이다.

09 와인딩 시 볼륨과 방향을 줄 때 모발을 모아서 시술한다.

10 ① 포워드 롤을 뱅에 적용시킨 것이다. - 포워드 롤 뱅
③ 가르마 가까이에 작게 낸 뱅이다. - 프린지 뱅
④ 뱅으로 하는 부분의 두발을 업콤하여 두발 끝을 플러프해서 내린 것이다. - 프렌치 뱅

11 1액 중 티오글리콜산은 모발 환원제, 탈모제 등에 사용되는 무색의 액체로 특유의 냄새가 나고 시스틴의 S-S 결합을 끊을 수 있는 화학물질이다. 물리적인 힘에 의해 로드의 굴곡으로 안쪽과 바깥쪽에 늘어남의 차이가 생겨 일시적인 웨이브가 형성된다.

12 ① 네일 브러시 : 손톱 아래의 이물질을 제거할 때 사용한다.
② 오렌지 우드스틱 : 한쪽 끝은 손톱의 큐티클을 밀어 올리는 데 사용하고, 다른 한쪽 끝은 이물질을 제거할 때 사용한다.
④ 큐티클 푸셔 : 큐티클을 밀어 올릴 때 사용한다.

13 큐티클 리무버(Cuticle Remover)는 상조피 제거액으로 손톱 주변의 죽은 세포를 정리하거나 제거 시 사용한다. 마지막에 바르는 용도가 아니다.

14 오디너리 레이저(일상용 레이저)는 보통의 칼 모양으로 된 면도칼이며, 시간적으로 능률적이고 세밀한 작업이 용이한 반면 지나치게 자를 우려가 있어 초보자에게는 부적당하다. 날에 보호막이 있는 셰이핑 레이저가 초보자에게 적합하다.

15 미용을 위한 과학적인 지식과 전문기술을 갖추고 고객의 상태를 파악하여 아름다움을 관리하지만 종교나 정치 같은 논쟁의 대상이 되거나 개인적인 문제에 관련된 것은 좋지 않다.

16 장방형 얼굴은 긴 얼굴형으로 성숙하며, 차분한 느낌을 주지만 나이가 들어 보일 수 있다. 얼굴이 길어 보이지 않도록 수정·보완해야 한다.

17 자연방치 염색의 소요시간 - 손상모(15~20분), 정상모(20~30분), 발수성모(35~40분으로 40분 이상 넘지 않을 것)

18 ① 아이브로우 브러시 : 눈썹을 자연스럽게 그릴 때 사용
② 네일 브러시 : 손톱 아래의 이물질을 제거할 때 사용
③ 립 라인 브러시 : 입술 모양을 수정·보완 시 사용

19 1905년 영국의 런던에서 찰스 네슬러가 히트웨이브를 개발했다.

20 당나라 현종은 여자들의 눈썹화장을 중시하여 현종이 화공에게 "십미도(十眉圖)"를 그리게 하였는데 그린 눈썹으로는 소산미(小山眉), 분초미(分梢眉) 등이 있었고 명칭과 양식이 다양하였다.

21 에르고톡신(Ergotoxin) : 맥각
베네루핀(Venerupin) : 모시조개, 굴, 바지락

22 CO_2는 실내공기의 오염도나 환기의 양부를 결정하는 지표이다.

23 폐흡충(폐디스토마) : 다슬기 → 가재, 게 → 사람
간흡충(간디스토마) : 쇠우렁(왜우렁) → 잉어, 담수어(참붕어, 붕어, 잉어) → 사람

24 영아사망률 : 출생아 1,000명당 1년간의 생후 1년 미만 영아의 사망자수 비율로 한 국가의 보건수준을 나타내는 가장 대표적인 지표로 사용된다.

25 감각 온도는 기온, 기습, 기류의 3인자가 종합적으로 인체에 작용하는 것이다.

26 건강 보균자는 병원체가 침입했으나 임상증상이 전혀 없고 병원체를 배출하므로 색출하기가 어렵고 보건 관리상 가장 어렵다.

27 말라리아는 제3급감염병이다.

28 가족계획의 사전적 의미는 행복한 가정생활을 위해 부부의 생활능력에 따라 자녀의 수나 출산의 간격을 계획적으로 조절하는 일이다. 구체적으로는 부부의 생활능력이나 이상·연령 등을 고려하면서 산아의 수나 출산 간격을 계획적으로 조절하는 것이다.

29 ② 진폐증 : 진폐증이란 폐에 분진이 침착하여 이에 대해 조직 반응이 일어난 상태를 말한다.

③ 열경련 : 열사병(熱射病)의 한 형(型). 고열 작업장에서 일하는 사람에게 많이 생기는 병으로 두통과 근육의 경련이 주 증상이며, 체온도 약간 오른다. 땀이 나는 데에 따라 혈액의 수분과 염분을 잃게 되기 때문에 생긴다.

④ 잠함병 : 고압의 환경에서 낮은 압력하로 갑자기 환경이 바뀔 때 체내에서 발생하는 공기방울이 신체에 미치는 생리적 영향으로 인해 발병한다. 압력조절이 되지 않은 비행기의 조종사, 잠수부, 탄광 근로자 등이 걸리기 쉽다.

30 ① 피라미드형 : 사망률이 출생률보다 낮은 인구증가형

③ 항아리형 : 인구감소형으로 출생률과 사망률이 모두 낮다.

④ 종형 : 인구정지형으로 출생률과 사망률이 모두 낮다.

31 생석회는 분뇨, 토사물, 쓰레기통, 하수도 등의 소독에 적당하다. 독성이 적고 저렴하기 때문에 넓은 장소의 소독에 적합하나 포자 형성 세균에는 효과가 없다.

32 석탄산수의 용도는 비교적 넓으며 수지, 의류, 침구, 실내내부, 가구, 변기, 배설물 브러시, 고무제품 등에 적합하다. 일반적으로 3%의 수용액(온수)을 사용하며, 산성도가 높고 고온일수록 소독 효과가 크다.

33 포르말린은 포름알데히드를 35~38%로 물에 녹인 액체로 아포에 강한 살균 효과가 있다. 희석액에도 강한 살균 작용을 하기 때문에 피부사용에 부적합하다.

34 승홍수는 살균력이 강하며, 맹독이기 때문에 취급, 보존, 사용상에 특히 주의해야 한다.

35 카티온 계면활성제, 양성비누, 역성비누라고도 한다. 무미, 무해, 무자극, 무독하여 식품소독 및 피부소독에 효과적이고 살균제, 소독제, 직물가공제, 분산제, 부유선광제(浮游選鑛劑) 등에 사용된다.

36 소독효과를 높이기 위해 석탄산(5%), 크레졸(2~3%), 중조 = 탄산수소나트륨(1~2%)을 넣어주기도 한다.

37 자외선은 태양광선 중 파장이 200~400nm의 범위에 속하는 것이며, 특히 260nm 부근의 파장인 경우 강력한 살균작용을 한다.

38 • 간헐멸균법 : 1일 1회씩 3일 동안 100℃에서 30분간 가열하는 방법으로 세균의 포자까지 멸균시키는 방법이다.

• 건열멸균법 : 건열멸균기(Dry Oven)를 이용하여 170℃에서 1~2시간 멸균 처리하는 방법. 주사침, 유리기구, 금속제품에 이용된다.

• 자비소독법 : 100℃의 끓는 물에서 15~20분간 처리하며 아포형성균과 간염 바이러스를 제외한 모든 병원균은 파괴할 수 있다.

39 소독약은 필요한 양만큼 제조하여 사용하는 것이 좋다.

40 • 고압멸균법 : 초자기구, 의류, 고무제품, 자기류, 거즈 및 약액

• 자비소독법 : 식기류, 도자기류, 주사기, 의류

• 저온소독법 : 유제품, 알코올, 건조과실

41 올리브유(식물성), 스쿠알렌(동물성), 실리콘오일(합성유성)

42 표피가 국부적으로 증식하여 각질(角質)이 비후(肥厚)하는 양성 종양. 즉, 표피의 세포가 비정상적으로 증식하는 것을 말한다. 바이러스의 감염으로 생기는 바이러스성 사마귀와 피부의 노인성 변화에 의한 종양성(腫瘍性) 사마귀로 대별된다.

43 • 비타민 A : 상피보호 비타민, 세포 재생 촉진, 주름과 각질 예방

• 비타민 C : 항산화비타민, 콜라겐 형성에 관여, 멜라닌 색소 형성억제

• 비타민 E : 항산화·항노화비타민, 노년기 반점 억제, 호르몬 생성, 혈액순환을 촉진하여 피부 혈색을 좋게 함

44 내분비선은 혈액으로 호르몬을 분비하는 기관으로 특정한 도관 없이 혈액을 통해 호르몬을 온몸으로 방출한다. 땀샘, 침샘 등과 같은 분비물질이 도관을 통해 몸의 표면이나 표적기관으로 직접 분비되는 것은 외분비선을 말한다.

45 표피는 가장 아래부터 기저층, 유극층, 과립층, 투명층, 각질층이 있으며, 이를 유핵층(기저층, 유극층)과 무핵층(과립층, 투명층, 각질층)으로 다시 분류할 수 있다.

46 여드름은 지나친 당분과 지방이 함유된 식품은 피하고 피지분비 및 조절하는 비타민 B가 많이 함유한 식품과 과일, 야채를 많이 먹으면 좋다.

47 안검 주위의 질환으로 비립종(직경 1~2mm의 황백색의 구진)과 한관종(에크린 한관에서 유래한 작은 구진으로 내용물이 없음)이 있다.

48 피지의 1일 분비량은 1~2g 정도이다.

49 지방이 과다 분비하여 번들거린다 - 지성피부

항상 촉촉하고 매끈하다 - 정상피부

50 • 싱글 플로럴(Single Floral) : 한 가지 꽃에서 느껴지는 단일한 꽃 향취

• 우디(Woody) : 넓은 초원의 이끼, 풀, 시더우드, 샌달우드 등의 복합 향취

• 오리엔탈(Oriental) : 발삼, 우디 등이 복합되어 깊이가 있으면서 화려하고 세련된 향취

51 • 1차 위반 - 경고 • 2차 위반 - 영업정지 5일

• 3차 위반 - 영업정지 10일 • 4차 위반 - 영업장 폐쇄명령

52 시장·군수·구청장은 평가계획에 따라 공중위생영업소의 위생서비스 수준을 평가하여야 한다. 평가는 2년마다 실시함을 원칙으로 하되, 시장·군수·구청장은 위생서비스 평가의 전문성을 높이기 위하여 필요하다고 인정하는 경우에는 관련 전문기관 및 단체로 하여금 위생서비스 평가를 실시하게 할 수 있다.

53 200만 원 이하의 과태료 기준은 이용업소, 미용업소의 위생관리 의무를 지키지 아니한 자, 영업소 외의 장소에서 이용 또는 미용 업무를 행한 자, 위생교육을 받지 아니한 자

54 300만 원 이하의 벌금 기준은 면허가 취소된 후 계속하여 업무를 행한 자, 면허정지 기간 중에 업무를 행한 자, 면허를 받지 않고 이용 또는 미용의 업무를 행한 자

55 공중위생영업자의 지위를 승계한 자는 1월 이내에 시장·군수·구청장에게 신고해야 한다.

56 공중위생영업소의 영업의 정지, 일부 시설의 사용중지 또는 영업소 폐쇄명령 이행여부의 확인 / 위생교육 이행여부의 확인

57 이·미용 영업소 안에 면허증 원본을 게시하지 않은 경우 1차 위반 - 경고 또는 개선명령 / 2차 위반 - 영업정지 5일 / 3차 위반 - 영업정지 10일 / 4차 위반 - 영업장 폐쇄명령

58 위생관리의무에 따른 공중위생영업자가 준수하여야 할 위생관리 기준 - 영업장 안의 조명도는 75lux 이상이 되도록 유지하여야 한다.

59 위법 사항에 대하여 청문을 시행할 수 있는 기관은 시장·군수·구청장이다.

60 면허증 재교부 대상은 이용사 또는 미용사가 면허증의 기재사항에 변경(성명 및 주민등록번호의 변경에 한함)이 있을 때, 면허증을 잃어버린 때 또는 면허증이 헐어 못쓰게 된 때 시장·군수·구청장에게 변경신고를 해야 한다.

국가기술자격검정 필기시험문제

제3회 최신 시행 출제문제

자격종목 및 등급(선택분야)	종목코드	시험시간	문제지형별	수험번호	성명
미용사(일반)	7937	1시간	A		

01 헤어 컬러링(Hair Coloring)의 용어 중 다이 터치업(Dye Touch Up)이란?
① 처녀모(Virgin Hair)에 처음 시술하는 염색
② 자연적인 색채의 염색
③ 탈색된 두발에 대한 염색
④ 염색 후 새로 자라난 두발에만 하는 염색

02 헤어 트리트먼트(Hair Treatment)의 종류에 속하지 않는 것은?
① 헤어 리컨디셔닝
② 클리핑
③ 헤어 팩
④ 테이퍼링

03 다음 중 퍼머넌트 웨이브가 잘 나올 수 있는 경우는?
① 오버프로세싱으로 시스틴이 지나치게 파괴된 경우
② 사전 샴푸 시 비누와 경수로 샴푸하여 두발에 금속염이 형성된 경우
③ 두발이 저항성 모이거나 발수성 모로서 경모인 경우
④ 와인딩 시 텐션(Tension)을 적당히 준 경우

04 우리나라 고대 미용사에 대한 설명 중 틀린 것은?
① 고구려시대 여인의 두발 형태는 여러 가지였다.
② 신라시대 부인들은 금, 은, 주옥으로 꾸민 가체를 사용하였다.
③ 백제에서는 기혼녀는 머리를 틀어 올리고 처녀는 땋아 내렸다.
④ 계급에 상관없이 부인들은 모두 머리모양이 같았다.

05 핫오일 샴푸에 대한 설명 중 잘못된 것은?
① 플레인 샴푸하기 전에 실시한다.
② 오일을 따뜻하게 데워 바르고 마사지한다.
③ 핫오일 샴푸 후 펌을 시술한다.
④ 올리브유 등의 식물성 오일이 좋다.

06 베이스 코트의 설명으로 거리가 먼 것은?
① 폴리쉬를 바르기 전에 손톱 표면에 발라준다.
② 손톱 표면이 착색되는 것을 방지한다.
③ 손톱이 찢어지거나 갈라지는 것을 예방해 준다.
④ 폴리쉬가 잘 발라지도록 도와준다.

07 우리나라 옛 여인의 머리모양 중 앞머리 양쪽에 틀어 얹은 모양의 머리는?
① 낭자머리
② 쪽진머리
③ 푼기명식머리
④ 쌍상투머리

08 퍼머넌트 웨이브(Permanent Wave) 시술 시 두발에 대한 제1액의 작용 정도를 판단하여 정확한 프로세싱 타임을 결정하고 웨이브의 형성 정도를 조사하는 것은?
① 패치 테스트
② 스트랜드 테스트
③ 테스트 컬
④ 컬러 테스트

09 브러싱에 대한 내용 중 틀린 것은?
① 두발에 윤기를 더해주며 빠진 두발이나 헝클어진 두발을 고르는 작용을 한다.
② 두피의 근육과 신경을 자극하여 피지선과 혈액순환을 촉진시키고 두피조직에 영양을 공급하는 효과가 있다.
③ 여러 가지 효과를 주므로 브러싱은 어떤 상태에서든 많이 할수록 좋다.
④ 샴푸 전 브러싱은 두발이나 두피에 부착된 먼지나 노폐물, 비듬을 제거해 준다.

10 헤어 컬의 목적이 아닌 것은?
① 볼륨(Volume)을 만들기 위해서
② 컬러(Color)를 표현하기 위해서
③ 웨이브(Wave)를 만들기 위해서
④ 플러프(Fluff)를 만들기 위해서

11 두발이 유난히 많은 고객이 윗머리가 짧고 아랫머리로 갈수록 길게 하며, 두발 끝 부분을 자연스럽고 차츰 가늘게 커트하는 스타일을 원하는 경우 알맞은 시술방법은?
① 레이어 커트 후 테이퍼링(Tapering)
② 원랭스 커트 후 클리핑(Clipping)
③ 그러데이션 커트 후 테이퍼링(Tapering)
④ 레이어 커트 후 클리핑(Clipping)

12 낮 화장을 의미하며 단순한 외출이나 가벼운 방문을 할 때 하는 보통화장은?
① 소셜 메이크업
② 페인트 메이크업
③ 컬러포토 메이크업
④ 데이타임 메이크업

13 핑거 웨이브의 종류 중 스윙 웨이브(Swing Wave)에 대한 설명은?
① 큰 움직임을 보는 듯한 웨이브
② 물결이 소용돌이 치는 듯한 웨이브
③ 리지가 낮은 웨이브
④ 리지가 뚜렷하지 않고 느슨한 웨이브

14 모발 위에 얹어지는 힘 혹은 당김을 의미하는 말은?

① 엘레베이션(Elevation)　② 웨이트(Weight)
③ 텐션(Tension)　　　　　④ 텍스쳐(Texture)

15 다음 중 플러프 뱅(Fluff Bang)을 설명한 것은?

① 가르마 가까이에 작게 낸 뱅
② 컬을 깃털과 같이 일정한 모양을 갖추지 않고 부풀러서 볼륨을 준 뱅
③ 두발을 위로 빗고 두발 끝을 플러프해서 내려뜨린 뱅
④ 풀웨이브 또는 하프 웨이브로 형성한 뱅

16 얼굴형에 따른 눈썹화장법 중 옳지 않은 것은?

① 사각형 – 강하지 않은 둥근 느낌을 낸다.
② 삼각형 – 눈의 크기와 관계없이 크게 한다.
③ 역삼각형 – 자연스럽게 그리되 뺨이 말랐을 경우 눈 꼬리를 내려 그린다.
④ 마름모꼴형 – 약간 내려간 듯하게 그린다.

17 컬의 줄기 부분으로서 베이스(Base)에서 피봇(Pivot)점까지의 부분을 무엇이라 하는가?

① 엔드　　　　　　　　② 스템
③ 루프　　　　　　　　④ 융기점

18 원랭스 커트(One Length Cut)의 대표적인 아웃라인 중 이사도라 스타일은?

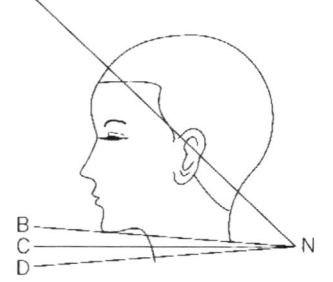

① C–N　　　　　　　② D–N
③ A–N　　　　　　　④ B–N

19 가발 손질법 중 틀린 것은?

① 스프레이가 없으면 얼레빗을 사용하여 컨디셔너를 골고루 바른다.
② 두발이 빠지지 않도록 차분하게 모근 쪽에서 두발 끝 쪽으로 서서히 빗질을 해 나간다.
③ 두발에만 컨디셔너를 바르고 파운데이션에는 바르지 않는다.
④ 열을 가하면 두발의 결이 변형되거나 윤기가 없어지기 쉽다.

20 강철을 연결시켜 만든 것으로 협신부(鋏身部)는 연강으로 되어 있고 날 부분은 특수강으로 되어 있는 것은?

① 착강가위　　　　　② 전강가위
③ 틴닝가위　　　　　④ 레이저

21 다음 중 파리가 옮기지 않는 병은?

① 장티푸스　　　　　② 이질
③ 콜레라　　　　　　④ 유행성출혈열

22 다음 영양소 중 인체의 생리적 조절작용에 관여하는 조절소는?

① 단백질
② 비타민
③ 지방질
④ 탄수화물

23 무구조충은 다음 중 어느 것을 날것으로 먹었을 때 감염될 수 있는가?

① 돼지고기
② 잉어
③ 게
④ 쇠고기

24 잠함병의 직접적인 원인은?

① 혈중 CO_2 농도 증가
② 체액 및 혈액 속의 질소 기포 증가
③ 혈중 O_2 농도 증가
④ 혈중 CO 농도 증가

25 감염병 유행지역에서 입국하는 사람이나 동물 또는 식품 등을 대상으로 실시하며 외국질병의 국내 침입방지를 위한 수단으로 쓰이는 것은?

① 격리　　　　　　　② 검역
③ 박멸　　　　　　　④ 병원소 제거

26 산업피로의 대책으로 가장 거리가 먼 것은?

① 작업과정 중 적절한 휴식시간을 배분한다.
② 에너지 소모를 효율적으로 한다.
③ 개인차를 고려하여 작업량을 할당한다.
④ 휴직과 부서 이동을 권고한다.

27 다음 중 하수에서 용존산소(DO)가 아주 낮다는 의미는?

① 수생식물이 잘 자랄 수 있는 물의 환경이다.
② 물고기가 잘 살 수 있는 물의 환경이다.
③ 물의 오염도가 높다는 의미이다.
④ 하수의 BOD가 낮은 것과 같은 의미이다.

28 출생 후 4주 이내에 기본접종을 실시하는 것이 효과적인 감염병은?

① 볼거리　　　　　　② 홍역
③ 결핵　　　　　　　④ 일본뇌염

29 우리나라에서 의료보험이 전 국민에게 적용된 시기는 언제부터인가?

① 1964년　　　　　② 1977년
③ 1988년　　　　　④ 1989년

30 한 나라의 건강수준을 나타내며 다른 나라들과의 보건수준을 비교할 수 있는 세계보건기구가 제시한 지표는?

① 비례사망지수
② 국민소득
③ 질병이환율
④ 인구증가율

31 일광소독과 가장 직접적인 관계가 있는 것은?

① 높은 온도
② 높은 조도
③ 적외선
④ 자외선

32 자비소독 시 살균력을 강하게 하고 금속기자재가 녹스는 것을 방지하기 위하여 첨가하는 물질이 아닌 것은?

① 2% 중조
② 2% 크레졸 비누액
③ 5% 석탄산
④ 5% 승홍수

33 다음 중 물리적 소독방법이 아닌 것은?

① 방사선 멸균법
② 건열 소독법
③ 고압증기 멸균법
④ 생석회 소독법

34 다음 중 포르말린수 소독에 가장 적합하지 않은 것은?

① 고무제품
② 배설물
③ 금속제품
④ 플라스틱

35 100%의 알코올을 사용해서 70%의 알코올 400ml를 만드는 방법으로 옳은 것은?

① 물 70ml와 100% 알코올 330ml 혼합
② 물 100ml와 100% 알코올 300ml 혼합
③ 물 120ml와 100% 알코올 280ml 혼합
④ 물 330ml와 100% 알코올 70ml 혼합

36 다음 중 도자기류의 소독방법으로 가장 적당한 것은?

① 염소 소독
② 승홍수 소독
③ 자비 소독
④ 저온 소독

37 살균력은 강하지만 자극성과 부식성이 강해서 상수 또는 하수의 소독에 주로 이용되는 것은?

① 알코올
② 질산은
③ 승홍
④ 염소

38 다음 중 피부자극이 적어 상처표면의 소독에 가장 적당한 것은?

① 10% 포르말린
② 3% 과산화수소
③ 15% 염소화합물
④ 3% 석탄산

39 소독의 정의에 대한 설명 중 가장 옳은 것은?

① 모든 미생물을 열이나 약품으로 사멸하는 것
② 병원성 미생물을 사멸 또는 제거하여 감염력을 잃게 하는 것
③ 병원성 미생물에 의한 부패방지를 하는 것
④ 병원성 미생물에 의한 발효방지를 하는 것

40 소독약으로서의 석탄산에 관한 내용 중 틀린 것은?

① 사용농도는 3% 수용액을 주로 쓴다.
② 고무제품, 의류, 가구, 배설물 등의 소독에 적합하다.
③ 단백질 응고작용으로 살균기능을 가진다.
④ 세균포자나 바이러스에 효과적이다.

41 다음 중 화학적인 필링제의 성분으로 사용되는 것은?

① AHA(Alpha Hydroxy Acid)
② 에탄올(Ethanol)
③ 카모마일
④ 올리브 오일

42 피부색상을 결정짓는 데 주요한 요인이 되는 멜라닌 색소를 만들어 내는 피부층은?

① 과립층
② 유극층
③ 기저층
④ 유두층

43 피서 후의 피부증상으로 틀린 것은?

① 화상의 증상으로 붉게 달아올라 따끔따끔한 증상을 보일 수 있다.
② 많은 땀의 배출로 각질층의 수분이 부족해져 거칠어지고 푸석푸석한 느낌을 가지기도 한다.
③ 강한 햇살과 바닷바람 등에 의하여 각질층이 얇아져 피부자체 방어반응이 어려워지기도 한다.
④ 멜라닌색소가 자극을 받아 색소병변이 발전할 수 있다.

44 비타민 C 부족 시 어떤 증상이 주로 일어날 수 있는가?

① 피부가 촉촉해진다.
② 색소 침착, 기미가 생긴다.
③ 여드름의 발생 원인이 된다.
④ 지방이 많이 낀다.

45 티눈의 설명으로 옳은 것은?

① 각질층의 한 부위가 두꺼워져 생기는 각질층의 증식현상이다.
② 주로 발바닥에 생기며 아프지 않다.
③ 각질핵은 각질 윗부분에 있어 자연스럽게 제거가 된다.
④ 발뒤꿈치에만 생긴다.

46 다음 중 필수지방산에 속하지 않는 것은?

① 리놀산(Linolin Acid)
② 리놀렌산(Linolenic Acid)
③ 아라키돈산(Arachidonic Acid)
④ 타르타르산(Tartaric Acid)

47 강한 유전경향을 보이는 특별한 습진으로 팔꿈치 안쪽이나 목 등의 피부가 거칠어지고 아주 심한 가려움증을 나타내는 것은?

① 아토피성 피부염
② 일광피부염
③ 베를로크 피부염
④ 약진

48 다음 중 건성피부 손질로서 가장 적당한 것은?

① 적절한 수분과 유분 공급
② 적절한 일광욕
③ 비타민 복용
④ 카페인 섭취 줄임

49 피지 분비의 과잉을 억제하고 피부를 수축시켜 주는 것은?

① 소염 화장수
② 수렴 화장수
③ 영양 화장수
④ 유연 화장수

50 주로 40~50대에 보이며, 혈액흐름이 나빠져 모세혈관이 파손되어 코를 중심으로 양 뺨에 나비형태로 붉어진 증상은?

① 비립종
② 섬유종
③ 주사
④ 켈로이드

51 관계공무원의 출입 · 검사 기타 조치를 거부 · 방해 또는 기피했을 때의 과태료 부과기준은?

① 300만 원 이하
② 200만 원 이하
③ 100만 원 이하
④ 50만 원 이하

52 보건복지부령이 정하는 특별한 사유가 있을 시 영업소 외의 장소에서 이 · 미용업무를 행할 수 있다. 그 사유에 해당하지 않는 것은?

① 기관에서 특별히 요구하여 단체로 이 · 미용을 하는 경우
② 질병으로 인하여 영업소에 나올 수 없는 자에 대하여 이 · 미용을 하는 경우
③ 혼례에 참여하는 자에 대하여 그 의식 직전에 이 · 미용을 하는 경우
④ 시장 · 군수 · 구청장이 특별한 사정이 있다고 인정한 경우

53 다음 중 이용사 또는 미용사의 면허를 받을 수 있는 자는?

① 약물 중독자
② 암환자
③ 정신질환자
④ 피성년후견인

54 이 · 미용업자에게 과태료를 부과 징수할 수 있는 처분권자에 해당되지 않는 자는?

① 보건복지부장관
② 시장
③ 군수
④ 구청장

55 공중위생의 관리를 위한 지도, 계몽 등을 행하게 하기 위하여 둘 수 있는 것은?

① 명예공중위생감시원
② 공중위생조사원
③ 공중위생평가단체
④ 공중위생전문교육원

56 규정에 의한 영업정지명령 또는 일부 시설의 사용중지명령을 받고도 그 기간 중에 영업을 한 자에 대한 벌칙은?

① 3백만 원 이하의 벌금
② 6개월 이하의 징역 또는 5백만 원 이하의 벌금
③ 1년 이하의 징역 또는 1천만 원 이하의 벌금
④ 3백만 원 이하의 과태료

57 영업소 안에 면허증을 게시하도록 "위생관리의무 등"의 규정에 명시된 자는?

① 이 · 미용업을 하는 자
② 목욕장업을 하는 자
③ 세탁업을 하는 자
④ 건물위생관리업을 하는 자

58 이 · 미용업 영업소에서 손님에게 음란한 물건을 관람 · 열람하게 한 때에 대한 1차 위반 시 행정처분기준은?

① 영업정지 15일
② 영업정지 1월
③ 영업장 폐쇄명령
④ 경고

59 공중위생영업의 신고를 위하여 제출하는 서류에 해당하지 않는 것은?

① 영업시설 및 설비개요서
② 교육필증
③ 면허증 원본
④ 재산세 납부 영수증

60 공중위생영업소를 개설하고자 하는 자는 원칙적으로 언제까지 위생교육을 받아야 하는가?

① 개설하기 전
② 개설 후 3개월 내
③ 개설 후 6개월 내
④ 개설 후 1년 내

제3회 최신 시행 출제문제 정답

01	02	03	04	05	06	07	08	09	10	11	12	13	14	15	16	17	18	19	20
④	④	④	④	③	③	④	③	③	②	①	④	①	④	②	④	②	④	②	①
21	22	23	24	25	26	27	28	29	30	31	32	33	34	35	36	37	38	39	40
④	②	②	②	④	④	④	①	④	①	④	③	④	③	④	①	④	②	②	④
41	42	43	44	45	46	47	48	49	50	51	52	53	54	55	56	57	58	59	60
①	③	③	②	①	④	①	④	②	②	①	②	③	①	④	①	③	①	④	①

제3회 최신 시행 출제문제 해설

01 다이는 염색제, 터치는 수정하다는 뜻으로 다이 터치업은 뿌리 염색을 말한다. 머리카락에 컬러링을 시술한 후 두발이 성장함에 따라서 밑동 부분에 새롭게 자라난 머리카락을 기존의 머리카락과 같은 색상이 되도록 염색하면서 색상을 수정해 주는 것을 가리킨다.

02 모발 관리 종류로는 헤어 리컨디셔닝, 헤어 클리핑, 헤어 팩, 신징이 있다. 테이퍼링은 모발의 양을 조절하기 위해 머릿결의 흐름을 불규칙적으로 커트하는 과정이다.

03 텐션을 일정하게 유지하면서 모발을 균일하게 마는 것이 중요하다. 시술 시 강한 텐션은 두피와 모발에 손상을, 텐션이 부족하면 컬의 처짐과 모발 끝의 꺾임 등 웨이브 형성에 영향을 준다.

04 신라시대 신분과 지위를 두발형태로 표현하였다.

05 핫오일 샴푸는 두피나 모발에 지방을 보급하기 위한 샴푸로 식물성유를 사용하며, 모발에 유분이 있으면 티오글리콜산염이 효력을 잃어서 1액의 작용이 저하될 수 있으므로 깨끗하게 샴푸를 하는 것이 중요하다.

06 네일 에나멜은 손톱 표면에 딱딱하고 광택이 있는 피막을 형성하여 손톱이 찢어지거나 갈라지는 것을 예방해 준다.

07 삼국시대 백제인은 남자는 상투를 틀었고 미혼여성은 댕기머리, 기혼여성은 쌍상투머리를 하였다.

08 테스트 컬의 상태를 살펴본다. 로드를 풀어도 컬의 형태가 유지되어 있으면 충분하다.

09 잦은 브러싱은 모발 손상의 우려가 있다.

10 컬러(Color)를 표현하기 위함은 헤어 컬러링(염색)과 관계가 깊다.

11 '레이어'는 머릿단을 짧게 하고 아래 머릿단을 길게 해서 두상 전체에 층을 쌓듯이 자르는 커트 기법을 말한다. 레이어 커트는 위쪽이 짧고 아래쪽으로 갈수록 길어지는 형태이다. '테이퍼'는 점차 가늘어지는 것을 말한다.

12 데이타임 메이크업(Daytime Make-up) : 낮 화장이라는 의미로 평상시 자연스러운 화장을 말한다.

13 핑거 웨이브의 종류는 다음과 같다.
- 덜 웨이브(Dull Wave) : 리지가 뚜렷하지 않고 느슨한 모양의 웨이브
- 로우 웨이브(Low Wave) : 리지가 낮은 모양의 웨이브
- 하이 웨이브(High Wave) : 리지가 높은 모양의 웨이브
- 스윙 웨이브(Swing Wave) : 큰 움직임이 있는 웨이브
- 스월 웨이브(Swirl Wave) : 물결이 소용돌이 치는 듯한 웨이브

14 텐션(Tension) : '긴장'이라는 뜻으로 헤어 용어에서 '머릿단을 긴장되게 잡아당기다'는 뜻이다.

15 플러프 뱅(Fluff Bang) : 헤어 용어에서 잘라서 이마에 내려뜨린 앞 머리카락의 끝을 헝클어뜨려서 부풀어 오르게 만든 것

16 마름모형 얼굴은 이마 옆, 턱 선은 하이라이트 컬러를 주고 돌출된 광대뼈와 뾰족한 턱 선은 섀도 컬러로 어둡게 하여 전체적으로 둥그런 느낌이 나게 한다. 눈썹은 아치형이나 화살형이 우아하고 부드럽게 보이게 한다.

17 컬을 구성하는 요소인 '스템'은 줄기라는 뜻으로 헤어 용어에서 머릿단을 나타낸다.

18 이사도라 스타일은 두상을 옆에서 봤을 때 머리 끝단의 앞쪽이 올라간 보브형이다(B.P 백 포인트, N.P 네이프 포인트).

19 브러싱은 모발 끝에서부터 모근 쪽으로 서서히 빗질해 간다.

20 착강가위 : 협신부(鋏身部)는 연강으로 되어있고 날 부분은 특수강으로 부분적으로 수정할 때 조정하기 쉽다.

21 유행성출혈열은 쥐로 인해 옮겨진다.

22 • 조절영양소 : 비타민, 무기질, 물
  • 구성영양소 : 단백질, 무기질, 물
  • 열량영양소 : 탄수화물, 단백질, 지방

23 무구조충(민촌충)은 오염된 풀이나 사료를 먹은 소(중간 숙주)의 생식으로 전파한다.

24 잠함병은 고기압 상태에서 정상기압으로 갑자기 복귀 시 공기 성분인 질소가 혈관에 기포를 형성하여 혈전현상을 일으키게 되는 것으로 잠수, 잠함 작업 시 주로 발생한다.

25 감염병에 접촉했을 가능성이 있는 사람이나 동물을 감염되지 않았다고 밝혀질 때까지 가두어 두거나 활동을 제한하는 것을 검역이라 한다.

26 권고(勸告, Recommendation) : 어떤 것에 대해 권유하는 것을 말한다. 법적 강제력이 없지만 심리적으로 부담감을 줄 수 있다.

27 BOD가 높으면 DO는 낮고, 온도가 하강하면 DO는 증가한다.

28 생후 4주 이내 BCG(결핵 예방 접종) 접종이 필요하다.

29 전국민 의료보장기(1988~1997) : 1988년 농어촌지역 의료보험, 1989년 도시지역 의료보험의 실시로 의료보험제도의 확대가 완성된 때이다. 의료보장의 수혜권에서 제외되었던 자영자계층에 대한 의료보험을 확대하여 전국민 의료보장을 달성했다.

30 비례사망지수는 전체 사망자수에 대한 50세 이상의 사망자수의 구성 비율이다.

31 자외선 C(200~290nm) : 단파장이 살균, 소독 작용을 한다.

32 자비소독(열탕소독)법은 100℃의 끓는 물에서 15~20분간 처리하며, 소독효과를 높이기 위해 석탄산(5%), 크레졸(2~3%), 중조 = 탄산 수소 나트륨(1~2%)을 넣어주기도 한다.

33 생석회 소독법은 화학적 소독방법이다.

34 배설물은 크레졸 소독이 가장 적합하며, 생석회 소독 또한 적당하다.

35 농도(%) $= \dfrac{용질}{용액} \times 100$

36 자비 소독법은 100℃ 끓는 물에 15~20분간 처리하는 것이며, 아포균은 완전히 소독되지 않는다. 식기류, 도자기류, 의류 소독에 적합하다.

37 상수도 염소 소독 시 잔류 염소량 기준은 4.0ppm을 넘지 아니하며 잔류 염소량은 0.2ppm이 유지되도록 처리한다.

38 과산화수소(옥시폴, H_2O_2) 3%의 수용액을 사용하며, 살균력과 침투성은 약하지만 자극성이 적어서 구내염, 인두염, 입안 세척, 상처 등에 사용한다.

39 소독은 병원미생물을 활동하지 못하게 하거나 제거하여 감염을 방지하는 일을 말한다.

40 석탄산은 소독약품의 살균력 평가의 지표로서 주로 사용되며 세균포자나 바이러스에는 효과가 없다.

41 화학적 딥 클렌징은 AHA(α-Hydroxy Acid)와 BHA(β-Hydroxy Acid)가 있다.

42 기저층에는 각질형성세포(Keratinocyte), 멜라닌형성세포(Melanocyte), 머켈세포(Merkel Cell)가 존재한다.

43 강한 햇빛에 의해 각질층이 두꺼워진다.

44 비타민 C는 항산화 비타민으로 멜라닌 색소 형성을 억제한다.

45 티눈은 압력에 의해 발생한다. 중심핵을 가지고 있으며, 통증을 동반한다.

46 타르타르산(화합물)은 디히드록시부탄디산, 디히드록시숙신산, 주석산이라고도 한다. 포도를 발효시킬 때 부산물에서 얻어진다.

47 아토피성 피부염은 팔꿈치나 오금의 피부가 두꺼워지면서 까칠까칠해지고 몹시 가려운 증상을 나타내는 악성 피부염이다. 유아기에는 얼굴, 머리에 습진성 병변이 생기고 심하게 가렵다.

48 건성피부는 유·수분이 부족한 피부이므로 적절한 수분과 유분을 공급하는 관리를 해야 한다.

49 수렴 화장수는 일반적인 화장수보다 알코올의 양을 조금 더 높여 모공수축의 기능을 강화시킨 제품이며, 아스트리젠트 로션(Astringent Lotion)이나 토닝 로션(Toning Lotion)이라고도 불린다.

50 ① 비립종 : 눈 주위와 **뺨**에 좁쌀 같은 알갱이가 생기는 것으로 면포와는 달리 모공이 없다.
　② 섬유종 : 일명 쥐젖으로 불리며, 중년 이후에 목이나 겨드랑이 등에 흔히 나타난다.
　④ 켈로이드 : 손상된 피부조직이 정상적으로 회복되는 치유과정의 형태

51 ・300만 원 이하 과태료
　① 보고를 하지 아니하거나 관계공무원의 출입·검사 기타 조치를 거부·방해 또는 기피한 자
　② 개선명령에 위반한 자
　③ 시·군·구에 이용업신고를 하지 않고 이용업소 표시 등을 설치한 자

52 기관에서 특별히 요구하여 단체로 이·미용을 하는 경우는 해당되지 않는다.

53 결격사유 : 피성년후견인, 정신 질환자, 약물 중독자, 감염병 환자, 면허가 취소된 후 1년이 경과되지 아니한 자

54 과태료는 대통령령이 정하는 바에 의하여 시장·군수·구청장이 부과·징수한다.

55 관계공무원의 업무를 행하게 하기 위하여 특별시·광역시·도 및 시·군·구(자치구에 한한다)에 공중위생감시원을 둔다.

56 규정에 의한 영업정지명령 또는 일부 시설의 사용중지명령을 받고도 그 기간 중에 영업을 하거나 그 시설을 이용한 자 또는 영업소 폐쇄명령을 받고도 계속하여 영업을 한 자는 1년 이하의 징역 또는 1천만 원 이하의 벌금에 처한다.

57 위생관리의무에 따른 공중위생영업자가 준수하여야 할 위생관리기준에 이용업자·미용업자는 업소 내에 미용업신고증, 개설자의 면허증 원본 및 최종지불요금표를 게시하여야 한다.

58 ・1차 위반 - 경고
　・2차 위반 - 영업정지 15일
　・3차 위반 - 영업정지 1월
　・4차 위반 - 영업장 폐쇄명령

59 재산세 납부 영수증은 해당되지 않는다.

60 공중위생영업의 영업신고를 하고자 하는 자는 미리 위생교육을 받아야 한다. 다만, 부득이한 사유로 미리 교육을 받을 수 없는 경우에는 영업개시 후 보건복지부령이 정하는 기간 안에 위생교육을 받을 수 있다(통지된 교육일로부터 6월 이내).

국가기술자격검정 필기시험문제

제4회 최신 시행 출제문제

자격종목 및 등급(선택분야)	종목코드	시험시간	문제지형별
미용사(일반)	**7937**	**1시간**	**A**

01 헤어 커팅의 방법 중 테이퍼링(Tapering)에는 3가지의 종류가 있다. 이 중에서 노멀 테이퍼(Normal Taper)는?

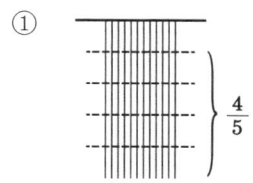 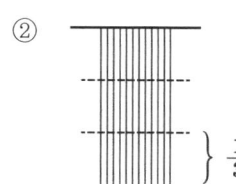

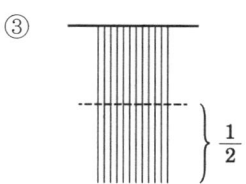 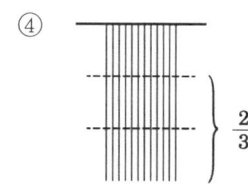

02 조선 중엽 상류사회 여성들이 얼굴의 밑화장으로 사용한 기름은?

① 동백기름
② 콩기름
③ 참기름
④ 피마자기름

03 퍼머넌트 웨이브 시술 시 산화제의 역할이 아닌 것은?

① 퍼머넌트 웨이브의 작용을 계속 진행시킨다.
② 1액의 작용을 멈추게 한다.
③ 시스틴 결합을 재결합시킨다.
④ 1액이 작용한 형태의 컬로 고정시킨다.

04 헤어 컬러링 시 활용되는 색상환에 있어 적색의 보색은?

① 보라색
② 청색
③ 녹색
④ 황색

05 다음 중 모발의 성장단계를 옳게 나타낸 것은?

① 성장기 → 휴지기 → 퇴화기
② 휴지기 → 발생기 → 퇴화기
③ 퇴화기 → 성장기 → 발생기
④ 성장기 → 퇴화기 → 휴지기

06 스탠드업 컬에 있어 컬의 루프가 귓바퀴 반대 방향으로 말린 컬은?

① 플래트 컬
② 포워드 스탠드업 컬
③ 리버스 스탠드업 컬
④ 스컬프쳐 컬

07 헤어 샴푸잉 중 드라이 샴푸 방법이 아닌 것은?

① 리퀴드 드라이 샴푸
② 핫 오일 샴푸
③ 파우더 드라이 샴푸
④ 에그 파우더 샴푸

08 컬의 목적이 아닌 것은?

① 플러프(Fluff)를 만들기 위해서
② 웨이브(Wave)를 만들기 위해서
③ 컬러의 표현을 원활하게 하기 위해서
④ 볼륨을 만들기 위해서

09 손톱의 상조피를 부드럽게 하기 위해 비눗물을 담는 용기는?

① 에머리보드
② 핑거볼
③ 네일버퍼
④ 네일파일

10 매니큐어 바르는 순서가 옳은 것은?

① 네일 에나멜 → 베이스 코트 → 탑 코트
② 베이스 코트 → 네일 에나멜 → 탑 코트
③ 탑 코트 → 네일 에나멜 → 베이스 코트
④ 네일 표백제 → 네일 에나멜 → 베이스 코트

11 삼한시대의 머리형에 관한 설명으로 틀린 것은?

① 포로나 노비는 머리를 깎아서 표시했다.
② 수장급은 모자를 썼다.
③ 일반인은 상투를 틀게 했다.
④ 귀천의 차이가 없이 자유롭게 했다.

12 두상의 특정한 부분에 볼륨을 주기 원할 때 사용되는 헤어 피스(Hair Piece)는?

① 위글렛(Wiglet)
② 스위치(Switch)
③ 폴(Fall)
④ 위그(Wig)

13 커트 시술 시 두부(頭部)를 5등분으로 나누었을 때 관계없는 명칭은?

① 톱(Top)
② 사이드(Side)
③ 헤드(Head)
④ 네이프(Nape)

14 다음 명칭 중 가위에 속하는 것은?

① 핸들
② 피봇
③ 프롱
④ 그루브

15 퍼머약의 제1액 중 티오글리콜산의 적정 농도는?

① 1~2%
② 2~7%
③ 8~12%
④ 15~20%

16 두피에 지방이 부족하여 건조한 경우에 하는 스캘프 트리트먼트는?

① 플레인 스캘프 트리트먼트
② 오일리 스캘프 트리트먼트
③ 드라이 스캘프 트리트먼트
④ 댄드러프 스캘프 트리트먼트

17 헤어 블리치 시술상의 주의사항에 해당되지 않는 것은?

① 미용사의 손을 보호하기 위하여 장갑을 반드시 낀다.
② 시술 전 샴푸를 할 경우 브러싱을 하지 않는다.
③ 두피에 질환이 있는 경우 시술하지 않는다.
④ 사후 손질로써 헤어 리컨디셔닝은 가급적 피하도록 한다.

18 빗을 천천히 위쪽으로 이동시키면서 가위의 개폐를 재빨리 하여 빗에 끼어 있는 두발을 잘라내는 커팅기법은?

① 싱글링(Shingling)
② 틴닝 시저즈(Thinning Scissors)
③ 레이저 커트(Razor Cut)
④ 슬리더링(Slithering)

19 콜드 웨이브(Cold Wave) 시술 후 머리끝이 자지러지는 원인에 해당되지 않는 것은?

① 모질에 비하여 약이 강하거나 프로세싱타임이 길었다.
② 너무 가는 로드(Rod)를 사용했다.
③ 텐션(Tension : 긴장도)이 약하여 로드에 꼭 감기지 않았다.
④ 사전 커트 시 머리끝을 테이퍼(Taper)하지 않았다.

20 고대 중국 미용의 설명으로 틀린 것은?

① 하(夏)나라 시대에 분을 은(殷)나라의 주왕 때에는 연지화장이 사용되었다.
② 아방궁 3천명의 미희들에게 백분과 연지를 바르게 하고 눈썹을 그리게 했다.
③ 액황이라고 하여 이마에 발라 약간의 입체감을 주었으며 홍장이라 하여 백분을 바른 후 다시 연지를 덧발랐다.
④ 두발을 짧게 깎거나 밀어내고 그 위에 일광을 막을 수 있는 대용물로써 가발을 즐겨 썼다.

21 합병증으로 고환염, 뇌수막염 등이 초래되어 불임이 될 수도 있는 질환은?

① 홍역
② 뇌염
③ 풍진
④ 유행성 이하선염

22 이상 저온 작업으로 인한 건강 장애인 것은?

① 참호족
② 열경련
③ 울열증
④ 열쇠약증

23 단위체적 안에 포함된 수분의 절대량을 중량이나 압력으로 표시한 것으로 현재 공기 1m³ 중 함유된 수증기량 또는 수증기 장력을 나타낸 것은?

① 절대습도
② 포화습도
③ 비교습도
④ 포차

24 보균자(Carrier)는 감염병 관리상 어려운 대상이다. 그 이유와 관계가 가장 먼 것은?

① 색출이 어려우므로
② 활동영역이 넓기 때문에
③ 격리가 어려우므로
④ 치료가 되지 않으므로

25 다음 중 기생충과 전파매개체의 연결이 옳은 것은?

① 무구조충 – 돼지고기
② 간디스토마 – 바다회
③ 폐디스토마 – 가재
④ 광절열두조충 – 쇠고기

26 다음 중 공중보건사업의 대상으로 가장 적절한 것은?

① 성인병 환자
② 입원 환자
③ 암투병 환자
④ 지역사회 주민

27 대기오염을 일으키는 원인으로 거리가 가장 먼 것은?

① 도시의 인구감소
② 교통량의 증가
③ 기계문명의 발달
④ 중화학공업의 난립

28 한 나라의 보건수준을 측정하는 지표로서 가장 적절한 것은?

① 의과대학 설치수
② 국민소득
③ 감염병 발생률
④ 영아사망률

29 수인성(水因性) 감염병이 아닌 것은?
① 일본뇌염
② 이질
③ 콜레라
④ 장티푸스

30 다음 중 제3급감염병이 아닌 것은?
① 결핵
② 공수병
③ 렙토스피라증
④ 쯔쯔가무시증

31 비교적 약한 살균력을 작용시켜 병원 미생물의 생활력을 파괴하여 감염의 위험성을 없애는 조작은?
① 소독
② 고압증기멸균법
③ 방부처리
④ 냉각처리

32 금속성 식기, 면 종류의 의류 및 도자기의 소독에 적합한 소독방법은?
① 화염 멸균법
② 건열 멸균법
③ 소각 소독법
④ 자비 소독법

33 소독약품으로서 갖추어야 할 구비조건이 아닌 것은?
① 안정성이 높을 것
② 독성이 낮을 것
③ 부식성이 강할 것
④ 용해성이 높을 것

34 균체의 단백질 응고작용과 관계가 가장 적은 소독약은?
① 석탄산
② 크레졸액
③ 알코올
④ 과산화수소수

35 석탄산계수(페놀계수)가 5일 때 의미하는 살균력은?
① 페놀보다 5배가 높다.
② 페놀보다 5배가 낮다.
③ 페놀보다 50배가 높다.
④ 페놀보다 50배가 낮다.

36 소독약을 사용하여 균 자체에 화학반응을 일으켜 세균의 생활력을 빼앗는 살균법은?
① 물리적 멸균법
② 건열 멸균법
③ 여과 멸균법
④ 화학적 살균법

37 세균들은 외부환경에 대하여 저항하기 위해서 아포를 형성하는데 다음 중 아포를 형성하지 않는 세균은?
① 탄저균
② 젖산균
③ 파상풍균
④ 보툴리누스균

38 ( ) 안에 알맞은 것은?

> 미생물이란 일반적으로 육안의 가시한계를 넘어선 ( )μm 이하의 미세한 생물체를 총칭하는 것이다.

① 0.01
② 0.1
③ 1
④ 10

39 미생물의 성장과 사멸에 주로 영향을 미치는 요소로 가장 거리가 먼 것은?
① 영양
② 빛
③ 온도
④ 호르몬

40 다음 중 이·미용실에서 사용하는 수건을 철저하게 소독하지 않았을 때 주로 발생할 수 있는 감염병은?
① 장티푸스
② 트라코마
③ 페스트
④ 일본뇌염

41 비늘모양의 죽은 피부세포가 연한 회백색 조각이 되어 떨어져 나가는 피부층은?
① 투명층
② 유극층
③ 기저층
④ 각질층

42 파장이 가장 길고 인공 선탠 시 활용하는 광선은?
① UV-A
② UV-B
③ UV-C
④ γ선

43 피부 표피층에서 가장 두꺼운 층으로 세포 표면에 가시모양의 돌기를 가지고 있는 곳은?
① 유극층
② 과립층
③ 각질층
④ 기저층

44 피부에서 한선(땀샘) 중 대한선은 어느 부위에서 볼 수 있는가?

① 얼굴과 손 · 발   ② 배와 등
③ 겨드랑이와 유두 주변   ④ 팔과 다리

45 혈색을 좋게 하는 철분이 많은 식품과 거리가 가장 먼 것은?

① 감자
② 시금치
③ 조개류
④ 소나 닭의 간

46 피부발진 중 일시적인 증상으로 가려움증을 동반하며 불규칙적인 모양을 한 피부현상은?

① 농포   ② 팽진
③ 구진   ④ 결절

47 피부 색소침착에서 과색소침착 증상이 아닌 것은?

① 기미
② 백반증
③ 주근깨
④ 검버섯

48 화상의 구분 중 홍반, 부종, 통증뿐만 아니라 수포를 형성하는 것은?

① 제1도 화상
② 제2도 화상
③ 제3도 화상
④ 중급 화상

49 천연보습인자 성분 중 가장 많이 차지하는 것은?

① 아미노산
② 피롤리돈 카르복시산
③ 젖산염
④ 포름산염

50 다음 중 바이러스성 피부질환은?

① 기미   ② 주근깨
③ 여드름   ④ 단순포진

51 면허증을 다른 사람에게 대여하여 면허가 취소되거나 정지명령을 받은 자는 지체 없이 누구에게 면허증을 반납해야 하는가?

① 시 · 도지사
② 시장 · 군수 · 구청장
③ 보건복지부장관
④ 경찰서장

52 이 · 미용업의 영업자는 연간 몇 시간의 위생교육을 받아야 하는가?

① 3시간   ② 8시간
③ 10시간   ④ 12시간

53 영업소의 폐쇄명령을 받고도 영업을 하였을 시에 대한 벌칙은?

① 2년 이하의 징역 또는 3천만 원 이하의 벌금
② 1년 이하의 징역 또는 1천만 원 이하의 벌금
③ 200만 원 이하의 벌금
④ 100만 원 이하의 벌금

54 ( ) 안에 알맞은 것은?

> 시장 · 군수 · 구청장은 공중위생영업의 정지 또는 일부 시설의 사용중지 등의 처분을 하고자 하는 때에는 ( )을/를 실시하여야 한다.

① 위생서비스 수준의 평가   ② 공중위생감사
③ 청문   ④ 열람

55 규정에 따른 과태료는 무엇이 정하는 바에 따라 부과 · 징수하는가?

① 시장 · 군수 · 구청장
② 시 · 도지사
③ 대통령령
④ 보건복지부령

56 이 · 미용사의 면허증을 다른 사람에게 대여한 때의 1차 위반 행정처분기준은?

① 영업정지 2월   ② 면허정지 2월
③ 영업정지 3월   ④ 면허정지 3월

57 공중위생감시원의 자격에 해당되지 않는 사람은?

① 위생사 자격증이 있는 사람
② 대학에서 미용학을 전공하고 졸업한 사람
③ 외국에서 환경기사의 면허를 받은 사람
④ 1년 이상 공중위생 행정에 종사한 경력이 있는 사람

58 건전한 영업질서를 위하여 공중위생영업자가 준수하여야 할 사항을 준수하지 아니한 자에 대한 벌칙기준은?

① 1년 이하의 징역 또는 1천만 원 이하의 벌금
② 6월 이하의 징역 또는 500만 원 이하의 벌금
③ 3월 이하의 징역 또는 300만 원 이하의 벌금
④ 300만 원 과태료

59 이 · 미용 업소 내에 게시하지 않아도 되는 것은?

① 이 · 미용업 신고증
② 개설자의 면허증 원본
③ 근무자의 면허증 원본
④ 이 · 미용 최종지불요금표

60 공중위생업에 속하지 않는 것은?

① 식당조리업   ② 숙박업
③ 이 · 미용업   ④ 세탁업

제4회 최신 시행 출제문제 정답

01	02	03	04	05	06	07	08	09	10	11	12	13	14	15	16	17	18	19	20
③	③	①	③	④	③	②	③	②	②	④	①	③	②	②	③	④	①	④	④
21	22	23	24	25	26	27	28	29	30	31	32	33	34	35	36	37	38	39	40
④	①	②	④	③	①	④	①	①	①	①	③	④	①	④	④	②	④	④	②
41	42	43	44	45	46	47	48	49	50	51	52	53	54	55	56	57	58	59	60
④	①	①	③	①	②	②	②	①	④	②	①	②	②	③	③	④	②	③	①

제4회 최신 시행 출제문제 해설

01 노멀 테이퍼(Normal Taper) : 스트랜드의 1/2 지점을 폭넓게 테이퍼하는 것

02 조선 중엽에는 참기름을 피부미용에 응용하고, 분화장을 처음으로 바르기 시작했다. 이마에는 곤지를 양쪽 볼에는 연지를 찍었으며, 눈썹은 혼례 전에 모시실로 밀어내고 그려주었다.

03 퍼머는 1액의 알칼리 성분을 이용해 시스틴 결합을 절단시켜 웨이브를 만들기 쉽게 한다. 2액(산화제)은 1액의 작용을 중지시키고 웨이브의 형태를 고정시킨다.

04 색상환에서 서로 마주보고 있는 색을 보색관계라 하는데 적색의 보색은 녹색, 보라색의 보색은 연두색, 파란색의 보색은 주황색이다.

05 1단계 성장기(모발의 생성) → 2단계 퇴화기(성장이 멈추는 시기) → 3단계 휴지기(모근이 위쪽으로 밀려 탈락)

07 핫 오일 샴푸(온유성 세발법) : 콜드 퍼머넌트, 염색 등의 화학처리로 인해 건조해진 모발에 지방분을 공급해 주는 목적으로 사용되며 식물성 오일인 올리브유, 아몬드유, 춘유 등이 사용된다.

09 핑거볼(Finger Bowl) : 손가락을 부드럽게 하기 위한 미온수를 담는 그릇

10 • 베이스 코트 : 에나멜을 바르기 전에 바르는 것으로 밀착성을 유지시킨다.
   • 네일 에나멜 : 손톱에 다양한 색감을 표현한다.
   • 탑 코트 : 네일 에나멜 후에 바르는 것으로 광택과 지속성을 유지시킨다.

11 신분과 계급을 두발형태나 장신구 등을 통해 표현하였다.

12 스위치(Switch)는 두발을 땋거나 늘어뜨릴 때 사용하며, 폴(Fall)은 쇼트 헤어를 일시적으로 롱 헤어로 변화시킬 때 사용한다. 위그(Wig)는 가발을 말한다.

13 • 헤드(Head) : 머리, 두부(頭部) 전체를 말한다.
   • 톱(Top) : 전두정부
   • 사이드(Side) : 양측두부
   • 네이프(Nape) : 목덜미

14 '피봇'은 '중심축, 회전하다'는 뜻으로 가위의 선회축(허리)이다.

16 • 정상 두피 : 플레인 스캘프 트리트먼트
   • 지성 두피 : 오일리 스캘프 트리트먼트
   • 건성 두피 : 드라이 스캘프 트리트먼트
   • 비듬성 두피 : 댄드러프 스캘프 트리트먼트

17 일반적으로 퍼머 및 염색 전후 손상 치료를 위해 헤어 리컨디셔닝(손상된 모발을 이전의 건강한 상태로 회복시키는 것)을 하여야 한다.

18 싱글링(Shingling) : 빗을 대고 장가위를 45°로 해서 빠른 개폐 동작으로 커트하는 방법을 말한다.

19 퍼머 시술 전 두발 끝을 너무 심하게 테이퍼하면 두발 끝이 자러지는 원인이 된다.

20 이집트는 과거에 더운 기후로 인해 두발을 짧게 깎거나 밀어내고 그 위에 일광을 막을 수 있는 대용물로 가발을 즐겨 썼다.

21 유행성 이하선염(볼거리)은 주로 어린아이에게 발생하며 사춘기를 지난 환자의 경우 회복기에 남자는 고환염(Orchitis), 여자는 유선염(Mastitis) 또는 난소염(Oophoritis)을 일으키기도 한다. 치유 뒤에는 평생 면역이 되는 제2급감염병이다.

22 계속해서 한랭 상태에 장기간 노출되고, 지속적으로 습기나 물에 잠기게 되면 참호족이 발생한다.
   • 증상 : 부종, 작열통, 소양감, 심한 두통, 수포, 표층피부의 괴사, 궤양 형성

23 절대습도는 1m³의 공기 속에 들어 있는 수증기의 질량을 그램 수로 나타낸 수

24 보균자는 자각적·타각적으로 임상증상이 없어 색출 및 격리가 어렵고 행동 제한이 없어 중요한 감염병 관리대상이다. 특히, 건강 보균자는 감염병 관리에 있어 가장 관리가 어렵다.

25 • 무구조충(민촌충) : 쇠고기
   • 간디스토마 : 잉어, 담수어(참붕어, 붕어)
   • 광절열두조충(긴촌충) : 담수어

26 공중보건의 대상은 지역주민 단위의 다수이다.

27 도시의 인구가 감소되면 그 만큼 에너지 사용이 감소되므로 대기오염의 원인으로 거리가 멀다.

28 영아사망률은 영아(0세)의 사망을 나타내는 것으로 한 국가의 건강수준을 나타내는 가장 대표적인 지표로 사용된다.

29 일본뇌염은 모기가 옮기는 질병이다.

30 결핵은 제2급감염병이다.

31 소독은 병원 미생물의 생활력을 파괴하여 감염력을 없애는 것을 말한다.
   • 멸균 〉 소독 〉 방부

32 자비 소독법은 100℃ 끓는 물에 15~20분간 처리하는 방법으로, 아포균은 완전히 소독되지 않으며 식기류, 도자기류, 주사기, 의류 소독에 적합하다.

33 물품의 부식성, 표백성이 없어야 한다.

34 • 균체 단백의 응고 : 석탄산, 알코올, 크레졸, 포르말린, 승홍 등
　　• 과산화수소는 산화작용이다.

35 석탄산계수는 소독약이 페놀의 몇 배의 효력을 갖는가를 표준균을 사용하여 일정 조건하에서 측정한 수치이다.

36 물리적 멸균법, 건열 멸균법, 여과 멸균법은 물리적 소독법에 해당된다.

37 젖산균은 유산균이라고 하며 젖당과 포도당을 분해하여 다량의 젖산을 만드는 미생물이다. 아포를 형성하지 않으며 발효에 주로 쓰인다.

38 미생물은 육안으로 보이지 않는 0.1㎛ 이하의 미세한 생물체를 총칭한다.

39 미생물의 성장과 사멸에 영향을 주는 요소는 영양원, 온도와 산소 농도, 물의 활성, 빛의 세기, 삼투압, pH가 있다.

40 트라코마(결막의 접촉 감염병)는 개달물(수건, 의복, 서적 등)에 의해 전파된다.

41 각질층은 핵이 죽어 있는 피부세포로 무핵층이며, 약 20~25층이고 외피로 갈수록 평평한 모양이다.

42 UV-A는 320~400nm의 장파장으로 인공으로 피부를 태울 때 이용한다.

43 유극층은 데스모좀(Desmosome)이라는 가시돌기를 가지고 있어 가시층이라고도 한다.

44 대한선은 체취선이라고도 하며 성별, 인종을 결정짓는 물질을 함유하고 있어 특정부위에만 위치한다. 귀, 유두, 성기, 배꼽 주변과 겨드랑이에 존재한다.

45 감자의 영양성분은 주로 탄수화물(전분)이다.

46 • 농포 : 표피에 고름이 있는 여드름
　　• 구진 : 여드름 초기 증상
　　• 결절 : 구진과는 달리 깊고 단단한 여드름

47 백반증은 저색소 침착 질환으로 백색반이 피부에 나타나는 것이다.

48 • 제1도 화상 : 홍반성 화상
　　• 제2도 화상 : 수포성 화상
　　• 제3도 화상 : 괴사성 화상

49 천연보습인자 NMF(Natural Moisturizing Factor)에는 주성분인 아미노산(40%), 피롤리돈 카르복시산, 젖산염(락트산), 요소 등이 있다.

50 • 기미, 주근깨 : 과색소 침착 질환
　　• 여드름 : 피부의 피지선(皮脂腺) 또는 지선의 염증성 질환

51 시장 · 군수 · 구청장은 이용사 또는 미용사가 면허의 취소사유 중 어느 하나에 해당하는 때에는 그 면허를 취소하거나 6월 이내의 기간을 정하여 그 면허의 정지를 명할 수 있다.

52 위생교육은 매년 3시간으로 하며, 시장 · 군수 · 구청장이 이를 실시한 후 수료증을 교부한다.

53 • 1년 이하의 징역 또는 1천만 원 이하의 벌금
　　① 시장 · 군수 · 구청장에게 규정에 의한 공중위생영업의 신고를 하지 아니한 자
　　② 영업정지명령 또는 일부 시설의 사용중지명령을 받고도 그 기간 중에 영업을 하거나 그 시설을 사용한 자
　　③ 영업소 폐쇄명령을 받고도 계속하여 영업을 한 자

54 공중위생영업자가 위생관리 의무 규정을 위반하였을 때 취할 수 있는 것은 청문이다.

55 규정에 따른 과태료는 대통령령이 정하는 바에 따라 보건복지부장관 또는 시장 · 군수 · 구청장이 부과 · 징수한다.

56 • 이용사 또는 미용사의 면허증을 다른 사람에게 대여한 때
　　① 1차 위반 – 면허정지 3월
　　② 2차 위반 – 면허정지 6월
　　③ 3차 위반 – 면허취소

57 공중위생감시원의 자격 : 대학에서 화학, 화공학, 환경공학 또는 위생학 분야를 전공하고 졸업한 사람 또는 법령에 따라 이와 같은 수준 이상의 학력이 있다고 인정되는 사람

58 • 6월 이하의 징역 또는 500만 원 이하의 벌금
　　① 공중위생영업의 변경신고를 하지 아니한 자
　　② 공중위생영업자의 지위를 승계한 자로서 규정에 의한 신고를 하지 아니한 자
　　③ 건전한 영업질서를 위하여 공중위생영업자가 준수하여야 할 사항을 준수하지 아니한 자

59 미용업자가 준수하여야 할 위생관리 기준에 근무자의 면허증 원본 게시는 해당하지 않는다.

60 공중위생영업에는 숙박업, 목욕장업, 이용업, 미용업, 세탁업, 건물위생관리업이 해당된다.

국가기술자격검정 필기시험문제

제5회 최신 시행 출제문제

자격종목 및 등급(선택분야)	종목코드	시험시간	문제지형별
미용사(일반)	7937	1시간	A

01 다음 중 콜드 퍼머넌트 웨이브(Cold Permanent Wave) 시술 시 두발에 부착된 제1액을 씻어내는 데 가장 적합한 린스는?
① 에그 린스(Egg Rinse)
② 산성 린스(Acid Rinse)
③ 레몬 린스(Lemon Rinse)
④ 플레인 린스(Plain Rinse)

02 퍼머넌트 웨이브 시술 중 테스트 컬(Test Curl)을 하는 목적으로 가장 적합한 것은?
① 2액의 작용 여부를 확인하기 위해서이다.
② 굵은 두발 혹은 가는 두발에 로드가 제대로 선택되었는지 확인하기 위해서이다.
③ 산화제의 작용이 미묘하기 때문에 확인하기 위해서이다.
④ 정확한 프로세싱 시간을 결정하고 웨이브 형성 정도를 조사하기 위해서이다.

03 스트로크 커트(Stroke Cut) 테크닉에 사용하기 가장 적합한 것은?
① 리버스 시저스(Reverse Scissors)
② 미니 시저스(Mini Scissors)
③ 직선날 시저스(Cutting Scissors)
④ 곡선날 시저스(R-Scissors)

04 다음 중 가는 로드를 사용한 콜드 퍼머넌트 직후에 나오는 웨이브(Wave)로 가장 가까운 것은?
① 내로우 웨이브(Narrow Wave)
② 와이드 웨이브(Wide Wave)
③ 섀도 웨이브(Shadow Wave)
④ 호리존탈 웨이브(Horizontal Wave)

05 두발의 양이 많고 굵은 경우의 와인딩과 로드와의 관계가 옳은 것은?
① 스트랜드를 많이 하고, 로드 직경도 큰 것을 사용
② 스트랜드를 적게 하고, 로드 직경도 작은 것 사용
③ 스트랜드를 많이 하고, 로드 직경은 작은 것 사용
④ 스트랜드를 적게 하고, 로드 직경은 큰 것 사용

06 손톱을 자르는 기구는?
① 큐티클 푸셔(Cuticle Pusher)
② 큐티클 니퍼즈(Cuticle Nippers)
③ 네일 파일(Nail File)
④ 네일 니퍼즈(Nail Nippers)

07 두발을 탈색한 후 초록색으로 염색하고 얼마 동안의 기간이 지난 후 다시 다른 색으로 바꾸고 싶을 때 보색관계를 이용하여 초록색의 흔적을 없애려면 어떤 색을 사용하면 좋은가?
① 노란색
② 오렌지색
③ 적색
④ 청색

08 헤어 린스의 목적과 관계없는 것은?
① 두발의 엉킴 방지
② 두발의 윤기 부여
③ 이물질 제거
④ 알칼리성의 약산성화

09 화장법으로는 흑색과 녹색의 두 가지 색으로 윗눈꺼풀에 악센트를 넣었으며, 붉은 찰흙에 샤프란(Saffron, 꽃이름)을 조금씩 섞어서 이것을 볼에 붉게 칠하고 입술 연지로도 사용한 시대는?
① 고대 그리스
② 고대 로마
③ 고대 이집트
④ 중국 당나라

10 현대 미용에 있어 1920년대에 최초로 단발머리를 하여 우리나라 여성들의 머리형에 혁신적인 변화를 일으키게 된 계기가 된 사람은?
① 이숙종
② 김활란
③ 김상진
④ 오엽주

11 업스타일을 시술할 때 백코밍의 효과를 크게 하고자 세모난 모양의 파트로 섹션을 잡는 것은?
① 스퀘어 파트
② 트라이앵귤러 파트
③ 카우릭 파트
④ 렉탱귤러 파트

12 원랭스 커트(One-length Cut)의 정의로 가장 적합한 것은?
① 두발길이에 단차가 있는 상태의 커트
② 완성된 두발을 빗으로 빗어 내렸을 때 모든 두발이 하나의 선상으로 떨어지도록 자르는 커트
③ 전체의 머리길이가 똑같은 커트
④ 머릿결을 맞추지 않아도 되는 커트

13 고객이 추구하는 미용의 목적과 필요성을 시각적으로 느끼게 하는 과정은 어디에 해당되는가?
① 소재의 확인
② 구상
③ 제작
④ 보정

14 플랫 컬(Flat Curl)의 특징을 가장 잘 표현한 것은?

① 컬의 루프가 두피에 대하여 0°로 평평하고 납작하게 형성된 컬을 말한다.
② 일반적인 컬 전체를 말한다.
③ 루프가 반드시 90°로 두피 위에 세워진 컬로 볼륨을 내기 위한 헤어 스타일에 주로 이용된다.
④ 두발의 끝에서부터 말아온 컬을 말한다.

15 다음 중 눈썹에 대한 설명으로 틀린 것은?

① 눈썹은 눈썹머리, 눈썹산, 눈썹꼬리로 크게 나눌 수 있다.
② 눈썹산의 표준형태는 전체 눈썹의 1/2 되는 지점에 위치하는 것이다.
③ 눈썹산이 전체 눈썹의 1/2 되는 지점에 위치해 있으면 볼이 넓어 보인다.
④ 수평상 눈썹은 긴 얼굴을 짧아 보이게 할 때 효과적이다.

16 완성된 두발선 위를 가볍게 다듬어 커트하는 방법은?

① 테이퍼링(Tapering)　　② 틴닝(Thinning)
③ 트리밍(Trimming)　　④ 싱글링(Shingling)

17 레이저(Razor)에 대한 설명 중 가장 거리가 먼 것은?

① 셰이핑 레이저를 사용하여 커팅하면 안정적이다.
② 초보자는 오디너리 레이저를 사용하는 것이 좋다.
③ 솜털 등을 깎을 때는 외곡선상의 날이 좋다.
④ 녹이 슬지 않게 관리를 한다.

18 이마의 양쪽 끝과 턱의 끝 부분을 진하게, 뺨 부분을 연하게 화장하면 가장 잘 어울리는 얼굴형은?

① 삼각형 얼굴　　② 원형 얼굴
③ 사각형 얼굴　　④ 역삼각형 얼굴

19 다공성 두발에 대한 다음 설명 중 틀린 것은?

① 다공성모란 두발의 간충물질이 소실되어 두발 조직에 모공이 많고 보습작용이 적어져서 두발이 건조해지기 쉬운 손상모를 말한다.
② 다공성모는 두발이 얼마나 빨리 유액을 흡수하느냐에 따라 그 정도가 결정된다.
③ 다공성의 정도에 따라서 콜드 웨이빙의 프로세싱 타임과 웨이빙 용액의 강도가 좌우된다.
④ 다공성 정도가 클수록 두발에 탄력이 적으므로 프로세싱 타임을 길게 한다.

20 언더 메이크업을 가장 잘 설명한 것은?

① 베이스 컬러라고도 하며 피부색과 피부결을 정돈하여 자연스럽게 해준다.
② 유분과 수분, 색소의 양과 질, 제조공정에 따라 여러 종류로 구분된다.
③ 효과적인 보호막을 형성해주며 피부의 결점을 감출 때 효과적이다.
④ 파운데이션이 고루 잘 펴지게 하며 화장이 오래 지속되게 해주는 작용을 한다.

21 다음 중 특별한 장치를 설치하지 아니한 일반적인 경우에 실내의 자연적 환기에 가장 큰 비중을 차지하는 요소는?

① 실내외 공기 중 CO_2의 함량 차이
② 실내외 공기의 습도 차이
③ 실내외 공기의 기온 차이 및 기류
④ 실내외 공기의 불쾌지수 차이

22 비타민 결핍증인 불임증, 생식불능 및 피부의 노화방지작용 등과 가장 관계가 깊은 것은?

① 비타민 A
② 비타민 B 복합체
③ 비타민 E
④ 비타민 D

23 환경오염의 발생요인인 산성비의 가장 중요한 원인과 산도는?

① 일산화탄소, pH 5.6 이하
② 아황산가스, pH 5.6 이하
③ 염화불화탄소, pH 6.6 이하
④ 탄화수소, pH 6.6 이하

24 세계보건기구(WHO)에서 규정한 건강의 정의를 가장 적절하게 표현한 것은?

① 육체적으로 완전히 양호한 상태
② 정신적으로 완전히 양호한 상태
③ 질병이 없고 허약하지 않은 상태
④ 육체적, 정신적, 사회적 안녕이 완전한 상태

25 주로 7~9월 사이에 많이 발생되며 어패류가 원인이 되어 발병, 유행하는 식중독은?

① 포도상구균 식중독　　② 살모넬라 식중독
③ 보툴리누스균 식중독　　④ 장염 비브리오 식중독

26 돼지와 관련이 있는 질환으로 거리가 먼 것은?

① 유구조충　　② 살모넬라증
③ 일본뇌염　　④ 발진티푸스

27 한 국가나 지역사회의 건강수준을 나타내는 지표로서 대표적인 것은?

① 질병이환율　　② 영아사망률
③ 신생아사망률　　④ 조사망률

28 위생해충의 구제방법으로 가장 효과적이고 근본적인 방법은?

① 성충 구제　　② 살충제 사용
③ 유충 구제　　④ 발생원 제거

29 파리에 의해 주로 전파될 수 있는 감염병은?

① 페스트　　② 장티푸스
③ 사상충증　　④ 황열

128

30 기온측정에 관한 설명 중 틀린 것은?
① 실내에서는 통풍이 잘되는 직사광선을 받지 않는 곳에 매달아 놓고 측정하는 것이 좋다.
② 평균기온은 높이에 비례하여 하강하는데, 고도 11,000m 이하에서는 보통 100m당 0.5~0.7도 정도이다.
③ 측정할 때 수은주 높이와 측정자의 눈 높이가 같아야 한다.
④ 정상적인 날의 하루 중 기온이 가장 낮을 때는 밤 12시경이고, 가장 높을 때는 오후 2시경이 일반적이다.

31 고압멸균기를 사용해서 소독하기에 가장 적합하지 않은 것은?
① 유리 기구　② 금속 기구
③ 약액　④ 가죽 제품

32 다음 중 소독의 정의를 가장 잘 표현한 것은?
① 미생물의 발육과 생활 작용을 제지 또는 정지시켜 부패 또는 발효를 방지할 수 있는 것
② 병원성 미생물의 생활력을 파괴 또는 멸살시켜 감염 또는 증식력을 없애는 조작
③ 모든 미생물의 영양형이나 아포까지도 멸살 또는 파괴시키는 조작
④ 오염된 미생물을 깨끗이 씻어내는 작업

33 일반적으로 병원성 미생물이 증식이 가장 잘 되는 pH의 범위는?
① pH 3.5 ~ 4.5　② pH 4.5 ~ 5.5
③ pH 5.5 ~ 6.5　④ pH 6.5 ~ 7.5

34 다음 중 일회용 면도기를 사용하여 감염될 수 있는 질병은?(단, 정상적인 사용의 경우)
① 옴(개선)병　② 일본뇌염
③ B형 간염　④ 무좀

35 소독약의 살균력 지표로 가장 많이 이용되는 것은?
① 알코올　② 크레졸
③ 석탄산　④ 포름알데히드

36 산소가 있어야만 잘 성장할 수 있는 균은?
① 호기성균　② 혐기성균
③ 통성혐기성균　④ 호혐기성균

37 다음 중 화학적 살균법이라고 할 수 없는 것은?
① 자외선살균법　② 알코올 살균법
③ 염소살균법　④ 과산화수소살균법

38 소독약의 구비조건에 해당하지 않는 것은?
① 높은 살균력을 가질 것
② 인축에 해가 없어야 할 것
③ 저렴하고 구입과 사용이 간편할 것
④ 기름, 알코올 등에 잘 용해되어야 할 것

39 다음 중 세균의 단백질 변성과 응고작용에 의한 기전을 이용하여 살균하고자 할 때 주로 이용되는 방법은?
① 가열　② 희석
③ 냉각　④ 여과

40 소독액의 농도를 표시할 때 사용하는 단위로 용액 100ml 속에 용질의 함량을 표시하는 수치는?
① 푼　② 퍼센트
③ 퍼밀리　④ 피피엠

41 피부의 구조 중 진피에 속하는 것은?
① 과립층　② 유극층
③ 유두층　④ 기저층

42 안면의 각질제거를 용이하게 하는 것은?
① 비타민 C
② 토코페롤
③ AHA(Alpha Hydroxy Acid)
④ 비타민 E

43 피부의 산성도가 외부의 충격으로 파괴된 후 자연재생되는 데 걸리는 최소한의 시간은?
① 약 1시간 경과 후　② 약 2시간 경과 후
③ 약 3시간 경과 후　④ 약 4시간 경과 후

44 다음 중 결핍 시 피부표면이 경화되어 거칠어지는 주된 영양물질은?
① 단백질과 비타민 A　② 비타민 D
③ 탄수화물　④ 무기질

45 세포분열을 통해 새롭게 손·발톱을 생산하는 곳은?
① 조체　② 조모
③ 조소피　④ 조하막

46 피부색소의 멜라닌을 만드는 색소형성세포는 어느 층에 위치하는가?
① 과립층　② 유극층
③ 각질층　④ 기저층

47 한선(땀샘)의 설명으로 틀린 것은?
① 체온을 조절한다.
② 땀은 피부의 피지막과 산성막을 형성한다.
③ 땀을 많이 흘리면 영양분과 미네랄을 잃는다.
④ 땀샘은 손, 발바닥에는 없다.

48 다음 중 피부의 면역기능에 관계하는 것은?
① 각질형성 세포　② 랑게르한스 세포
③ 말피기 세포　④ 머켈 세포

49 세포의 분열증식으로 두발이 만들어지는 곳은?

① 모모(毛母)세포
② 모유두
③ 모구
④ 모소피

50 세안용 화장품의 구비조건으로 부적당한 것은?

① 안정성 : 물이 묻거나 건조해지면 형과 질이 잘 변해야 한다.
② 용해성 : 냉수나 온탕에 잘 풀려야 한다.
③ 기포성 : 거품이 잘나고 세정력이 있어야 한다.
④ 자극성 : 피부를 자극시키지 않고 쾌적한 방향이 있어야 한다.

51 이·미용사의 면허를 받을 수 없는 자는?

① 전문대학에서 이용 또는 미용에 관한 학과를 졸업한 자
② 교육부장관이 인정하는 이·미용고등학교를 졸업한 자
③ 교육부장관이 인정하는 고등기술학교에서 6개월 수학한 자
④ 국가기술자격법에 의한 이·미용사 자격취득자

52 다음 중 이·미용업 영업자가 변경신고를 해야 하는 것을 모두 고른 것은?

> ㄱ. 영업소의 소재지
> ㄴ. 영업소 바닥 면적의 3분의 1이상의 증감
> ㄷ. 종사자의 변동사항
> ㄹ. 영업자의 재산변동사항

① ㄱ
② ㄱ, ㄴ
③ ㄱ, ㄴ, ㄷ
④ ㄱ, ㄴ, ㄷ, ㄹ

53 영업소 외에서 이용 및 미용업무를 할 수 없는 경우는?

① 관할 소재동지역 내에서 주민에게 이·미용을 하는 경우
② 질병, 기타의 사유로 인하여 영업소에 나올 수 없는 자에 대하여 미용을 하는 경우
③ 혼례나 기타 의식에 참여하는 자에 대하여 그 의식의 직전에 미용을 하는 경우
④ 특별한 사정이 있다고 시장·군수·구청장이 인정하는 경우

54 시장·군수·구청장이 영업정지가 이용자에게 심한 불편을 주거나 그 밖에 공익을 해할 우려가 있는 경우에 영업정지처분에 갈음한 과징금을 부과할 수 있는 금액기준은?

① 1천만 원 이하
② 3천만 원 이하
③ 1억 원 이하
④ 2억 원 이하

55 이·미용사 면허증을 분실하여 재교부를 받은 자가 분실한 면허증을 찾았을 때 취하여야 할 조치로 옳은 것은?

① 시·도지사에게 찾은 면허증을 반납한다.
② 시장·군수에게 찾은 면허증을 반납한다.
③ 본인이 모두 소지하여도 무방하다.
④ 재교부받은 면허증을 반납한다.

56 영업자의 지위를 승계한 자는 몇 월 이내에 시장·군수·구청장에게 신고를 하여야 하는가?

① 1월
② 2월
③ 6월
④ 12월

57 이용사 또는 미용사의 면허를 받지 아니한 자 중 이용사 또는 미용사 업무에 종사할 수 있는 자는?

① 이·미용 업무에 숙달된 자로서 이·미용사 자격증이 없는 자
② 이·미용사로서 업무정지 처분 중에 있는 자
③ 이·미용업소에서 이·미용사의 감독을 받아 이·미용업무를 보조하고 있는 자
④ 학원 설립, 운영에 관한 법률에 의하여 설립된 학원에서 3개월 이상 이·미용에 관한 강습을 받은 자

58 이·미용업소의 조명시설은 얼마 이상이 적당한가?

① 50룩스
② 75룩스
③ 100룩스
④ 125룩스

59 다음 위법사항 중 가장 무거운 벌금기준에 해당하는 자는?

① 신고를 하지 아니하고 영업한 자
② 변경신고를 하지 아니하고 영업한 자
③ 면허정지처분을 받고 그 정지 기간 중 업무를 행한 자
④ 관계공무원의 출입, 검사를 거부한 자

60 이·미용업 영업자가 위생교육을 받지 아니한 때에 대한 행정처분은?

① 경고
② 영업정지 1월
③ 300만 원 이하의 과태료
④ 200만 원 이하의 과태료

130

제5회 최신 시행 출제문제 정답

01	02	03	04	05	06	07	08	09	10	11	12	13	14	15	16	17	18	19	20
④	④	④	①	②	④	③	③	③	②	②	②	④	①	②	③	②	④	④	④

21	22	23	24	25	26	27	28	29	30	31	32	33	34	35	36	37	38	39	40
③	②	③	④	②	②	②	②	④	②	④	④	④	④	④	④	①	①	①	②

41	42	43	44	45	46	47	48	49	50	51	52	53	54	55	56	57	58	59	60
③	③	②	①	②	④	④	②	①	①	③	②	①	③	②	①	③	②	①	④

제5회 최신 시행 출제문제 해설

01 따뜻한 물로 헹구는 플레인 린스가 가장 적합하다.

02 테스트 컬(웨이브의 상태를 조사) : 일정시간이 경과하면 미리 정해 놓은 스트랜드 중 한 곳의 로드에서 완전히 풀리지 않도록 스트랜드를 풀어본다.

03 스트로크 커트는 모발을 지그재그 상태로 만들거나 모량을 감소시킬 때 많이 사용한다. 가위를 미끄러뜨려서 자르거나 치듯이 자르기 때문에 안전한 곡선날 시저스가 적합하다.

04 내로우 웨이브는 지나치게 곱슬거리는 웨이브로 릿지와 릿지의 폭이 좁고 급하다.

05 일반적으로 굵은 두발에는 스트랜드를 적게, 컬링 로드도 작은 것을 사용한다. 가는 두발에는 스트랜드를 많이 하고 로드도 큰 것을 사용한다.

06 ① 큐티클 푸셔 : 손톱의 상피를 미는 것
   ② 큐티클 니퍼즈 : 상피를 자르는 가위
   ③ 네일 파일 : 손톱을 가는 데 사용하는 손톱용 줄
   ④ 네일 니퍼즈 : 손톱을 자르는 가위

07 보색관계 : 초록색 – 적색, 노랑색 – 보라색, 오렌지색 – 청색

08 모발에 붙어있는 이물질을 연화(軟化)시켜 들뜨게 하는 것은 샴푸제의 역할이다.

09 고대 이집트는 서양에서 최초로 화장을 시작한 나라로 B.C. 1,500년경에 염모제로 헤나를 사용한 기록이 있으며, 샤프란이란 꽃을 찰흙에 섞어서 입술연지로 사용하기도 하였다.

10 1920년경 김활란의 단발머리, 이숙종의 높은 머리(일명 다까머리)가 여성들 사이에서 인기를 끌었다.

11 볼륨을 더해주고 방향을 유도할 때 필요한 백코밍 시술 시 트라이앵귤러 파트(삼각형 베이스)로 섹션을 잡는 것이 적합하다.

12 원랭스 커트(One-length Cut) : 모발의 커트선이 일정한 라인을 유지하면서 인사이드와 아웃사이드의 단차가 없는 상태

13 보정은 구상한 스타일링 제작 과정 후 보정 단계를 통해 고객이 추구하는 미용의 목적과 필요성이 시각적으로 느껴지는 마무리 단계이다(소재의 확인 → 구상 → 제작 → 보정).

15 눈썹산은 눈썹 길이의 2/3 지점에 위치하는 것이 좋으며, 검은 눈동자가 끝나는 부분이 적당하다.

16 트리밍(Trimming) : 불필요한 부분을 버리고, 전체를 정리하여 손질하는 것이다. 형을 다 갖춘 라인을 희망하는 스타일로 마무리하기 위해 머리끝을 가볍게 커트하는 기법이다.

17 오디너리 레이저(일상용 레이저)는 보호 장치가 없어 손이 다칠 위험이 있으므로 초보자에게는 적합하지 않다는 단점이 있다.

18 역삼각형 얼굴은 전체적으로 부드러운 얼굴선을 표현하기 위해 이마의 양쪽 끝과 턱의 끝 부분을 진하게, 뺨 부분을 밝게 처리하여 부드러운 형태로 변화시켜 준다.

19 다공성이 클수록 용액의 침투가 빠르기 때문에 프로세싱 타임을 짧게 하며 부드러운 용액을 사용한다.

20 언더 메이크업(메이크업 베이스)은 피부결을 정돈해주고 화장품의 피부 밀착력을 높여 파운데이션이 잘 펴지게 하며 화장을 오래 지속시키는 역할을 한다.

21 실내외 온도차가 5℃ 이상일 때 자연환기가 잘 이루어진다.

22 비타민 E는 항산화 작용을 하여 피부세포의 노화를 방지한다.

23 아황산가스(SO_2)는 실외 공기오염(대기오염)의 지표로 사용되며 산성을 띤다.

24 세계보건기구(WHO)에서는 건강이란 단지 질병이 없거나 허약하지 않은 상태만을 뜻하는 것이 아니라 신체적, 정신적 및 사회적으로 완전히 안녕한 상태라고 정의하였다.

25 장염 비브리오 식중독은 여름철 많이 발생되는 식중독이다.

26 발진티푸스는 고열과 발진이 주증세인 열성·급성의 법정 감염병의 하나로 주로 이를 통해 감염되며 의류나 몸이 더러울 때 발생한다.

27 영아사망률 = $\dfrac{\text{연간 생후 1년 미만 사망자 수}}{\text{연간 출생아 수}} \times 1{,}000$

28 해충구제의 가장 근본적인 방법은 발생원 및 서식처를 제거하는 것이다.

29 파리는 장티푸스, 파라티푸스, 이질, 콜레라, 결핵, 디프테리아를 전파한다.

30 기온이 가장 낮을 때 : 해뜨기 직전, 기온이 가장 높을 때 : 오후 2~3시 무렵(일교차 = 하루 중 최고 기온 - 하루 중 최저 기온)

31 고압증기멸균법은 초자기구, 거즈 및 약액, 자기류 소독에 적합하다.

32 보기 ①은 방부, ③은 멸균, ④는 청결에 관한 내용으로 분류에 해당되지 않는다(소독력의 크기 : 멸균 〉 살균 〉 소독 〉 방부).

33 병원성 미생물들은 사람 혈액인 pH 7.4에서 잘 자란다. 대부분의 병원성 미생물들은 pH 5.0 이하의 산성과 pH 8.5 이상의 염기성에서 파괴된다.

34 B형 간염을 예방하기 위해서는 감염성이 강한 급성이나 만성간염, 간암 환자와 면도날, 가위, 손톱깎이 등을 같이 사용해서는 안 되며, 감염된 사람의 혈액이나 체액에 노출되지 않도록 유의해야 한다.

35 석탄산은 화학적 소독제 중에서 소독, 살균력의 지표로 많이 이용된다(일반적으로 농도 3%(손소독 3%, 그 외 5%), 금속 부식)

36 호기성 세균이란 산소가 있어야만 살 수 있는 세균으로서 고초균, 아세트산균, 결핵균 등 대부분의 세균이 이에 속한다.

37 자외선살균법은 무가열 처리법(열을 가하지 않고 균을 사멸시키거나 균의 활동을 억제하는 방법)이다.

38 소독약의 구비조건 : 용해성이 높고, 안정성이 있어야 한다. 단, 대부분의 소독약은 물에 녹여 사용하기 때문에 보기 ④의 기름, 알코올 등에 잘 용해되어야 할 것은 조건에 해당되지 않는다.

39 가열에 의한 방법 : 화염 및 소각법, 건열멸균법, 자비소독, 고압증기멸균법, 유통증기멸균법, 간헐멸균법, 저온소독법, 초고온단시간소독법, 초고온순간멸균법

40 농도(Potency, 濃度)를 나타낼 때는 그 무게비(무게퍼센트), 부피비(부피퍼센트), 몰수의 비(몰분율) 등이 사용된다.

41 • 진피 : 망상층, 유두층
　　• 표피 : 기저층, 유극층, 과립층, 투명층, 각질층

42 AHA(Alpha Hydroxy Acid) : 과일에서 추출한 천연 과일산(글리콜릭산, 주석산, 사과산, 젖산, 구연산)으로 각질의 응집력을 약화시켜 각질이 쉽게 제거된다.

43 피부는 피지선에서 피지를 분비하고, 한선에서는 땀을 분비하여 피부표면에 약산성막을 형성한다. 피지막(약산성막)이 새롭게 형성되는 데에는 최소한 약 2시간이 경과해야 한다.

44 단백질은 피부, 모발, 근육 등 신체조직의 구성성분이다. 비타민 A는 상피보호비타민으로 피부세포를 형성하여 건강한 피부를 유지하고 주름과 각질을 예방한다.

45 조모(조기질, Matrix) : 손톱 뿌리 밑에서 세포분열을 통해 손톱을 생산해내는 부분

46 기저층 : 각질형성세포, 멜라닌형성세포, 머켈세포 / 유극층 : 랑게르한스 세포

47 에크린선(소한선)은 전신에 분포하나 특히 손바닥, 발바닥, 이마 등에 집중 분포되어 있다. 손바닥, 발바닥에는 피지선이 없다.

48 유극층에는 면역기능을 담당하는 랑게르한스 세포가 존재한다.

49 모모(毛母)세포 : 세포분열과 증식에 관여하여 새로운 모발을 형성한다.

50 안정성 : 보관에 따른 변질, 변색, 변취, 미생물의 오염이 없을 것(제품 자체를 대상으로 함)

51 교육부장관이 인정하는 고등기술학교에서 1년 이상 이용 또는 미용에 관한 소정의 과정을 이수한 자는 면허를 받을 수 있다.

52 보건복지부령이 정하는 중요한 사항일 경우 시장·군수·구청장에게 변경신고를 해야 한다. 영업소의 명칭 또는 상호, 영업소의 소재지, 신고한 영업장 면적의 3분의 1 이상의 증감, 대표자의 성명(법인의 경우에 한함) 등이 변경되었을 때 한다.

53 이용 및 미용의 업무는 영업소 외의 장소에서 행할 수 없다(보기 ① 관할 소재동지역 내에서 주민에게 이·미용을 하는 경우). 다만, 보건복지부령이 정하는 특별한 사유가 있는 경우는 행할 수 있다(보기 ②, ③, ④).

54 시장·군수·구청장이 영업정지가 이용자에게 심한 불편을 주거나 그 밖에 공익을 해할 경우에 영업정지처분에 갈음한 과징금 금액은 1억 원 이하이다.

55 면허증 재교부 신청 사유는 면허증을 잃어 버렸을 때, 헐어 못쓰게 된 때, 성명이나 주민등록번호가 변경된 때이며 분실한 면허증을 찾았을 때는 시장·군수·구청장에게 찾은 면허증을 반납해야 한다.

56 이용업 또는 미용업의 경우에는 면허를 소지한 자에 한해 공중위생영업자의 지위를 승계할 수 있으며 공중위생영업자의 지위를 승계한 자는 1월 이내에 보건복지부령이 정하는 바에 따라 신고해야 한다.

57 이·미용업소에서 이·미용사의 감독을 받아 이·미용업무를 보조하고 있는 자는 이용사 또는 미용사 업무에 종사할 수 있다.

58 조명 : 75룩스 / 실내온도 : 18~20℃ / 쾌적 습도 : 40~70 %

59 ① 신고를 하지 아니하고 영업한 자 : 1년 이하의 징역 또는 1천만 원 이하의 벌금
② 변경신고를 하지 아니하고 영업한 자 : 6월 이하의 징역 또는 500만 원 이하의 벌금
③ 면허정지처분을 받고 그 정지 기간 중 업무를 행한 자 : 300만 원 이하의 벌금
④ 관계공무원의 출입, 검사를 거부한 자 : 300만 원 이하의 과태료

60 위생교육을 받지 아니한 자는 200만 원 이하의 과태료에 처한다.

국가기술자격검정 필기시험문제

제6회 최신 시행 출제문제

자격종목 및 등급(선택분야)	종목코드	시험시간	문제지형별
미용사(일반)	7937	1시간	B

01 물에 적신 모발을 와인딩한 후 퍼머넌트 웨이브 1제를 도포하는 방법은?

① 워터래핑
② 슬래핑
③ 스파이럴 랩
④ 크로키놀 랩

02 한국 현대 미용사에 대한 설명 중 옳은 것은?

① 경술국치 이후 일본인들에 의해 미용이 발달했다.
② 1933년 일본인이 우리나라에 처음으로 미용원을 열었다.
③ 해방 전 우리나라 최초의 미용교육기관은 정화고등기술학교이다.
④ 오엽주씨가 화신백화점 내에 미용원을 열었다.

03 퍼머 제1액 처리에 따른 프로세싱 중 언더 프로세싱(Under-processing)의 설명으로 틀린 것은?

① 언더 프로세싱은 프로세싱 타임 이상으로 제1액을 두발에 방치한 것을 말한다.
② 언더 프로세싱일 때에는 두발의 웨이브가 거의 나오지 않는다.
③ 언더 프로세싱일 때에는 처음에 사용한 솔루션보다 약한 제1액을 다시 사용한다.
④ 제1액의 처리 후 두발의 테스트 컬로 언더 프로세싱 여부가 판명된다.

04 헤어 컬러링 기술에서 만족할 만한 색채효과를 얻기 위해서는 색채의 기본적인 원리를 이해하고 이를 응용할 수 있어야 한다. 다음 색의 3속성 중 명도만을 갖고 있는 무채색에 해당하는 것은?

① 적색　　② 황색
③ 청색　　④ 백색

05 아이론(Iron)의 열을 이용하여 웨이브를 형성하는 것은?

① 마셀 웨이브
② 콜드 웨이브
③ 핑거 웨이브
④ 섀도 웨이브

06 다음 중 산성린스가 아닌 것은?

① 레몬 린스(Lemon Rinse)
② 비니거 린스(Vineger Rinse)
③ 오일 린스(Oil Rinse)
④ 구연산 린스(Citric Acid Rinse)

07 다음 중 블런트 커트(Blunt Cut)와 같은 의미인 것은?

① 클럽 커트(Club Cut)　　② 싱글링(Shingling)
③ 클리핑(Clipping)　　④ 트리밍(Trimming)

08 브러시 세정법으로 옳은 것은?

① 세정 후 털을 아래로 하여 양지에서 말린다.
② 세정 후 털을 아래로 하여 음지에서 말린다.
③ 세정 후 털을 위로 하여 양지에서 말린다.
④ 세정 후 털을 위로 하여 음지에서 말린다.

09 콜드 퍼머넌트시 제1액을 바르고 비닐캡을 씌우는 이유로 거리가 가장 먼 것은?

① 체온으로 솔루션의 작용을 빠르게 하기 위하여
② 제1액의 작용을 두발 전체에 골고루 행하게 하기 위하여
③ 휘발성 알칼리의 휘산작용을 방지하기 위하여
④ 두발을 구부러진 형태대로 정착시키기 위하여

10 미용의 특수성에 해당하지 않는 것은?

① 자유롭게 소재를 선택한다.
② 시간적 제한을 받는다.
③ 손님의 의사를 존중한다.
④ 여러 가지 조건에 제한을 받는다.

11 염모제로서 헤나(Henna)를 처음으로 사용했던 나라는?

① 그리스　　② 이집트
③ 로마　　④ 중국

12 빗의 보관 및 관리에 관한 설명 중 옳은 것은?

① 사용 후 소독액에 계속 담가 보관한다.
② 소독액에서 빗을 꺼낸 후 물로 닦지 않고 그대로 사용해야 한다.
③ 증기 소독은 자주 해주는 것이 좋다.
④ 소독액은 석탄산수, 크레졸 비누액 등이 좋다.

13 유기합성 염모제에 대한 설명 중 틀린 것은?

① 유기합성 염모제 제품은 알칼리성의 제1액과 산화제인 제2액으로 나누어진다.
② 제1액은 산화염료가 암모니아수에 녹아 있다.
③ 제1액의 용액은 산성을 띠고 있다.
④ 제2액은 과산화수소로서 멜라닌색소의 파괴와 산화염료를 산화시켜 발색시킨다.

14 비듬이 없고 두피가 정상적인 상태일 때 실시하는 것은?

① 댄드러프 스캘프 트리트먼트
② 오일리 스캘프 트리트먼트
③ 플레인 스캘프 트리트먼트
④ 드라이 스캘프 트리트먼트

15 땋거나 스타일링하기 쉽도록 3가닥 혹은 1가닥으로 만들어진 헤어 피스는?

① 웨프트
② 스위치
③ 풀
④ 위글렛

16 다음 중 옳게 짝지어진 것은?

① 아이론 웨이브 – 1830년 프랑스의 무슈 끄로와뜨
② 콜드 웨이브 – 1936년 영국의 스피크먼
③ 스파이럴 퍼머넌트 웨이브 – 1925년 영국의 조셉 메이어
④ 크로키놀식 웨이브 – 1875년 프랑스의 마셀 그라또우

17 헤어 스타일(Hair Style) 또는 메이크업(Make-up)에서 개성미를 발휘하기 위한 첫 단계는?

① 구상　　　　　　② 보정
③ 소재의 확인　　　④ 제작

18 두정부의 가마로부터 방사선으로 나눈 파트는?

① 카우릭 파트(Cowlick Part)
② 이어 투 이어 파트(Ear-to-ear Part)
③ 센터 파트(Center Part)
④ 스퀘어 파트(Square Part)

19 컬(Curl)의 목적으로 가장 옳은 것은?

① 텐션, 루프(Loop), 스템을 만들기 위해
② 웨이브, 볼륨, 플러프를 만들기 위해
③ 슬라이싱, 스퀘어, 베이스(Base)를 만들기 위해
④ 세팅, 뱅(Bang)을 만들기 위해

20 코의 화장법으로 좋지 않은 방법은?

① 큰 코는 전체가 드러나지 않도록 코 전체를 다른 부분보다 연한 색으로 펴바른다.
② 낮은 코는 코의 양측 면에 세로로 진한 크림 파우더 또는 다갈색의 아이섀도를 바르고 코 등에 연한 색을 바른다.
③ 코 끝이 둥근 경우 코 끝의 양측 면에 진한 색을 펴 바르고 코 끝에는 연한 색을 펴바른다.
④ 너무 높은 코는 코 전체에 진한 색을 펴바른 후 양측 면에 연한 색을 바른다.

21 간흡충증(간디스토마)의 제1중간숙주는?

① 다슬기　　　　　　② 쇠우렁
③ 피라미　　　　　　④ 게

22 납중독과 가장 거리가 먼 증상은?

① 빈혈
② 신경마비
③ 뇌중독증상
④ 과다행동장애

23 발생을 계속 감시할 필요가 있어 발생 또는 유행 시 24시간 이내에 신고하여야 하는 감염병은?

① 말라리아
② 콜레라
③ 디프테리아
④ 유행성이하선염

24 수질오염의 지표로 사용하는 "생물화학적 산소요구량"을 나타내는 용어는?

① BOD
② DO
③ COD
④ SS

25 국가의 건강 수준을 나타내는 지표로서 가장 대표적으로 사용하고 있는 것은?

① 인구증가율
② 조사망률
③ 영아사망률
④ 질병발생률

26 지역사회에서 노인층 인구에 가장 적절한 보건교육 방법은?

① 신문
② 집단교육
③ 개별접촉
④ 강연회

27 예방접종에서 생균제제를 사용하는 것은?

① 장티푸스
② 파상풍
③ 결핵
④ 디프테리아

28 저온폭로에 의한 건강장애는?

① 동상 – 무좀 – 전신체온 상승
② 참호족 – 동상 – 전신체온 하강
③ 참호족 – 동상 – 전신체온 상승
④ 동상 – 기억력 저하 – 참호족

29 다음 식중독 중에서 치명률이 가장 높은 것은?

① 살모넬라증
② 포도상구균중독
③ 연쇄상구균중독
④ 보툴리누스균중독

30 다음 중 파리가 전파할 수 있는 소화기계 감염병은?
① 페스트 ② 일본뇌염
③ 장티푸스 ④ 황열

31 소독의 정의로 옳은 것은?
① 모든 미생물 일체를 사멸하는 것
② 모든 미생물을 열과 약품으로 완전히 죽이거나 또는 제거하는 것
③ 병원성 미생물의 생활력을 파괴하여 죽이거나 또는 제거하여 감염력을 없애는 것
④ 균을 적극적으로 죽이지 못하더라도 발육을 저지하고 목적하는 것을 변화시키지 않고 보존하는 것

32 AIDS나 B형 간염 등과 같은 질환의 전파를 예방하기 위한 이·미용기구의 가장 좋은 소독방법은?
① 고압증기멸균기 ② 자외선소독기
③ 음이온계면활성제 ④ 알코올

33 일반적으로 사용되는 소독용 알코올의 적정 농도는?
① 30% ② 70%
③ 50% ④ 100%

34 다음 중 이·미용사의 손을 소독하려 할 때 가장 알맞은 것은?
① 역성비누액 ② 석탄산수
③ 포르말린수 ④ 과산화수소

35 다음 중 음용수 소독에 사용되는 약품은?
① 석탄산 ② 액체염소
③ 승홍수 ④ 알코올

36 소독에 영향을 미치는 인자가 아닌 것은?
① 온도 ② 수분
③ 시간 ④ 풍속

37 소독법의 구비 조건에 부적합한 것은?
① 장시간에 걸쳐 소독의 효과가 서서히 나타나야 한다.
② 소독대상물에 손상을 입혀서는 안 된다.
③ 인체 및 가축에 해가 없어야 한다.
④ 방법이 간단하고 비용이 적게 들어야 한다.

38 소독제의 살균력 측정검사의 지표로 사용되는 것은?
① 알코올 ② 크레졸
③ 석탄산 ④ 포르말린

39 화장실, 하수도, 쓰레기통 소독에 가장 적합한 것은?
① 알코올 ② 염소
③ 승홍수 ④ 생석회

40 상처 소독에 적합하지 않은 것은?
① 과산화수소
② 요오드딩크제
③ 승홍수
④ 머큐로크롬

41 생명력이 없는 상태의 무색, 무핵층으로서 주로 손바닥과 발바닥에 있는 피부층은?
① 각질층 ② 과립층
③ 투명층 ④ 기저층

42 천연보습인자(NMF)에 속하지 않는 것은?
① 아미노산 ② 암모니아
③ 젖산염 ④ 글리세린

43 즉시 색소 침착 작용을 하며 인공선탠(Suntan)에 사용되는 것은?
① UV-A
② UV-B
③ UV-C
④ UV-D

44 갑상선의 기능과 관계있으며 모세혈관 기능을 정상화시키는 것은?
① 칼슘 ② 인
③ 철분 ④ 요오드

45 피부의 생리작용 중 지각작용에 대한 설명으로 옳은 것은?
① 피부 표면에 수증기가 발산한다.
② 피부에는 땀샘, 피지선 모근에서 피부 생리작용을 한다.
③ 피부 전체에 퍼져 있는 신경에 의해 촉각, 온각, 냉각, 통각 등을 느낀다.
④ 피부의 생리작용에 의해 생기는 노폐물을 운반한다.

46 교원섬유(Collagen)와 탄력섬유(Elastin)로 구성되어 있어 강한 탄력성을 지니고 있는 곳은?
① 표피 ② 진피
③ 피하조직 ④ 근육

47 자외선의 영향으로 인한 부정적인 효과는?
① 홍반반응
② 비타민 D 효과
③ 살균효과
④ 강장효과

48 피부에서 땀과 함께 분비되는 천연 자외선 흡수제는?
① 우로칸산(Urocanic Acid)
② 글리콜산(Glycolic Acid)
③ 글루탐산(Glutamic Acid)
④ 레틴산(Retinoic Acid)

49 광노화와 거리가 먼 것은?

① 피부두께가 두꺼워진다.
② 섬유아 세포수가 감소한다.
③ 콜라겐이 비정상적으로 늘어난다.
④ 점다당질이 증가한다.

50 피부분비와 가장 관계가 있는 것은?

① 에스트로겐(Estrogen)
② 프로게스트론(Progesteron)
③ 인슐린(Insulin)
④ 안드로겐(Androgen)

51 이용 및 미용업 영업자의 지위를 승계한 자가 관계기관에 신고를 해야 하는 기간은?

① 1년 이내
② 3월 이내
③ 6월 이내
④ 1월 이내

52 이용업 및 미용업은 다음 중 어디에 속하는가?

① 공중위생영업
② 위생관련영업
③ 위생처리업
④ 건물위생관리업

53 다음 ( ) 안에 알맞은 내용은?

> "이 · 미용업 영업자가 공중위생관리법을 위반하여 관계해당기관 장의 요청이 있는 때에는 ( ) 이내의 기간을 정하여 영업의 정지 또는 일부 시설의 사용중지 혹은 영업소 폐쇄 등을 명할 수 있다."

① 3월 ② 6월
③ 1년 ④ 2년

54 이 · 미용업소 내 반드시 게시하여야 할 사항으로 옳은 것은?

① 요금표 및 준수사항만 게시하면 된다.
② 이 · 미용업 신고증만 게시하면 된다.
③ 이 · 미용업 신고증 및 면허증 사본, 최종지불요금표를 게시하면 된다.
④ 이 · 미용업 신고증, 면허증 원본, 최종지불요금표를 게시하여야 한다.

55 다음 중 이 · 미용사의 면허정지를 명할 수 있는 자는?

① 행정안전부장관
② 시 · 도지사
③ 시장 · 군수 · 구청장
④ 경찰서장

56 이 · 미용 영업소에서 1회용 면도날을 손님 2인에게 사용한 때의 1차 위반 시 행정처분기준은?

① 시정명령
② 개선명령
③ 경고
④ 영업정지 5일

57 관련법상 이 · 미용사의 위생교육에 대한 설명 중 옳은 것은?

① 위생교육 대상자는 이 · 미용업 영업자이다.
② 위생교육 대상자에는 이 · 미용사의 면허를 가지고 이 · 미용업에 종사하는 모든 자가 포함된다.
③ 위생교육은 시 · 군 · 구청장만이 할 수 있다.
④ 위생교육 시간은 분기당 4시간으로 한다.

58 다음 중 이 · 미용사의 면허를 받을 수 없는 자는?

① 전문대학의 이 · 미용에 관한 학과를 졸업한 자
② 교육부장관이 인정하는 고등기술학교에서 1년 이상 이 · 미용에 관한 소정의 과정을 이수한 자
③ 국가기술자격법에 의한 이 · 미용사의 자격을 취득한 자
④ 외국의 유명 이 · 미용학원에서 2년 이상 기술을 습득한 자

59 신고를 하지 않고 영업소명칭(상호)을 바꾼 경우에 대한 1차 위반 시의 행정처분기준은?

① 주의
② 경고 또는 개선명령
③ 영업정지 15일
④ 영업정지 1월

60 다음 중 과태료처분 대상에 해당되지 않는 자는?

① 관계공무원의 출입 · 검사 등에 대한 업무를 기피한 자
② 영업소 폐쇄명령을 받고도 영업을 계속한 자
③ 이 · 미용업소 위생관리 의무를 지키지 아니한 자
④ 위생교육 대상자 중 위생교육을 받지 아니한 자

제6회 최신 시행 출제문제 정답

01	02	03	04	05	06	07	08	09	10	11	12	13	14	15	16	17	18	19	20
①	④	①	④	①	③	①	②	④	①	②	④	③	③	②	②	③	①	②	①

21	22	23	24	25	26	27	28	29	30	31	32	33	34	35	36	37	38	39	40
②	④	①	②	②	②	②	②	③	②	③	②	③	②	①	①	②	④	④	③

41	42	43	44	45	46	47	48	49	50	51	52	53	54	55	56	57	58	59	60
③	④	①	④	③	②	①	①	③	④	④	①	②	④	③	①	④	④	②	②

제6회 최신 시행 출제문제 해설

01 워터래핑 와인딩(Water Wrapping Winding)은 제1액을 도포하지 않은 상태에서 물로 적셔 와인딩한 뒤 제1액을 도포하는 것을 말한다. 흡수성이 강한 모발이 약제를 너무 빨리 흡수하여 생기는 손상을 막을 수 있다.

02 우리나라 최초로 1933년 오엽주 여사에 의해 종로 화신백화점 내에 화신미용원이 개설 되었다.

03 언더 프로세싱은 유효시간보다 짧게 프로세싱하는 것을 말한다.

04 무채색은 검정, 회색, 흰색을 말한다.

05 1875년 마셀 그라또우에 의해 마셀 웨이브가 처음 만들어졌으며, 열을 이용하여 웨이브를 형성한다.

06 오일 린스는 지방성(유성) 린스에 해당된다.

07 블런트 커트는 클럽 커트라고도 하며, 직선적으로 커트하는 방법을 말한다. 잘린 부분이 명확하며 모발의 손상이 적다.

08 브러시는 세정한 후 털을 아래로 하여 그늘에 말린다. 털이 심어진 곳에 물이 침투하면 내구성이 나빠지기 때문에 주의해야 한다.

09 제2액 일명 중화제, 산화제, 정착제는 웨이브를 고정시키는 역할을 한다.

10 미용의 특수성으로 의사 표현의 제한, 소재 선정의 제한, 시간적 제한, 부용예술로서의 제한적 특성을 지닌다.

11 B.C. 1,500년경 이집트는 헤나를 염모제로 사용했다.

12 소독액을 석탄수, 크레졸수, 크레졸 비누액, 포르말린수, 역성비누액 등에 10분 정도 담가둔다. 물로 헹군 후 마른 타월로 물기를 닦고 그늘 또는 소독장에 넣어 말린다.

13 제1액은 알칼리성을 띠는 발색제이다.

14 플레인 스캘프 트리트먼트는 정상두피일 때 사용한다.

15 스위치는 실용적인 헤어 스타일에 여성스러움을 나타내고자 할 때 사용되며 땋거나 스타일링하기 쉽도록 3가닥 혹은 1가닥으로 만들어져 있다.

16 마셀 웨이브, 찰스 네슬러는 스파이럴식 퍼머넌트 웨이빙을 고안하였다. 조셉 메이어가 크로키놀법의 히트 웨이빙을 발전시켰고, 스피크먼에 의해 콜드 웨이빙이 고안되었다.

17 미용의 순서 : 소재의 확인 → 구상 → 제작 → 보정
소재의 확인 단계에서 고객의 신체적 특징과 얼굴 형태에 따른 개성 등을 관찰하여 특징을 정확히 파악해야 한다.

18 ① 카우릭 파트 : 두정부 가마에서 방사선으로 나눈 파트
② 이어 투 이어 파트 : 좌측 귀 위쪽에서 두정부를 지나 우측 귀 위쪽으로 향하여 수직으로 나눈 파트
③ 센터 파트 : 전두부의 헤어라인 중앙에서 두정부를 향해서 직선으로 나눈 앞가르마 파트
④ 스퀘어 파트 : 이마의 헤어 라인에 수평하게 나눈 파트

19 컬의 목적은 모발에 웨이브와 볼륨을 주고 모발 끝의 변화와 움직임(플러프)을 만들기 위해서이다.

20 큰 코 전체를 다른 부분보다 연한 색으로 펴 바를 경우 코가 더 강조된다. 콧등에는 연한 색을 펴 바르고 코의 양 측면과 코 끝은 진한 색을 펴 발라 입체적으로 작게 표현한다.

21 간흡충증의 제1중간숙주는 쇠우렁, 제2중간숙주에 속하는 민물고기에는 담수어, 참붕어, 붕어, 잉어, 누치, 향어 등이 있다.

22 혈중 납농도가 높아지면 식욕감퇴, 빈혈, 구토, 변비, 신경질환, 전신경련, 반신마비, 실명, 청각 장애 등 여러 가지 증상이 나타날 수 있다. 과다행동장애와는 무관하다.

24 BOD는 시료를 20℃에서 5일간 배양할 때 호기성 미생물에 의해 유기물을 분해시키는 데 소모되는 산소량을 말한다.

25 영아사망률은 국가의 건강 수준을 나타내는 대표적인 지표로 연간 생후 1년 미만 사망자 수 / 연간출생아 수 × 1,000이다.

26 저소득층이나 노인층에 가장 효과적인 보건 교육의 방법은 가정방문이나 개별접촉이다. 하지만 인원과 시간이 많이 드는 단점이 있다.

27 출생 후 1개월 미만인 신생아는 결핵예방접종(BCG)을 해야 한다. 결핵균을 약화시킨 생균제제를 넣어줘 결핵균에 대한 항체를 형성시키기 위해서이다.

28 한랭한 장소에서 작업하는 경우 체온조절 기능이 마비되면서 체온하강 및 동상, 동창, 참호족염이 생길 수 있다.

29 세균성 식중독 중에서 가장 치명률이 높은 식중독은 보툴리누스균 식중독이다.

30 파리가 전파할 수 있는 감염병은 장티푸스, 파라티푸스, 이질, 콜레라, 결핵, 디프테리아가 있다.

31 보기 ①은 멸균, ②는 살균, ④는 방부에 대한 설명이다.

32 고압증기멸균법은 가장 강한 멸균방법으로 아포를 포함한 모든 미생물을 완전히 사멸한다.

33 에틸알코올은 70%의 수용액일 때 가장 소독력이 강하다.

34 역성비누액은 보통 0.01~0.1% 수용액을 사용하며 독성이 없어 식품소독용으로도 사용이 가능하다. 피부에 자극이 거의 없어 손소독 시 적합하다.

35 상수도법에서는 액체염소로 소독하게 되어 있다. 평상시 유리 잔

류염소농도는 0.2ppm, 감염병 발생 시는 0.4ppm 이상으로 유지해야 한다.

36 소독에 영향을 미치는 인자는 온도, 수분, 시간, 열, 자외선, 농도이다.

37 소독의 효과가 확실하고 짧은 시간에 소독할 수 있어야 한다.

38 석탄산은 페놀로서 소독력, 살균력의 지표가 된다.

39 생석회(CaO)는 습기 있는 분변, 하수, 오수, 오물, 토사물 소독에 적당하다.

40 승홍(HgCl)은 맹독성이며 금속 부식성이 강하므로 금속제 기구 및 식기류나 피부소독에는 부적합하다.

41 투명층은 핵이 없는 무핵층으로 주로 손·발바닥에서 관찰할 수 있다.

42 글리세린은 보습작용을 하는 화장품 성분이다.

43 UV-A는 320~400nm의 장파장으로 피부 진피층까지 영향을 미치며 멜라닌세포의 증가로 색소 침착 및 광노화의 주된 원인이 된다.

44 요오드는 갑상선 호르몬 생산의 원료이므로 결핍 시 갑상선호르몬 결핍을 초래하고 태아부터 성인에 이르기까지 발육, 성장 및 대사에 영향을 미친다. 한국인의 1일 요오드 섭취 권장량은 성인 기준 22.5~150㎍(마이크로그램)이다.

45 피부는 일반 감각기관의 수용체를 가지고 있으며, 피부 1cm² 면적당 약 촉감점이 25개, 온각점이 1~2개, 냉각점이 12개, 통각점이 100~200개가 존재한다.

46 진피(Dermis)층에는 일정한 방향을 가진 교원섬유(Collagen Fiber) 90% 이상과 탄력섬유(Elastic Fiber)가 매우 치밀하게 구성되어 있다.

47 자외선에 의한 부정적인 피부 반응은 피부두께의 변화, 일광화상, 색소침착, 광노화, 홍반 등이 있다. 피부가 붉게 되는 홍반 현상은 주로 UV-B에 의해 나타난다.

48 땀 속에 있는 우로칸산(Urocanic Acid)이란 성분이 자외선을 흡수하면 멜라닌 색소가 검어져 피부를 보호하게 된다.

49 피부 속 콜라겐과 엘라스틴 섬유 함량이 줄어들면 주름 및 탄력저하, 즉 피부 노화가 진행된다. 콜라겐과 엘라스틴은 자외선에 의해 파괴되기 쉽다.

50 피부분비물(땀과 피지)인 피지는 하루에 약 1~2g 분비하며, 남성 호르몬인 안드로겐의 영향을 많이 받는다.

51 미용업자의 지위승계는 1월 내에 보건복지부령이 정하는 바에 따라 시장·군수·구청장에게 신고하여야 한다.

52 공중위생영업은 다수인을 대상으로 위생관리서비스를 제공하는 영업으로서 숙박업, 목욕장업, 이용업, 미용업, 세탁업, 건물위생관리업을 말한다.

53 시장·군수·구청장은 이용사 또는 미용사 면허를 취소하거나 6월 이내의 기간을 정하여 그 면허의 정지를 명할 수 있다.

54 이·미용업소 안에는 반드시 이·미용업 신고증, 면허증 원본, 최종지불요금표를 게시하여야 한다.

55 공중위생관리법 시행령은 대통령령, 공중위생관리법 시행규칙은 보건복지부령으로 한다. 보건복지부령이 정하는 바에 따라 시장·군수·구청장이 명할 수 있다.

56 1차 위반 – 경고 / 2차 위반 – 영업정지 5일 / 3차 위반 – 영업정지 10일 / 4차 위반 – 영업소 폐쇄명령

57 공중위생영업자는 매년 3시간의 위생교육을 받아야 하며, 위생교육의 방법, 절차 등에 관하여 필요한 사항은 보건복지부령으로 정한다.

58 외국의 이용사 또는 미용사 자격 소지자 및 기술 습득자는 면허를 받을 수 없다.

59 1차 위반 – 경고 또는 개선명령 / 2차 위반 – 영업정지 15일 / 3차 위반 – 영업정지 1월 / 4차 위반 – 영업소 폐쇄명령

60 영업정지처분을 받고 그 영업정지기간 중 영업을 한 때 행정처분은 영업소 폐쇄명령이다.

국가기술자격검정 필기시험문제

제7회 최신 시행 출제문제

자격종목 및 등급(선택분야)	종목코드	시험시간	문제지형별
미용사(일반)	7937	1시간	A

01 다음 용어의 설명으로 틀린 것은?
① 버티컬 웨이브(Vertical Wave) : 웨이브 흐름이 수평
② 리세트(Reset) : 세트를 다시 마는 것
③ 호리존탈 웨이브(Horizontal Wave) : 웨이브 흐름이 가로 방향
④ 오리지널 세트(Original Set) : 기초가 되는 최초의 세트

02 핑거 웨이브(Finger Wave)와 관계 없는 것은?
① 세팅 로션, 물, 빗
② 크레스트(Crest), 리지(Ridge), 트로프(Trough)
③ 포워드 비기닝(Foward Beginning), 리버스 비기닝(Reverse Beginning)
④ 테이퍼링(Tapering), 싱글링(Shingling)

03 스캘프 트리트먼트(Scalp Treatment)의 시술 과정에서 화학적 방법과 관련 없는 것은?
① 양모제
② 헤어 토닉
③ 헤어 크림
④ 헤어 스티머

04 빗(Comb)의 손질법에 대한 설명으로 틀린 것은?(단, 금속 빗은 제외)
① 빗살 사이의 때는 솔로 제거하거나 심한 경우는 비눗물에 담근 후 브러시로 닦고 나서 소독한다.
② 증기소독과 자비소독 등 열에 의한 소독과 알코올 소독을 해준다.
③ 빗을 소독할 때는 크레졸수, 역성비누액 등을 사용하며 세정이 바람직하지 않은 재질은 자외선으로 소독한다.
④ 소독용액에 오랫동안 담가두면 빗이 휘어지는 경우가 있으니 주의하도록 하고, 꺼낸 후 물로 헹구고 물기를 제거한다.

05 다음 중 헤어 블리치에 관한 설명으로 틀린 것은?
① 과산화수소는 산화제이고 암모니아수는 알칼리제이다.
② 헤어 블리치는 산화제의 작용으로 두발의 색소를 엷게 한다.
③ 헤어 블리치제는 과산화수소에 암모니아수 소량을 더하여 사용한다.
④ 과산화수소에서 방출된 수소가 멜라닌 색소를 파괴시킨다.

06 네일 에나멜(Nail Enamel)에 함유된 주된 필름 형성제는?
① 톨루엔(Toluene)
② 메타크릴산(Methacrylie Acid)
③ 니트로 셀룰로오즈(Nitro Cellulose)
④ 라놀린(Lanoline)

07 두발이 지나치게 건조해있을 때나 두발 염색에 실패했을 때 가장 적합한 샴푸방법은?
① 플레인 샴푸
② 에그 샴푸
③ 약산성 샴푸
④ 토닉 샴푸

08 미용의 과정이 바른 순서로 나열 된 것은?
① 소재의 확인 → 구상 → 제작 → 보정
② 소재의 확인 → 보정 → 구상 → 제작
③ 구상 → 소재의 확인 → 제작 → 보정
④ 구상 → 제작 → 보정 → 소재의 확인

09 다음 중 커트를 하기 위한 순서로 가장 옳은 것은?
① 위그 → 수분 → 빗질 → 블로킹 → 슬라이스 → 스트랜드
② 위그 → 수분 → 빗질 → 블로킹 → 스트랜드 → 슬라이스
③ 위그 → 수분 → 슬라이스 → 빗질 → 블로킹 → 스트랜드
④ 위그 → 수분 → 스트랜드 → 빗질 → 블로킹 → 슬라이스

10 첩지에 대한 내용으로 틀린 것은?
① 첩지의 모양은 봉과 개구리 등이 있다.
② 첩지는 조선시대 사대부의 예장 때 머리 위 가르마를 꾸미는 장식품이다.
③ 왕비는 은 개구리 첩지를 사용하였다.
④ 첩지는 내명부나 외명부의 신분을 밝혀주는 중요한 표시이기도 했다.

11 레이어드 커트(Layered Cut)의 특징이 아닌 것은?
① 커트 라인이 얼굴 정면에서 네이프 라인과 일직선인 스타일이다.
② 두피 안에서의 모발의 각도를 90° 이상으로 커트한다.
③ 머리형이 가볍고 부드러워 다양한 스타일을 만들 수 있다.
④ 네이프 라인에서 탑 부분으로 올라가면서 모발의 길이가 점점 짧아지는 커트이다.

12 두발 커트 시, 두발 끝을 1/3 정도로 테이퍼링하는 것은?
① 노멀 테이퍼링(Normal Tapering)
② 딥 테이퍼링(Deep Tapering)
③ 엔드 테이퍼링(End Tapering)
④ 보스 사이드 테이퍼링(Both-side Tapering)

13 시스테인 퍼머넌트에 대한 설명으로 틀린 것은?

① 아미노산의 일종인 시스테인을 사용한 것이다.
② 환원제로 티오글리콜산염이 사용된다.
③ 모발에 대한 잔류성이 높아 주의가 필요하다.
④ 연모, 손상모의 시술에 적합하다.

14 영구적 염모제에 대한 설명 중 틀린 것은?

① 제1액의 알칼리제로는 휘발성이라는 점에서 암모니아가 사용된다.
② 제2제인 산화제는 모피질 내로 침투하여 수소를 발생시킨다.
③ 제1제 속의 알칼리제가 모표피를 팽윤시켜 모피질내로 인공색소와 과산화수소를 침투시킨다.
④ 모피질 내의 인공색소는 큰입자의 유색 염류를 형성하여 영구적으로 착색된다.

15 두피 타입에 알맞은 스캘프 트리트먼트(Scalp Treatment)의 시술방법의 연결이 틀린 것은?

① 건성두피 – 드라이 스캘프 트리트먼트
② 지성두피 – 오일리 스캘프 트리트먼트
③ 비듬성 두피 – 핫오일 스캘프 트리트먼트
④ 정사두피 – 플레인 스캘프 트리트먼트

16 샴푸제의 성분이 아닌 것은?

① 계면활성제　　　② 점증제
③ 기포증진제　　　④ 산화제

17 파운데이션 사용 시 양볼은 어두운 색으로, 이마 상단과 턱의 하부는 밝은 색으로 표현하면 좋은 얼굴형은?

① 긴형　　　　　② 둥근형
③ 사각형　　　　④ 삼각형

18 가위에 대한 설명 중 틀린 것은?

① 양날의 견고함이 동일해야 한다.
② 가위의 길이나 무게가 미용사의 손에 맞아야 한다.
③ 가위 날이 반듯하고 두꺼운 것이 좋다.
④ 협신에서 날 끝으로 갈수록 약간 내곡선인 것이 좋다.

19 모발의 측쇄결합으로 볼 수 없는 것은?

① 시스틴결합(Cystine Bond)
② 염결합(Salt Bond)
③ 수소결합(Hydrogen Bond)
④ 폴리펩티드 결합(Polypeptide Bond)

20 두발에서 퍼머넌트 웨이브의 형성과 직접 관련이 있는 아미노산은?

① 시스틴(Cystine)
② 알라닌(Alanine)
③ 멜라닌(Melanin)
④ 타로신(Tyrosin)

21 수질오염을 측정하는 지표로서 물에 녹아있는 유리산소를 의미하는 것은?

① 용존산소(DO : Dissolved Oxygen)
② 생물화학적 산소요구량(BOD : Biochemi Oxygen Demand)
③ 화학적 산소요구량(COD : Chemical Oxygen Demand)
④ 수소이온농도(pH)

22 출생률보다 사망률이 낮으며 14세 이하 인구가 65세 이상 인구의 2배를 초과하는 인구 구성형은?

① 피라미드형
② 종형
③ 항아리형
④ 별형

23 보건행정에 대한 설명으로 가장 올바른 것은?

① 공중보건의 목적을 달성하기 위해 공공의 책임하에 수행하는 행정활동
② 개인보건의 목적을 달성하기 위해 공공의 책임하에 수행하는 행정활동
③ 국가간의 질병교류를 막기 위해 공공의 책임하에 수행하는 행정활동
④ 공중보건의 목적을 달성하기 위해 개인의 책임하에 수행하는 행정활동

24 콜레라 예방접종은 어떤 면역방법인가?

① 인공수동면역
② 인공능동면역
③ 자연수동면역
④ 자연능동면역

25 기생충의 인체 내 기생부위 연결이 잘못된 것은?

① 구충증 – 폐
② 간흡충증 – 간의 담도
③ 요충증 – 직장
④ 폐흡충 – 폐

26 다음 중 불량조명에 의해 발생되는 직업병이 아닌 것은?

① 안정피로
② 근시
③ 근육통
④ 안구진탕증

27 주로 여름철에 발병하며 어패류 등의 생식이 원인이 되어 복통, 설사 등의 급성위장염 증상을 나타내는 식중독은?

① 포도상구균 식중독
② 병원성 대장균 식중독
③ 장염 비브리오 식중독
④ 보툴리누스균 식중독

28 다음 중 비타민(Vitamin)과 그 결핍증과의 연결이 틀린 것은?

① 비타민 B_2 – 구순염
② 비타민 D – 구루병
③ 비타민 A – 야맹증
④ 비타민 C – 각기병

29 일반적으로 돼지고기의 생식에 의해 감염될 수 없는 것은?

① 유구조충
② 무구조충
③ 선모충
④ 살모넬라

30 실내에 다수인이 밀집한 상태에서 실내공기의 변화 과정은?

① 기온 상승 – 습도 증가 – 이산화탄소 감소
② 기온 하강 – 습도 증가 – 이산화탄소 감소
③ 기온 상승 – 습도 증가 – 이산화탄소 증가
④ 기온 상승 – 습도 감소 – 이산화탄소 증가

31 20파운드(Lbs)의 압력에서는 고압증기 멸균법으로 몇 분간 처리하는 것이 가장 적절한가?

① 40분
② 30분
③ 15분
④ 5분

32 광견병의 병원체는 어디에 속하는가?

① 세균(Bacteria)
② 바이러스(Virus)
③ 리케차(Rickettsia)
④ 진균(Fungi)

33 다음 중 열에 대한 저항력이 커서 자비소독법으로 사멸되지 않는 균은?

① 콜레라균
② 결핵균
③ 살모넬라균
④ B형 간염 바이러스

34 레이저(Razor) 사용 시 헤어살롱에서 교차 감염을 예방하기 위해 주의할 점이 아닌 것은?

① 매 고객마다 새로 소독된 면도날을 사용해야 한다.
② 면도날을 매번 고객마다 갈아 끼우기 어렵지만, 하루에 한번은 반드시 새것으로 교체해야만 한다.
③ 레이저 날이 한몸채로 분리가 안 되는 경우 70% 알코올을 적신 솜으로 반드시 소독 후 사용한다.
④ 면도날을 재사용해서는 안된다.

35 손 소독과 주사할 때 피부소독 등에 사용되는 에틸 알코올(Ethyl-alcohol)은 어느 정도의 농도에서 가장 많이 사용되는가?

① 20% 이하
② 60% 이하
③ 70~80%
④ 90~100%

36 이·미용업소에서 일반적 상황에서의 수건 소독법으로 가장 적합한 것은?

① 석탄산 소독
② 크레졸 소독
③ 자비 소독
④ 적외선 소독

37 이·미용업소에서 B형 간염의 감염을 방지하려면 다음 중 어느 기구를 가장 철저히 소독하여야 하는가?

① 수건
② 머리빗
③ 면도칼
④ 클리퍼(전동형)

38 소독제의 살균력을 비교할 때 기준이 되는 소독약은?

① 요오드
② 승홍
③ 석탄산
④ 알코올

39 3%의 크레졸 비누액 900ml를 만드는 방법으로 옳은 것은?

① 크레졸 원액 270ml에 물 630ml를 가한다.
② 크레졸 원액 27ml에 물 873ml를 가한다.
③ 크레졸 원액 300ml에 물 600ml를 가한다.
④ 크레졸 원액 200ml에 물 700ml를 가한다.

40 소독약의 구비조건으로 틀린 것은?

① 값이 비싸고 위험성이 없다.
② 인체에 해가 없으며 취급이 간편하다.
③ 살균하고자 하는 대상물을 손상시키지 않는다.
④ 살균력이 강하다.

41 다음 중 피부의 각질, 털, 손톱, 발톱의 구성성분인 케라틴을 가장 많이 함유한 것은?

① 동물성 단백질
② 동물성 지방질
③ 식물성 지방질
④ 탄수화물

42 노화피부의 특징이 아닌 것은?

① 노화피부는 탄력이 없고, 수분이 많다.
② 피지분비가 원활하지 못하다.
③ 주름이 형성되어 있다.
④ 색소침착 불균형이 나타난다.

43 피부진균에 의하여 발생하며 습한 곳에서 발생빈도가 가장 높은 것은?

① 모낭염
② 족부백선
③ 봉소염
④ 티눈

44 기미를 악화시키는 주요한 원인이 아닌 것은?

① 경구 피임약의 복용 ② 임신
③ 자외선 차단 ④ 내분비 이상

45 다음 중 피지선과 가장 관련이 깊은 질환은?

① 사마귀 ② 주사(Rasacea)
③ 한관증 ④ 백반증

46 박하(Peppermint)에 함유된 시원한 느낌의 혈액순환 촉진 성분은?

① 자일리톨(Xylitol)
② 멘톨(Menthol)
③ 알코올(Alcohol)
④ 마조람 오일(Majoram oil)

47 다음 중 표피에 존재하며 면역과 가장 관계가 깊은 세포는?

① 멜라닌 세포
② 랑게르한스 세포
③ 머켈 세포
④ 섬유아 세포

48 다음 중 필수 아미노산에 속하지 않는 것은?

① 트립토판 ② 트레오닌
③ 발린 ④ 알라닌

49 AHA(Alpha Hydroxy Acid)에 대한 설명으로 틀린 것은?

① 화학적 필링
② 글리콜산, 젖산, 주석산, 능금산, 구연산
③ 각질세포의 응집력 강화
④ 미백 작용

50 다음 정유(Essential Oil) 중에서 살균, 소독 작용이 가장 강한 것은?

① 타임 오일(Thyme Oil)
② 주니퍼 오일(Juniper Oil)
③ 로즈마리 오일(Rosemary Oil)
④ 클라리세이지 오일(Clarysage Oil)

51 영업신고를 하지 아니하고 영업소의 소재지를 변경한 때 1차 행정처분기준은?

① 경고 ② 영업정지 1월
③ 영업정지 2월 ④ 영업소 폐쇄명령

52 이 · 미용업에 있어 청문을 실시하여야 하는 경우가 아닌 것은?

① 면허취소 처분을 하고자 하는 경우
② 면허정지 처분을 하고자 하는 경우
③ 일부시설의 사용중지 처분을 하고자 하는 경우
④ 위생교육을 받지 아니하여 1차 위반한 경우

53 이 · 미용업소에서의 면도기 사용에 대한 설명으로 가장 옳은 것은?

① 1회용 면도날만을 손님 1인에 한하여 사용
② 정비용 면도기를 손님 1인에 한하여 사용
③ 정비용 면도기를 소독 후 계속 사용
④ 매 손님마다 소독한 정비용 면도기 교체 사용

54 부득이한 사유가 없는 한 공중위생영업소를 개설할 자는 언제 위생교육을 받아야 하는가?

① 영업개시 후 2월 이내
② 영업개시 후 1월 이내
③ 영업개시 전
④ 영업개시 후 3월 이내

55 다음 중 공중위생영업을 하고자 할 때 필요한 것은?

① 허가 ② 통보
③ 인가 ④ 신고

56 공중위생영업자가 준수하여야 할 위생관리기준은 다음 중 어느 것으로 정하고 있는가?

① 대통령령
② 국무총리령
③ 고용노동부령
④ 보건복지부령

57 이용 또는 미용의 면허가 취소된 후 계속하여 업무를 행한 자에 대한 벌칙 사항은?

① 6월 이하의 징역 또는 300만 원 이하의 벌금
② 500만 원 이하의 벌금
③ 300만 원 이하의 벌금
④ 200만 원 이하의 벌금

58 이 · 미용영업자에게 과태료를 부과, 징수할 수 있는 처분권자에 해당되지 않는 자는?

① 보건복지부장관 ② 시장
③ 군수 ④ 구청장

59 대통령령이 정하는 바에 의하여 관계전문기관 등에 공중위생관리 임무의 일부를 위탁할 수 있는 자는?

① 시 · 도지사 ② 시장 · 군수 · 구청장
③ 보건복지부장관 ④ 보건소장

60 이 · 미용사의 면허증을 재교부 받을 수 있는 자는 다음 중 누구인가?

① 공중위생관리법의 규정에 의한 명령을 위반한 자
② 간질병자
③ 면허증을 다른 사람에게 대여한 자
④ 면허증이 헐어 못쓰게 된 자

제7회 최신 시행 출제문제 정답

01	02	03	04	05	06	07	08	09	10	11	12	13	14	15	16	17	18	19	20
①	④	④	②	④	③	②	①	①	③	①	③	②	②	③	④	②	③	④	①
21	22	23	24	25	26	27	28	29	30	31	32	33	34	35	36	37	38	39	40
①	①	①	①	①	③	③	④	②	②	③	③	③	①	③	③	③	③	②	③
41	42	43	44	45	46	47	48	49	50	51	52	53	54	55	56	57	58	59	60
①	①	②	③	②	②	②	④	③	①	②	④	①	②	③	④	②	①	③	④

제7회 최신 시행 출제문제 해설

01 버티컬 웨이브는 웨이브의 흐름이 수직인 것을 말한다.

02 테이퍼링, 싱글링은 헤어 커트 방법이다.

03 헤어 스티머는 퍼머, 스캘프 트리트먼트, 미안술 등에 사용되는 180~190℃의 스팀을 발생시키는 미용기기로 화학적 방법과는 무관하다.

04 증기소독과 자비소독 등 열에 의한 소독은 빗 모양에 변형을 줄 수 있으므로 피한다.

05 제2액 산화제(과산화수소)는 멜라닌 색소를 분해시키고 탈색을 일으켜 산화염료를 산화해서 발색시킨다.

06 니트로 셀룰로오즈가 네일 에나멜의 주된 필름 형성제이다. 그 외 필름 형성제로는 폴리실리콘-11, 폴리에틸렌 등이 있다. ① 톨루엔 : 휘발성 유기용매, ② 메타크릴산 : 중합 방지제, 합성수지나 접착제, ④ 라놀린 : 양의 털에서 추출한 기름으로 의약용, 화장품에 사용

07 에그 샴푸는 날달걀을 사용하는 방법으로 노른자는 윤기와 영양을 주어 두발을 매끄럽게 해주기 때문에 건조하고 노화된 두발과 민감해진 두피에 사용하기 적당하다.

08 미용의 과정은 소재의 확인 → 구상 → 제작 → 보정의 단계를 말한다.

09 커트의 순서는 위그 → 수분 → 빗질 → 블로킹 → 슬라이스 → 스트랜드 순으로 한 번에 많은 양을 잡지 않고 텐션의 강약을 조절하여 커트한다.

10 첩지는 은이나 구리로 만들어 도금하였는데, 왕비는 도금한 용첩지를 쓰고, 비·빈은 도금한 봉첩지, 내외명부는 신분에 따라 도금하거나 흑각(黑角)으로 만든 개구리 첩지를 썼다.

11 레이어드 커트는 층층 모양으로 조금씩 단차를 주는 커트 방법을 말한다.

12 엔드 테이퍼는 두발의 양이 적을 때나 두발 끝을 테이퍼해서 표면을 정돈하는 때에 행한다.

13 시스테인 퍼머넌트는 제1액(티오글리콜산) 대신 시스테인(아미노산의 일종)을 사용한다.

14 제2액인 산화제(과산화수소)는 멜라닌 색소의 파괴와 산화염료를 산화시켜 발색한다.

15 비듬성 두피 – 댄드러프 스캘프 트리트먼트

16 산화제는 과산화수소로 두발 염색 시 사용된다.

17 둥근형은 전두부의 헤어라인과 턱선이 짧기 때문에 얼굴을 길어 보이게 하기 위해 양 옆은 볼륨을 없애고 이마 상단과 턱의 하부는 밝은색으로 표현한다.

18 가위는 협신에서 안쪽 끝이 자연스럽게 구부러진 것이 좋으며, 날이 얇아야 협신이 가볍고 사용하기 쉽다.

19 모발의 결합에는 세로결합인 주쇄결합과 가로결합인 측쇄결합이 있다. 모발은 폴리펩티드결합(주쇄결합)을 한 섬유단백질이 다수 나열되어 있고, 이 섬유 단백질 사이에 수소결합, 이온(염)결합, 시스틴결합 그 외 소수결합 등이 입체적으로 연결(측쇄결합)되어 있다.

20 웨이브 퍼머는 시스틴결합의 원리를 이용한다.

21 용존산소(Dissolved Oxygen, DO)는 물속에 용해해 있는 산소량을 ppm으로 나타낸 것이다.

22 ① 피라미드형(인구증가형) : 출생률이 높고 사망률이 낮은 형
② 종형(인구정지형) : 출생률과 사망률이 낮은 이상적인 인구형
③ 항아리형(인구감소형) : 출생률이 사망률보다 더 낮으며 평균 수명이 높은 선진국형
④ 별형(유입형) : 생산연령 인구가 도시로 유입되는 도시형

23 공중보건의 목적을 달성하기 위해 공공의 책임하에 공중보건의 원리를 적용하여 행정조직을 통해 행하는 일련의 과정이 보건행정이다.

24 인공능동면역 : 예방접종으로 얻어지는 면역(생균, 사균, 순화독소 등)

25 구충증(십이지장충증)은 개, 고양이, 사람의 배설물 등에 의해 경피감염(피부를 통하여 감염) 또는 경구감염되어 소장으로 옮겨진다.

26 근육통의 가장 흔한 원인은 근육의 과다 사용, 부상 및 스트레스이다.

27 장염 비브리오 식중독은 어패류(70%)와 그 가공품, 2차로 오염된 도시락, 야채 샐러드 등이 원인 식품이다.

28 각기병은 비타민 B_1(티아민)의 결핍 때문에 생기는 질환이다.

29 무구조충(민촌충)은 소고기의 생식에 의해 감염된다.

31 고압증기 멸균법은 10Lbs, 115.5℃의 상태 30분, 15Lbs, 121.5℃의 상태 20분, 20Lbs, 126.5℃의 상태에서 15분 동안 처리하는 것이 가장 바람직하다. 초자기구, 거즈 및 약액, 자기류 소독에 적합하다.

32 광견병은 사람과 동물을 공통숙주로 하는 병원체에 의해서 일어나는 인수공통 감염병으로, 광견병 바이러스(Rabies Virus)에 의해 발생하는 중추신경계 감염증이다.

33 자비소독(열탕소독)법은 100℃의 끓는 물에서 15~20분간 처리

하며, 모든 병원균은 파괴할 수 있으나 아포형성균과 바이러스는 파괴할 수 없다.

34 면도날을 재사용해서는 안되며 고객에게 매번 새로 소독된 면도날을 사용해야 한다.

36 수건 소독은 방법이 간단하고 비용이 많이 들지 않는 자비소독이 적합하다.
- 자비 소독(열탕소독)법 : 100℃의 끓는 물에서 15~20분간 처리하며, 소독효과를 높이기 위해 석탄산(5%), 크레졸(2~3%), 중조 = 탄산수소나트륨(1~2%)을 넣어주기도 한다.

37 B형 간염은 주로 혈액, 정액에 의한 감염이 대부분이기 때문에 면도날을 주의해야 한다.

38 석탄산은 살균력의 안정성이 높고 화학 변화가 적기 때문에 소독 약품의 살균력 평가의 지표로 주로 사용한다.

39 900ml(총 용량) × 0.03(농도) = 27ml
900ml(총 용량) − 27ml(크레졸 원액) = 873ml(물의 양)

40 비용이 많이 들지 않고 위험성이 없어야 한다. 소독의 효과가 확실하고 짧은 시간에 소독할 수 있는 것이 좋다.

41 케라틴이란 동물체의 표피, 모발, 손·발톱, 뿔, 말굽, 깃털 따위의 주성분인 경질 단백질을 통틀어 이르는 말이다.

42 노화피부는 탄력저하, 건조(수분부족), 피지분비감소, 색소침착 등의 현상이 나타나게 된다.

43 족부백선은 진균 즉, 곰팡이균에 의해 습한 곳 특히 발가락 사이, 발바닥의 피부가 감염된 상태를 말한다. 무좀이라고 부르며 발톱까지 같이 감염되어 있는 경우가 흔하다.

44 기미의 발생에 가장 중요한 인자는 햇빛 노출이다. 임신한 여성 또는 호르몬 약물을 복용 중인 여성이 햇빛 노출을 피할 경우 햇볕에서 시간을 많이 보낸 여성보다 기미가 발생할 가능성이 더 낮다.

45 모세혈관 확장으로 피부가 빨개지는 것을 주사라고 한다. 원인은 지루(脂漏), 혈관운동 신경장애가 주된 원인으로 위장이 나쁘거나 모낭충(털진드기의 일종)이 많거나 얼굴에 기름기가 많은 사람에게 많이 발생한다.

46 멘톨은 박하뇌(薄荷腦)라고도 하며 청량감이 난다. 의약품, 과자, 화장품 등에 첨가하며 진통제나 가려움증을 멈추는 데에도 사용되고 있다.

47 표피 유극층(가시층)에는 면역기능을 담당하는 랑게르한스 세포 (Langerhans Cell, 긴수뇨세포)가 존재한다.

48 필수아미노산은 어른의 경우 발린, 류신, 이소류신, 메티오닌, 트레오닌, 리신, 페닐알라닌, 트립토판이 포함되며, 유아는 히스티딘이 추가된다. 알라닌은 비필수아미노산이다.

49 AHA는 각질세포의 응집력을 약화시켜 각질을 탈락시킨다.

50 타임 오일(Thyme Oil)은 살균, 소독 작용이 강하여 방부제, 소독제, 강장제로 주로 사용되고 타임의 잎과 꽃을 증류하여 얻는 정유이다.

52 청문은 영업정지, 폐쇄명령, 면허정지, 면허취소일 경우 행한다.

53 이·미용업을 하는 자가 위생관리의무 시 지켜야 할 사항 중 면도기는 1회용 면도날만을 손님 1인에 한하여 사용하여야 한다.

54 규정에 의하여 공중위생영업의 신고를 하고자 하는 자는 미리 위생교육을 받아야 한다.

55 공중위생영업을 하고자 하는 자는 공중위생영업의 종류별로 보건 복지부령이 정하는 시설 및 설비를 갖추고 시장·군수·구청장에게 신고해야 한다.

56 공중위생관리법 시행령은 대통령령, 공중위생관리법 시행규칙은 보건복지부령으로 한다. 보건복지부령이 정하는 바에 따라 시장·군수·구청장이 명할 수 있다.

57 •300만 원 이하의 벌금
① 면허정지기간 중에 업무를 행한 자
② 개선명령에 따르지 아니한 자
③ 면허가 취소된 후 계속하여 업무를 행한 자
④ 면허를 받지 않고 이용 또는 미용의 업무를 행한 자

58 시장·군수·구청장이 부과 징수한 과징금은 당해 시·군·구에 귀속된다.

59 보건복지부장관은 대통령령이 정하는 바에 의하여 관계전문기관 등에 그 업무의 일부를 위탁할 수 있다.

60 면허증의 재교부 신청사유는 잃어 버렸을 때, 헐어 못쓰게 된 때, 성명이나 주민등록번호가 변경된 때 신청할 수 있다.

국가기술자격검정 필기시험문제

제8회 최신 시행 출제문제

자격종목 및 등급(선택분야)	종목코드	시험시간	문제지형별
미용사(일반)	7937	1시간	B

01 다음은 두발의 구조와 성질을 설명한 내용이다. 맞지 않는 것은?

① 두발은 모표피, 모피질, 모수질 등으로 이루어졌으며, 주로 탄력성이 풍부한 단백질로 이루어져 있다.
② 케라틴은 다른 단백질에 비해 유황의 함유량이 많으며, 황(S)은 시스틴(Cystine)에 함유되어 있다.
③ 시스틴 결합은 알칼리에 강한 저항력을 갖고 있으나 물, 알코올, 약산성이나 소금류에는 약하다.
④ 케라틴의 폴리펩타이드는 쇠사슬 구조이며, 두발의 장축방향(長軸方向)으로 배열되어 있다.

02 두발의 결합 중 수분에 의해 일시적으로 변형되며, 드라이어의 열을 가하면 다시 재결합되어 형태가 만들어지는 결합은?

① s-s 결합
② 펩티이드 결합
③ 수소 결합
④ 염 결합

03 동물의 부드럽고 긴 털을 사용한 것이 많고 얼굴이나 턱에 붙은 털이나 비듬 또는 백분을 털어내는 데 사용하는 브러시는?

① 포마드 브러시
② 쿠션 브러시
③ 페이스 브러시
④ 롤 브러시

04 누에고치에서 추출한 성분과 난황성분을 함유한 샴푸제로서 모발에 영양을 공급해 주는 샴푸는?

① 산성 샴푸(Acid Shampoo)
② 컨디셔닝 샴푸(Conditioning Shampoo)
③ 프로테인 샴푸(Protein Shampoo)
④ 드라이 샴푸(Dry Shampoo)

05 퍼머 제2액의 취소산염류의 농도로 맞는 것은?

① 1~2%
② 3~5%
③ 6~7.5%
④ 8~9.5%

06 마셀웨이브 시술에 관한 설명 중 틀린 것은?

① 프롱은 아래쪽, 그루브는 위쪽을 향하도록 한다.
② 아이론의 온도는 120~140℃를 유지시킨다.
③ 아이론을 회전시키기 위해서는 먼저 아이론을 정확하게 쥐고 반대쪽에 45° 각도로 위치시킨다.
④ 아이론의 온도가 균일할 때 웨이브가 일률적으로 완성된다.

07 옛 여인들의 머리 모양 중 뒤통수에 낮게 머리를 땋아 틀어 올리고 비녀를 꽂은 머리 모양은?

① 민머리
② 얹은 머리
③ 푼기명식 머리
④ 쪽진 머리

08 프라이머의 사용 방법이 아닌 것은?

① 프라이머는 한 번만 바른다.
② 주요 성분은 메타크릴산(Merhacrylic Acid)이다.
③ 피부에 닿지 않게 조심해서 다뤄야 한다.
④ 아크릴 물이 잘 접착되도록 자연 손톱에 바른다.

09 헤어 샴푸의 목적과 가장 거리가 먼 것은?

① 두피와 두발에 영양 공급
② 헤어 트리트먼트를 쉽게 할 수 있는 기초
③ 두발의 건전한 발육 촉진
④ 청결한 두피와 두발 유지

10 원형 얼굴을 기본형에 가깝도록 하기 위한 각 부위의 화장법으로 올바른 것은?

① 얼굴의 양 관자놀이 부분을 화사하게 해준다.
② 이마와 턱의 중간부는 어둡게 해준다.
③ 눈썹은 활모양이 되지 않도록 약간 치켜올린 듯하게 그린다.
④ 콧등은 뚜렷하고 자연스럽게 뻗어 나가도록 어둡게 표현한다.

11 다음 중 염색 시술 시 모표피의 안정과 염색의 퇴색을 방지하기 위해 가장 적합한 것은?

① 샴푸(Shampoo)
② 플레인 린스(Plain Rinse)
③ 알칼리 린스(Akali Rinse)
④ 산성균형 린스(Acid Balanced Rinse)

12 다음 중 스퀘어 파트에 대하여 설명한 것은?

① 이마의 양쪽은 사이드 파트를 하고, 두정부 가까이에서 얼굴의 두발이 난 가장자리와 수평이 되도록 모나게 가르마를 타는 것
② 이마의 양각에서 나누어진 선이 두정부에서 함께 만난 세모꼴의 가르마를 타는 것
③ 사이드(Side) 파트로 나눈 것
④ 파트의 선이 곡선으로 된 것

13 미용의 필요성으로 가장 거리가 먼 것은?

① 인간의 심리적 욕구를 만족시키고 생산의욕을 높이는 데 도움을 주므로 필요하다.
② 미용의 기술로 외모의 결점 부분까지도 보완하여 개성미를 연출해주므로 필요하다.
③ 노화를 전적으로 방지해주므로 필요하다.
④ 현대생활에서는 상대방에게 불쾌감을 주지 않는 것이 중요하므로 필요하다.

14 헤어 세트용 빗의 사용과 취급방법에 대한 설명 중 틀린 것은?

① 두발의 흐름을 아름답게 매만질 때는 빗살이 고운살로 된 세트빗을 사용한다.
② 엉킨 두발을 빗을 때는 빗살이 얼레살로 된 얼레빗을 사용한다.
③ 빗은 사용 후 브러시로 털거나 비눗물에 담가 브러시로 닦은 후 소독하도록 한다.
④ 빗의 소독은 손님 약 5인에게 사용했을 때 1회씩 하는 것이 적합하다.

15 건강모발의 pH 범위는?

① pH 3~4
② pH 4.5~5.5
③ pH 6.5~7.5
④ pH 8.5~9.5

16 한국 고대 미용의 발달사를 설명한 것 중 틀린 것은?

① 헤어 스타일(모발형)에 관해서 문헌에 기록된 고구려 벽화는 없었다.
② 헤어 스타일(모발형)은 신분의 귀천을 나타냈다.
③ 헤어 스타일(모발형)은 조선시대 때 쪽진머리, 큰머리, 조짐머리가 성행하였다.
④ 헤어 스타일(모발형)에 관해서 삼한시대에 기록된 내용이 있다.

17 주로 짧은 헤어 스타일의 헤어 커트 시 두부 상부에 있는 두발은 길고 하부로 갈수록 짧게 커트해서 두발의 길이에 작은 단차가 생기게 한 커트 기법은?

① 스퀘어 커트(Square Cut)
② 원랭스 커트(One-length Cut)
③ 레이어 커트(Layer Cut)
④ 그러데이션 커트(Gradation Cut)

18 두부 라인의 명칭 중에서 코의 중심을 통해 두부 전체를 수직으로 나누는 선은?

① 정중선
② 측중선
③ 수평선
④ 측두선

19 전체적인 머리모양을 종합적으로 관찰하여 수정·보완시켜 완전히 끝맺도록 하는 것은?

① 통칙
② 제작
③ 보정
④ 구상

20 과산화수소(산화제) 6%의 설명으로 맞는 것은?

① 10볼륨
② 20볼륨
③ 30볼륨
④ 40볼륨

21 다음 중 환경보전에 영향을 미치는 공해 발생 원인으로 관계가 먼 것은?

① 실내의 흡연
② 산업장 폐수방류
③ 공사장의 분진발생
④ 공사장의 굴착작업

22 생물화학적 산소요구량(BOD)과 용존산소(DO)의 값은 어떤 관계가 있는가?

① BOD와 DO는 무관하다.
② BOD가 낮으면 DO는 낮다.
③ BOD가 높으면 DO는 낮다.
④ BOD가 높으면 DO도 높다.

23 다음 기생충 중 산란과 동시에 감염능력이 있으며 건조에 저항성이 커서 집단감염이 가장 잘되는 기생충은?

① 회충
② 십이지장충
③ 광절열두조충
④ 요충

24 접촉자의 색출 및 치료가 가장 중요한 질병은?

① 성병
② 암
③ 당뇨병
④ 일본뇌염

25 일반적으로 이·미용업소의 실내 쾌적 습도 범위로 가장 알맞은 것은?

① 10~20%
② 20~30%
③ 40~70%
④ 80~90%

26 장티푸스, 결핵, 파상풍 등의 예방접종은 어떤 면역인가?

① 인공능동면역
② 인공수동면역
③ 자연능동면역
④ 자연수동면역

27 야간작업의 폐해가 아닌 것은?

① 주야가 바뀐 불규칙적인 생활
② 수면 부족과 불면증
③ 피로회복 능력 저하와 영양 저하
④ 불규칙적인 식습관으로 인한 소화불량

146

28 고기압 상태에서 발생할 수 있는 인체 장애는?

① 안구 진탕증
② 잠함병
③ 레이노이드병
④ 섬유증식증

29 식품을 통한 식중독 중 독소형 식중독은?

① 포도상구균 식중독
② 살모넬라균에 의한 식중독
③ 장염 비브리오 식중독
④ 병원성 대장균 식중독

30 보건행정의 정의에 포함되는 내용과 가장 거리가 먼 것은?

① 국민의 수명연장
② 질병예방
③ 공적인 행정활동
④ 수질 및 대기보건

31 소독작용에 영향을 미치는 요인에 대한 설명으로 틀린 것은?

① 온도가 높을수록 소독 효과가 크다.
② 유기물질이 많을수록 소독 효과가 크다.
③ 접촉시간이 길수록 소독 효과가 크다.
④ 농도가 높을수록 소독 효과가 크다.

32 이·미용업소에서 종업원이 손을 소독할 때 가장 보편적이고 적당한 것은?

① 승홍수
② 과산화수소
③ 역성비누
④ 석탄수

33 소독약 10ml를 용액(물) 40ml에 혼합시키면 몇 %의 수용액이 되는가?

① 2%   ② 10%
③ 20% ④ 50%

34 이상적인 소독제의 구비조건과 거리가 먼 것은?

① 생물학적 작용을 충분히 발휘할 수 있어야 한다.
② 빨리 효과를 내고 살균 소요시간이 짧을수록 좋다.
③ 독성이 적으면서 사용자에게도 자극성이 없어야 한다.
④ 원액 혹은 희석된 상태에서 화학적으로는 불안정된 것이어야 한다.

35 이·미용실의 기구(가위, 레이저) 소독으로 가장 적당한 약품은?

① 70~80%의 알코올
② 100~200배 희석 역성비누
③ 5% 크레졸비누액
④ 50%의 페놀액

36 소독과 멸균에 관련된 용어 해설 중 틀린 것은?

① 살균 : 생활력을 가지고 있는 미생물을 여러 가지 물리·화학적 작용에 의해 급속히 죽이는 것을 말한다.
② 방부 : 병원성 미생물의 발육과 그 작용을 제거하거나 정지시켜서 음식물의 부패나 발효를 방지하는 것을 말한다.
③ 소독 : 사람에게 유해한 미생물을 파괴시켜 감염의 위험성을 제거하는 비교적 강한 살균작용으로 세균의 포자까지 사멸하는 것을 말한다.
④ 멸균 : 병원성 또는 비병원성 미생물 및 포자를 가진 것을 전부 사멸 또는 제거하는 것을 말한다.

37 살균력이 좋고 자극성이 적어서 상처소독에 많이 사용되는 것은?

① 승홍수   ② 과산화수소
③ 포르말린   ④ 석탄산

38 다음 중 음료수의 소독방법으로 가장 적당한 방법은?

① 일광소독   ② 자외선등 사용
③ 염소소독   ④ 증기소독

39 다음 중 음용수의 소독에 사용되는 소독제는?

① 표백분   ② 염산
③ 과산화수소 ④ 요오드 딩크

40 건열멸균법에 대한 설명 중 틀린 것은?

① 드라이 오븐(Dry Oven)을 사용한다.
② 유리제품이나 주사기 등에 적합하다.
③ 젖은 손으로 조작하지 않는다.
④ 110~130℃에서 1시간 내에 실시한다.

41 여러 가지 꽃향이 혼합된 세련되고 로맨틱한 향으로 아름다운 꽃다발을 안고 있는 듯 화려하면서도 우아한 느낌을 주는 향수의 타입은?

① 싱글 플로럴(Single Floral)
② 플로럴 부케(Floral Bouquet)
③ 우디(Woody)
④ 오리엔탈(Oriental)

42 다음 중 글리세린의 가장 중요한 작용은?

① 소독작용
② 수분유지작용
③ 탈수작용
④ 금속염 제거작용

43 상피조직의 신진대사에 관여하며 각화정상화 및 피부재생을 돕고 노화방지에 효과가 있는 비타민은?

① 비타민 C
② 비타민 D
③ 비타민 A
④ 비타민 K

44 다음 중 기초화장품의 주된 사용 목적에 속하지 않는 것은?

① 세안
② 피부정돈
③ 피부보호
④ 피부채색

45 다음 중 식물성 오일이 아닌 것은?

① 아보카도 오일
② 피마자 오일
③ 올리브 오일
④ 실리콘 오일

46 다음 중 멜라닌 색소를 함유하고 있는 부분은?

① 모표피
② 모피질
③ 모수질
④ 모유두

47 피부의 기능이 아닌 것은?

① 피부는 강력한 보호작용을 지니고 있다.
② 피부는 체온의 외부발산을 막고 외부온도 변화가 내부로 전해지는 작용을 한다.
③ 피부는 땀과 피지를 통해 노폐물을 분비, 배설한다.
④ 피부도 호흡한다.

48 다음 중 탄수화물, 지방, 단백질을 총칭하는 명칭은?

① 구성 영양소
② 열량 영양소
③ 조절 영양소
④ 구조 영양소

49 피지선의 활성을 높여주는 호르몬은?

① 안드로겐
② 에스트로겐
③ 인슐린
④ 멜라닌

50 다음 중 일반적으로 건강한 모발의 상태는?

① 단백질 10~20%, 수분 10~15%, pH 2.5~4.5
② 단백질 20~30%, 수분 70~80%, pH 4.5~5.5
③ 단백질 50~60%, 수분 25~40%, pH 7.5~8.5
④ 단백질 70~80%, 수분 10~15%, pH 4.5~5.5

51 공중위생관리법상의 위생교육에 대한 설명 중 옳은 것은?

① 위생교육 대상자는 이·미용업 영업자이다.
② 위생교육 대상자는 이·미용사이다.
③ 위생교육 시간은 매년 8시간이다.
④ 위생교육은 공중위생관리법 위반자에 한하여 받는다.

52 다음 중 이·미용사 면허를 취득할 수 없는 자는?

① 면허 취소 후 1년 경과자
② 독감환자
③ 마약중독자
④ 전과기록자

53 영업자의 지위를 승계한 자로서 신고를 하지 아니하였을 경우 해당하는 처벌기준은?

① 1년 이하의 징역 또는 1천만 원 이하의 벌금
② 6월 이하의 징역 또는 500만 원 이하의 벌금
③ 200만 원 이하의 벌금
④ 100만 원 이하의 벌금

54 영업소 외의 장소에서 이·미용 업무를 행할 수 있는 경우가 아닌 것은?

① 질병으로 영업소에 나올 수 없는 경우
② 결혼식 등과 같은 의식 직전의 경우
③ 손님의 간곡한 요청이 있을 경우
④ 시장·군수·구청장이 인정하는 경우

55 이·미용업자의 준수사항으로 틀린 것은?

① 소독한 기구와 하지 아니한 기구를 각각 다른 용기에 넣어 보관할 것
② 조명은 75룩스 이상 유지되도록 할 것
③ 신고증과 함께 면허증 사본을 게시할 것
④ 1회용 면도날은 손님 1인에 한하여 사용할 것

56 이·미용기구의 소독기준 및 방법을 정하는 것은?

① 대통령령
② 보건복지부령
③ 환경부령
④ 보건소령

57 처분기준이 200만 원 이하의 과태료가 아닌 것은?

① 규정을 위반하여 영업소 외의 장소에서 이·미용업무를 행한 자
② 위생교육을 받지 아니한 자
③ 위생 관리 의무를 지키지 아니한 자
④ 관계 공무원의 출입·검사 및 기타 조치를 거부·방해 또는 기피한 자

58 공중위생관리법에서 규정하고 있는 공중위생영업의 종류에 해당되지 않는 것은?

① 이·미용업
② 건물위생관리업
③ 학원영업
④ 세탁업

59 다음 중 이·미용사 면허를 받을 수 없는 경우에 해당하는 것은?

① 전문대학 또는 동등 이상의 학력이 있다고 교육부장관이 인정하는 학교에서 이용 또는 미용에 관한 학과 졸업자
② 교육부장관이 인정하는 인문계 학교에서 1년 이상 이·미용에 관한 소정의 과정을 이수한 자
③ 국가기술자격법에 의한 이·미용사자격을 취득한 자
④ 교육부장관이 인정한 고등기술학교에서 1년 이상 이·미용에 관한 소정의 과정을 이수한 자

60 공익상 또는 선량한 풍속유지를 위하여 필요하다고 인정하는 경우에 이·미용업의 영업시간 및 영업행위에 관한 필요한 제한을 할 수 있는 자는?

① 관련 전문기관 및 단체장
② 보건복지부장관
③ 시·도지사
④ 시장·군수·구청장

제8회 최신 시행 출제문제 정답

01	02	03	04	05	06	07	08	09	10	11	12	13	14	15	16	17	18	19	20
③	③	③	③	②	①	④	①	①	③	④	①	③	④	②	①	④	①	③	②

21	22	23	24	25	26	27	28	29	30	31	32	33	34	35	36	37	38	39	40
①	③	④	①	①	①	④	②	②	④	②	③	④	①	②	③	②	③	①	④

41	42	43	44	45	46	47	48	49	50	51	52	53	54	55	56	57	58	59	60
②	②	③	④	④	②	③	①	④	①	④	①	①	④	①	②	②	③	②	③

제8회 최신 시행 출제문제 해설

01 시스틴 결합은 매우 견고한 결합으로 물, 알코올, 에테르, 엑산이나 염류에 강하지만 알칼리에 대해서는 약한 성질을 가지고 있다.

02 수소 결합은 아주 약해서 물만 닿아도 쉽게 끊어지고, 건조하면 다시 붙지만 그전의 형태를 유지하지 못하고 원래의 모습으로 돌아간다.

03 페이스 브러시는 얼굴에 직접적으로 닿는 물건이기 때문에 부드러운 천연모를 사용하며, 세척하지 않고 그대로 방치하면 화장품과 공기 중의 먼지 등이 엉켜 세균이 번식하기 쉽다. 한 달에 한 번 정도 클렌저 거품에 빨고 미지근한 물에 세척한다.

04 동물성 샴푸(Protein Shampoo)는 단백질 샴푸로 누에고치에서 추출하며 계란의 난황성분이 함유되어 있다. 주로 화학적 손상모, 염색모에 사용하며 마일드한 세정작용과 케라틴을 보호하는 작용이 있다.

05 제2액은 산화제이며, 취소산염류 3~5%의 수용액으로 하고 있다.

06 프롱은 두발을 위에서 누르는 역할을 하며, 그루브는 두발을 고정시켜 두발의 필요한 부분을 나눠 잡거나 사이에 끼워 고정시키는 역할을 한다.

07 여기서 '쪽'은 시집간 여자가 뒤통수에 땋아서 틀어 올려 비녀를 꽂은 머리털을 말한다. 쪽진 머리는 쪽머리라고도 하며 머리가체를 금지한 후의 가장 대표적인 머리양식이다.

08 프라이머는 아크릴릭 시술 시 접착을 강화시키기 위한 기초로 아크릴이 잘 접착되도록 발라주어야 한다.

09 헤어 샴푸는 두피와 두발의 불결함을 깨끗이 씻어내어 청결하게 한다. 두피와 두발에 영양을 공급하는 것은 트리트먼트제이다.

10 동그란 얼굴형은 옆폭을 좁아 보이도록 하고 눈썹은 활모양이 나지 않게 너무 내리지 않고 약간 치켜 올라간 듯 그려서 얼굴이 길게 느껴지도록 한다.

11 잦은 퍼머, 염색으로 인해 알칼리화된 모발은 산성샴푸나 린스를 쓰면서 pH를 낮춰 주어야 한다. 산성균형 린스는 최적의 pH 상태로 되돌려주며 모발의 자극을 줄이고 균형을 잡아주는 역할을 한다.

12 스퀘어 파트 : 이마의 양각에서 사이드 파트하여 두정부 근처에서 이마의 헤어 라인이 수평한 파트(가로, 세로선의 길이가 똑같은 파트)

13 미용은 노화를 전적으로 방지해주는 것이 아니라 미용의 기술로 외관상의 아름다움을 유지해주는 것이다. 미용은 용모를 아름답게 꾸미는 것으로 노화를 지연시킬 수 있는 차원에서 필요하다.

14 고객마다 소독된 빗을 사용해야 한다.

15 건강한 모발의 산성도는 pH 4.5~5.5의 약산성이다.

16 고구려 고분벽화에는 여인들의 다양한 두발형태를 볼 수 있다.

17 그라데이션 커트는 두발에 45°의 작은 단차가 생기는 커트기법이다. 상부머리가 하부머리보다 길며 주로 짧은 머리를 커트하는 데 사용되는 기법이며, 커트형이 입체적, 조형적, 안정적이다.

18 코의 중심을 기준으로 머리 전체를 수직으로 가른 선을 정중선이라 한다.

19 미용의 순서 : 소재의 확인 → 구상 → 제작 → 보정(전체적인 스타일을 제작 과정 후 보완·마무리하는 단계)

20 10볼륨 : 과산화수소 3%(약국에서 파는 과산화수소)
20볼륨 : 과산화수소 6%(일반적인 염색2제)
30볼륨 : 과산화수소 9%(강한 탈색을 원할 때)

21 공해는 산업이나 교통의 발달에 따라 사람이나 생물이 입게 되는 여러 가지 피해를 말한다. 실내 흡연은 실내 공기를 오염시키기 때문에 삼가는 것이 바람직하다.

22 • 생물화학적 산소요구량(BOD) : 미생물들이 살아가기 위해 필요한 산소량 BOD가 높다는 것은 물에 분해 가능한 유기물질이 많이 포함되어 있다는 것이며 따라서 오염도가 높음을 의미한다.
• 용존산소(DO) : 물속에 녹아있는 산소량. 용존산소가 높다는 것은 깨끗한 물을 말한다. 일반적으로 온도가 하강하면 용존산소는 증가한다. 깨끗한 물일수록 산소의 함유량이 많다.

23 요충은 집단생활을 하는 사람들에게서 많이 나타나고 어른보다는 어린이에게서 증상이 보인다.

24 성병이란 성병에 감염된 사람과의 직접 성교에 의한 접촉에 의해 전파되는 감염성 질환이므로 접촉자의 색출 및 치료가 가장 중요하다.

25 실내쾌적온도 18±2℃, 쾌적습도 40~70%, 쾌적기류 1m/Sec

26 인공능동면역은 예방접종(생균백신, 사균백신, 순화독소)으로 얻어지는 면역이다.

27 야간작업의 폐해로 피로회복 능력 저하 및 영양 저하, 산재사고, 수면장애, 위장질환, 고혈압 발생을 증가시킨다.

28 잠함병(감압병)은 고기압에서 정상적인 기압으로 복귀할 때 생긴다. 잠함병을 일으키는 공기의 주요성분은 질소이다.

29 식품을 통해 감염되는 독소형 식중독은 황색포도상구균, 보툴리누스균, 웰치균에 의해 전파된다.

31 물에 유기 물질이 많아 탁하면 소독력이 떨어지는데, 박테리아가 유기물질에 달라붙으면 요오드나 염소가 작용을 하지 못하기 때문이다. 따라서 탁한 물을 소독할 때는 요오드를 사용하고, 맑은 물을 소독할 때보다 6~10방울 정도 더 넣어야 한다.

32 역성비누는 세정력은 약하나 무미, 무해, 무자극, 무독이면서 살균력이 강하여 손 소독이나 식품소독에 사용한다.

34 소독제는 용해성이 높고, 안정성이 있어야 한다.

35 금속제품을 소독할 때는 부식되거나 날이 상하지 않도록 유의하며, 에탄올 수용액(에탄올이 70%인 수용액)에 10분 이상 담가두거나 에탄올 수용액을 머금은 면 또는 거즈로 기구의 표면을 닦아 준다.

36 소독은 사람에게 유해한 미생물을 파괴시켜 감염의 위험성을 제거하는 비교적 약한 살균작용으로 세균의 포자까지는 작용하지 못한다.

37 3%의 수용액을 사용하며, 살균력과 침투성은 약하지만 자극성이 적어서 구내염, 인두염, 입안 세척, 상처소독 등에 사용한다.

38 염소는 소독 효과를 길게 지속시키는 성질이 있다. 약간의 오염이 생긴 경우라도 수중에 염소가 조금이라도 있으면 위험하지 않기 때문에 수돗물, 음료수의 소독에는 염소가 주로 사용된다(유리 잔류염소량 0.2 ppm 이상).

39 표백분은 소석회 분말에 염소가스를 흡수시켜 얻어지는 물질로 보통 유효염소 30~38%의 백색 분말이다. 염소의 살균, 표백작용을 이용하여 살균 · 소독에 이용되고 있다.

40 건열멸균법은 건열멸균기(Dry Oven)를 이용하여 170℃에서 1~2시간 멸균 처리하는 방법이다.

41 ① 싱글 플로럴 : 한 가지의 꽃(장미, 라일락, 쟈스민 등)에서 느껴지는 단일한 꽃 향취
② 플로럴 부케 : 장미, 쟈스민, 라일락 등의 3종류 이상의 복합 꽃 향취
③ 우디 : 차분하면서 신선한 나무(향나무, 박달나무 등) 향취
④ 오리엔탈 : 동물성 향취로 무겁고 중후한 느낌

42 글리세린은 모발이나 피부의 수분을 보급, 유지하는 작용과 건조화를 방지하는 것이 가장 큰 역할이다.

43 비타민 A는 상피조직인 피부세포의 분화와 증식에 영향을 주며, 피부 노화를 방지한다.

44 피부채색은 메이크업 화장품을 이용한다.

45 실리콘 오일은 합성하여 제조된 것으로 종류에 따라 디메틸 실리콘 오일, 메틸 하이드로젠 실리콘 오일, 하이드록시 실리콘 오일, 실리콘 검 등이 있다.

46 모피질은 탄력, 강도, 감촉, 질감, 색상(멜라닌 색소 함량에 따라)을 좌우하며, 모발의 성질을 나타내는 가장 중요한 부분이다.

47 땀 분비, 피부 혈관의 확장과 수축작용을 통해 열을 발산하여 외부온도 변화가 내부로 직접 전해지지 않도록 체온을 조절 및 유지한다.

48 ① 구성 영양소 : 근육, 골격, 효소, 호르몬 등 신체 구성의 성분 (단백질, 무기질, 물)
③ 조절 영양소 : 체내 생리작용 조절 및 신진대사를 원활(무기질, 비타민, 물)

49 땀과 피지샘의 활성화는 남성 호르몬이라고 불리는 안드로겐의 영향을 받는다.

50 건강한 모발 상태는 단백질 70~80%, 수분 10~15%, pH 4.5~5.5이다.

51 공중위생(이 · 미용업)영업자는 매년 위생교육을 받아야 하며, 교육시간은 3시간으로 한다.

52 결격사유 : 피성년후견인, 정신보건법에 따른 정신질환자, 감염병 환자, 마약 및 기타 대통령령으로 정하는 약물 중독자, 면허가 취소된 후 1년이 경과되지 아니한 자

53 • 6월 이하의 징역 또는 500만 원 이하의 벌금
① 공중위생영업의 변경신고를 하지 아니한 자
② 공중위생영업자의 지위를 승계한 자로서 규정에 의한 신고를 하지 아니한 자
③ 건전한 영업질서를 위하여 공중위생영업자가 준수하여야 할 사항을 준수하지 아니한 자

54 손님의 간곡한 요청이 있을 경우는 보건복지부령이 정하는 특별한 사유에 해당되지 않는다.

55 업소 내에 신고증, 개설자의 면허증 원본 및 최종지불요금표를 게시하여야 한다.

56 공중위생관리법 시행규칙은 보건복지부령이다.

57 • 200만 원 이하의 과태료
① 이 · 미용업소의 위생관리 의무를 지키지 아니한 자
② 영업소외의 장소에서 이용 또는 미용업무를 행한 자
③ 위생교육을 받지 아니한 자

58 공중위생영업은 다수인을 대상으로 위생관리서비스를 제공하는 영업으로서 숙박업, 목욕장업, 이용업, 미용업, 세탁업, 건물위생관리업을 말한다.

60 시 · 도지사는 공익상 또는 선량한 풍속을 유지하기 위하여 필요하다고 인정하는 때에는 공중위생영업자 및 종사원에 대하여 영업시간 및 영업행위에 관한 필요한 제한을 할 수 있다.

Part 03

최근 상시시험 분석 특강자료

최근 상시시험 분석 특강자료 01
최근 상시시험 분석 특강자료 02

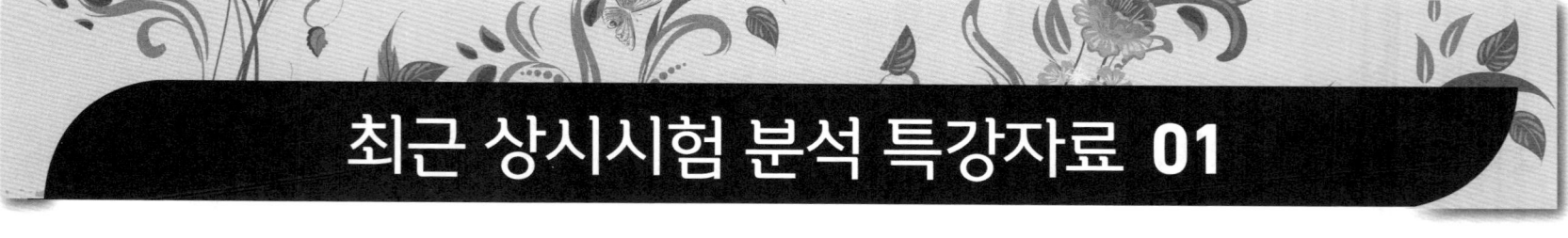

최근 상시시험 분석 특강자료 01

※ 최근 상시시험을 분석한 특강내용으로 구성되었습니다.

1과목 미용의 이해

미용의 개념

미용이란 용모에 물리적, 화학적 기교를 동원하여 고객의 얼굴, 머리, 피부 등을 손질하여 외모를 아름답게 꾸미는 것을 말함

공중위생관리법상 미용사의 업무범위

퍼머넌트 웨이브, 머리카락 자르기, 머리모양 내기, 머리피부 손질, 머리카락 염색, 머리 감기, 의료기기나 의약품을 사용하지 아니하는 눈썹손질

미용의 특수성

① 고객의 의사를 먼저 존중하고 자신의 생각은 자제할 수 있어야 함(의사 표현의 제한)
② 고객 신체 일부가 미용의 소재이므로 소중하게 다뤄야 함(소재 선정의 제한)
③ 제한된 시간 안에 고객이 원하는 스타일을 연출해야 함(시간적 제한)
④ 고객의 직업, 미용의 목적 등에 따른 변화를 고려해야 함(소재 변화에 따른 영향)
⑤ 미용은 부용예술에 속하며, 미적 감각을 기르기 위해서는 일단 충분한 기술력이 바탕이 되어야 하며 우수한 자질이 요구됨(부용예술로서의 제한)

미용의 과정 🔖 중요

소재의 확인 → 구상 → 제작 → 보정

미용사의 사명(역할) 🔖 중요

① 손님이 만족할 수 있는 개성미를 연출해야 함
② 그 시대의 풍속, 문화를 건전하게 유도해야 함
③ 공중위생상 위생관리 및 안전유지에 소홀해서는 안 됨
④ 손님에 대한 예절과 적절한 대인관계를 위해 기본 교양을 갖추어야 함

삼국시대 미용의 특징

① 고구려 : 모양과 종류가 다양함
  ㉮ 얹은머리 : 머리를 앞으로 감아 올려서 끄트머리를 가운데로 감아 꽂은 모양
  ㉯ 쪽머리 : 뒤통수에 머리를 낮게 틀어 올린 모양
  ㉰ 증발머리 : 뒷머리에 낮게 묶은 모양
  ㉱ 푼기명 머리 : 일부 머리를 양쪽 귀 옆으로 늘어뜨린 모양
② 백제 : 여성의 경우 혼인 전에는 머리를 양갈래로 땋아 길게 하고, 혼인 후에는 쪽머리를 하였으며, 남성의 경우는 상투를 틈
③ 신라 : 신분과 지위를 두발 형태로 표현하였으며, 장발의 기술이 뛰어남. 여성은 가체를 사용하였으며, 백분과 연지, 눈썹먹 등이 화장품으로 사용되고 향수가 제조됨

조선시대 미용의 특징

① 조선 초기 : 유교 사상의 영향과 분대화장의 기피로 인하여 치장이 단순해지고 얹은머리, 큰머리, 쪽진머리, 조짐머리, 첩지머리 등을 함
② 조선 중엽 : 분화장은 장분을 물에 개서 바르고 참기름을 바른 후 닦아 내었으며, 이마에는 곤지를 양쪽 볼에는 연지를 찍고, 눈썹은 혼례 전 모시실로 밀어내고 그려주었음
③ 조선 말기 : 일본의 문호개방과 서양 문물의 영향으로 새로운 화장법과 화장품이 도입됨

20세기 현대미용의 역사

여성의 사회진출이 늘어나면서 실용적이고 현실적, 기능적인 짧은 머리형태가 나타났으며, 유행을 중요시하는 시기를 거쳐서 현재에는 각자의 다양한 개성 표현이 중시됨

① 1905년 : 찰스 네슬러 – 스파이럴식 퍼머넌트 웨이브 시초
② 1910년 : 보브 스타일 유행
③ 1925년 : 조셉 메이어 – 크로키놀식 히트 퍼머넌트 웨이빙 고안
④ 1936년 : J.B.스피크먼 – 콜드 웨이브 시초, 화학약품의 작용을 이용한 방법

브러시의 선택법

① 동물의 털, 자연강모, 플라스틱, 나일론, 철사와 같은 것들로 만들어지며 시술 목적에 맞게 잘 선택하여 사용해야 함
② 뻣뻣하고 탄력 있는 것이 좋으며, 양질의 자연 강모로 만든 것이 좋음
③ 동물의 털로는 돼지, 고래수염 등이 좋고 나일론이나 비닐계는 부드러우므로 헤어 드레싱과 블로우 드라이 스타일링에 적당함

가위의 선택법

① 날의 두께가 얇지만 튼튼해야 하며, 양날의 견고함은 동일하고 강도와 경도가 좋아야 함
② 협신에서 날끝으로 갈수록 내곡선인 것
③ 도금이 되지 않아야 하며, 손가락 넣는 구멍이 시술자에게 적합하고 쥐기 쉽고 조작이 간편해야 함

웨트 샴푸의 종류 및 특징

① 플레인 샴푸 : 중성 두피에 일반적으로 물을 사용하는 샴푸 방법. 합성세제나 비누의 세정제를 주성분으로 탈지력이 강하여 피지가 과잉 제거될 수 있으므로 샴푸 후에는 헤어 크림이나 로션, 오일을 발라주어 유분 공급
② 핫오일 샴푸 : 유분 공급을 위한 샴푸 방법. 퍼머넌트나 염색 등에 의해 건조해지는 두발에 고급 식물성 오일을 충분히 발라주어 마사지하듯 흡수시켜 줌
③ 에그 샴푸 : 건조하고 노화된 두발과 민감해진 두피에 사용하기 적당함. 달걀을 샴푸제로 사용하는 방법으로 그대로 사용하거나 흰자를 거품 내어 사용하기도 함. 흰자는 약알칼리성으로 두발의 단백질을 유연하게 하고 피지, 비듬, 이물질을 적당히 제거시키며, 노른자는 윤기와 영양을 주어 두발을 매끄럽게 해줌

헤어 컨디셔너의 목적 🔖 중요

① 건조해진 두발에 영양을 공급하여 보호해줌
② 두발의 건강한 발육을 촉진시킴
③ 두발에 윤기를 주어 정전기를 방지해줌

플레인 린스 _ 컨디셔너의 종류

① 가장 일반적인 방법으로 샴푸 후 이물질을 물로 씻어내는 것
② 연수 38~40℃가 적당하며 콜드 퍼머넌트 웨이브 시 제1액을 씻어내기 위한 중간 린스로 사용하기도 함

그러데이션 커트 🔖 중요

① 그러데이션은 '층, 단계'란 뜻으로 극히 작은 단차를 주면서 머리끝을 연결해 가는 커트
② 표준 시술각은 45°이며, 길이나 단차로 변화를 줄 수 있으나 기본적으로 삼각형 모양

③ 네이프쪽에서 정수리쪽으로 길이가 점점 길어지지만 동일선 상에 떨어지지 않고 무게감이 가장자리의 형태선에 나타나며, 매끄러운 질감과 거친 질감이 혼합되어 있음

테이퍼링(Tapering)의 종류

① 끝을 가늘게 한다는 뜻으로 두발의 양을 조절하기 위해 머릿결의 흐름을 불규칙적으로 커트하는 과정
② 종류
　㉮ 엔드 테이퍼링 : 적은 양의 두발 끝을 자연스럽게 정돈하는 경우
　㉯ 노멀 테이퍼링 : 두발 양이 보통으로 두발 끝을 붓끝처럼 가는 상태로 폭넓게 테이퍼하는 경우
　㉰ 딥 테이퍼링 : 두발 양이 많아서 숱이 적어 보이기 위해 쳐내어 탄력있게 테이퍼하는 경우

퍼머넌트 웨이브 시술 전의 처리법

① 건조모나 손상모에 헤어 트리트먼트 크림 도포
② 다공성모에는 단백질을 분해하여 만든 PPT 도포
※ 발수성모에는 특수 활성제 바르기

헤어 세팅의 종류

① 오리지널 세트는 기초가 되는 최초의 세트이며 주요 요소로는 헤어 파팅, 셰이핑, 컬링, 롤링, 웨이빙 등이 속함
② 리세트는 '다시 세트한다'라는 뜻으로 끝마무리를 말함. 빗으로 마무리하는 것을 콤아웃이라 하며, 브러시를 사용하여 마무리하는 것을 브러시 아웃이라 함

웨이브의 형상에 따른 분류

① 섀도 웨이브(Shadow Wave) : 고저가 뚜렷하지 않은 느슨한 웨이브
② 와이드 웨이브(Wide Wave) : 고저가 뚜렷하며 섀도 웨이브와 내로우 웨이브의 중간
③ 프리즈 웨이브(Frizz Wave) : 모근 부분은 느슨하고 머리끝만 강하게 웨이브진 것
④ 내로우 웨이브(Narrow Wave) : 웨이브 폭이 좁고 작은 것

컬 피닝(Curl Pinning)

① 완성된 컬을 핀이나 클립으로 고정시키는 것을 말하며, 컬의 각도와 방법에 따라 핀의 위치와 방법도 달라짐
② 피닝 기술시 주의점
　㉮ 핀 또는 클립으로 고정시킨 자국이 스템(Stem)과 루프(Loop)에 남지 않도록 해야 하며, 루프에 느슨함이 생기지 않도록 주의
　㉯ 루프가 안정이 되도록 고정시키고, 핀을 처음에는 충분히 벌려서 고정시켜야 함
　㉰ 상, 하, 좌, 우 조작에 방해가 생기지 않도록 꽂기

블로우 드라이의 원리

두발이 물에 닿으면 두발 내부의 측쇄결합 중 수소결합이 일시적으로 끊어지게 되고 두발이 마르면 다시 재결합이 이루어진다. 이 두발의 결합이 약해진 틈을 타 열과 바람을 이용해 두발의 수분을 증발시키고, 다시 결합이 이루어지기 전에 새로운 형태를 잡아주면서 건조시키면 그 형태 그대로 결합이 고정된다.

스캘프 트리트먼트

① 플레인 스캘프 트리트먼트 : '노멀 스캘프 트리트먼트'라고 하며 두피가 정상 상태일 때 실시하는 방법
② 댄드러프 스캘프 트리트먼트 : 비듬 제거에 사용되는 방법
③ 드라이 스캘프 트리트먼트 : 두피에 피지가 부족하고 건조한 상태일 때 사용되는 방법
④ 오일리 스캘프 트리트먼트 : 두피에 피지가 과잉 분비되어 지방이 많을 때 사용되는 방법

패치 테스트

헤어 컬러 전 사전 준비 단계로 알레르기성이나 접촉성 피부염 등 특이 체질을 검사하여 염색 시술 전 48시간 동안 실시하는 테스트

파운데이션의 사용 목적 및 종류

① 피부의 잡티 커버 및 결점을 보완하고, 얼굴의 윤곽을 살리는 데 도움을 줌
② 종류
　㉮ 리퀴드 파운데이션 : 수분 함량이 많아 건성피부에 적당
　㉯ 크림 파운데이션 : 유분 함량이 많아 커버력이 우수
　㉰ 스틱 파운데이션 : 기미나 주근깨 등 잡티 커버에 탁월하여 중년의 주부들에게 효과적
　㉱ 파우더 파운데이션 : 분말 형태로 되어 지성피부에 적합
　㉲ 케이크 파운데이션 : 커버력이 좋고 화장이 오랫동안 지속됨

네일 화장품의 종류

① 네일 에나멜(Nail Enamel) : 손톱을 아름답게 할 목적으로 바르고 도포 색상이나 광택이 변하지 않아야 하며, 제거 시 쉽게 지워져야 함
② 베이스 코트(Base Coat) : 네일 에나멜 전에 바르는 것으로 에나멜의 착색 또는 변색을 예방하며, 손톱 표면을 고르게 하여 에나멜의 밀착성을 좋게 함
③ 탑 코트(Top Coat) : 네일 에나멜 위에 도포하여 광택과 굳기를 증가시켜 줌
④ 폴리시 리무버(Polish Remover) : 네일 에나멜의 피막을 용해시켜 제거(아세톤)
⑤ 큐티클 리무버(Cuticle Remover) : 손톱의 더러움을 제거하고, 손톱을 보호하기 위하여 손톱 주변에 죽은 세포를 정리하거나 제거할 때 사용하며, 큐티클 오일(Cuticle Oil)이라고도 함

위그(가발)의 관리 방법

① 인모가발의 경우 2~3주에 한 번씩 샴푸해 주며 리퀴드 드라이 샴푸를 하는 것이 좋음
② 샴푸 후 브러싱하여 두발이 엉키지 않게 하고 그늘에서 말림
③ 샴푸잉한 후 린스제 사용

2과목　공중위생관리

포도상구균 식중독

① 세균성 식중독으로 화농성 질환의 가장 중요한 원인균이며 잠복기간이 매우 짧음
② 면도 시 얼굴에 상처가 났을 때, 식품취급자의 손에 화농성 질환이 있을 때 감염됨
③ 원인식품은 우유 및 유제품, 김밥이 있으며 예방책으로 조리기구와 식품의 살균 등의 방법이 있음

질병발생 3대인자의 관계에서 발생되는 역학의 주요인자

병인적 인자, 숙주적 인자, 환경적 인자

의료보호제도

국가가 생활무능력자와 저소득계층을 대상으로 건강하고 인간다운 생활을 보장하기 위하여 국가부담으로 제공하는 의료부조 제도
※ 사회보험서비스 형태의 건강보험(의료보험사업)과 대비되는 개념

미생물 번식에 중요한 3요소

온도, 습도, 영양분

면역의 종류 및 특성

① 능동면역 : 병원체나 독소에 대해서 생체 내에 항체가 만들어지는 면역으로 효력의 지속기간이 긴 면역
　㉮ 자연능동면역 : 감염병에 감염되어 성립되는 면역으로서 병후면역과 불현성 감염에 의한 잠복면역 두 가지가 있음
　㉯ 인공능동면역 : 예방접종으로 획득된 면역을 말함
② 수동면역 : 병균을 일단 말이나 소 같은 가축에게 주사해서 면역혈청을 뽑아 이를 사람에게 피동적으로 주사하여 얻어지는 방법
　㉮ 자연수동면역 : 태아가 모체의 태반을 통해서 항체를 받거나 출생 후 모유를 통해서 항체를 받는 면역을 말함

④ 인공수동면역 : 면역혈청 등을 주사해서 얻어지는 면역으로 발효까지의 기간이 빠른 반면에 효력 지속기간이 짧음

카드뮴 중독 관련 원인 및 증상

① 카드뮴과 그 화합물이 인체에 접촉, 흡수되면서 발생하는 장애의 총칭. 카드뮴의 증기를 흡입하는 경우 코, 목구멍, 폐, 위장, 신장의 장애가 나타나며, 호흡기능이 저하됨
② 이타이이타이병 : 카드뮴으로 오염된 지하수와 지표수를 논의 용수로 사용하여 벼에 흡수되고, 이 쌀을 먹게 된 사람들이 걸리는 병으로 미나마타병 등과 함께 일본 4대 공해병 중 하나

대표적인 인구구성형태 ✎ 중요

① 피라미드형 : 인구증가형으로 사망률이 낮음
② 종형 : 인구정지형으로 출생, 사망률이 모두낮음
③ 항아리형 : 인구감퇴형으로 출생률이 낮은 선진국형을 말함
④ 호로형 : 농어촌 유입형
⑤ 별형 : 도시형으로 15~49세 인구가 전체 인구의 50%를 초과함

하수오염도 측정에 사용되는 지표 ✎ 중요

① 생물화학적 산소요구량(BOD) : 물의 오염도를 측정하는 하나의 방법. 오염된 물속의 유기물이 무기물로 생물학적인 방법으로 산화시킬 때에 필요로 하는 산소의 요구량을 말함
② 용존산소량(DO) : 하수 중에 용존된 산소량으로 오염도를 측정하는 방법으로, 용존산소의 부족은 오염도가 높음을 의미

참호족

① 차가운 물속에 오랫동안 발을 담그는 경우에 생기는 손상
② 신체의 일부분이 동상에 걸린 상태를 말하며 국소저체온증인 참족병이라고도 함

인플루엔자

① 이·미용업소에서 공기 중 비말감염으로 가장 쉽게 옮겨질 수 있는 감염병
② 독감을 말하며, 주로 겨울철에 인플루엔자 바이러스에 의해 일어남
③ 주로 공기를 통해 호흡기로 감염되며 1~5일간의 잠복기를 거쳐 열과 함께 심한 근육통이 생기는 등 전신증상이 나타남
※ 비말감염 : 좁은 장소에서 대화 시 발생되는 타액, 기침, 재채기로 눈이나 호흡기 감염

유구조충증

돼지고기를 생식하는 지역 주민에게 특히 많이 나타나며 성충 감염보다는 충란 섭취로 뇌, 안구, 근육, 장벽, 심장, 폐에 낭충증 감염을 많이 유발시키는 것

실내의 쾌적 온도 및 습도의 범위

생리적 지적온도 18±2℃, 쾌적한 습도는 상대습도 40~70%

황산화물

대기오염의 주원인 물질 중 하나로 석탄이나 석유 속에 포함되어 있어 연소할 때 산화되어 발생되며 만성기관지염과 산성비 등을 유발시키는 것

3과목   피부의 이해

피부의 기능

삼투압 조절을 통해 체온을 조절하고, 노폐물을 분비 및 배출하는 기능. 피지선은 피지를 분비하여 피부 건조 및 유해물질이 침투하는 것을 막고, 한선은 땀을 분비하여 체온 조절 및 노폐물을 배출하고 수분 유지에 관여함
※ 그 외 피부의 기능 : 보호작용, 감각작용, 흡수작용, 비타민 D 형성작용, 호흡작용, 저장 및 재생작용

두발의 구조

모간, 모근, 기모근으로 구분되며, 모근에서 두발이 자라남

자주 출제되는 피부질환 ✎ 중요

① 원발진(Primary Lesion) : 피부질환의 초기병변으로 1차적 피부장애 증상. 반(斑), 결절, 종류, 팽진(膨疹), 수포, 소수포, 낭종 등이 해당됨
② 화상(Burn)
　㉮ 1도 화상(홍반성 화상) : 표피만 화상, 홍반, 부종, 통증 야기
　㉯ 2도 화상(수포성 화상) : 수포 발생, 통증 유발
　㉰ 3도 화상(괴사성 화상) : 표피와 진피의 파괴, 감각이 없어짐
③ 홍반(Erythema) : 열에 장기간 지속적으로 노출된 후 발생하는 피부의 발적 및 충혈 현상

자외선에 의한 피부 반응

① UV A, 가시광선 : 색소침착(기미, 주근깨 등이 생성)
② UV B : 홍반, 일광화상 등

자연 노화(생리적 노화)된 피부의 특징

① 망상층이 얇아짐
② 피하지방세포가 감소함
③ 각질층의 두께가 두꺼워짐
④ 멜라닌 세포의 수가 감소함

지성피부의 특징

① 지성피부는 정상피부보다 피지 분비량이 많음
② 지성피부는 남성 호르몬인 안드로겐(Androgen)이나 여성 호르몬인 프로게스테론(Progesterone)의 기능이 활발해져서 생김
③ 피부결이 곱지 못하며 피부조직이 전체적으로 일정하지 않음
④ 지성피부의 관리는 피지 제거 및 세정을 주요 목적으로 함

체형과 영양

① 영양의 섭취가 불충분하면 쉽게 피로해지고 무기력해져서 모든 일에 의욕을 잃게 되며, 발육기에 있는 청소년의 경우 신체의 성장과 발달에 큰 지장을 초래함
② 영양을 과다하게 섭취하면 비만 등 여러 가지 성인병의 원인이 되므로 이를 예방하기 위해서는 영양의 섭취와 소비가 균형을 이루는 식생활과 적당한 신체운동을 습관화할 것

표피 _ 각질과 멜라닌을 생성하는 피부조직 ✎ 중요

① 각질 형성 세포 : 표피의 주요 구성성분으로 표피세포의 80% 차지. 정상적인 피부의 각화 주기는 28일
② 멜라닌 형성 세포 : 표피에 존재하는 세포의 약 5~10% 차지. 멜라닌 색소를 만들어 자외선을 흡수 또는 산란시켜 자외선으로부터 피부가 손상되는 것을 방지

단백질의 특징

① 필수아미노산 : 체내 합성 불가능. 반드시 식품을 통해 흡수해야 하는 아미노산으로 이소로이신, 로이신, 리신, 메티오닌, 페닐알라닌, 트레오닌, 트립토판, 발린, 히스티딘, 아르기닌 등 10여 종
② 탄수화물과 같은 에너지원(1g당 4kcal)으로 효소와 호르몬 합성, 면역세포와 항체형성, pH의 평행 유지에 관여
③ 피부, 두발, 근육 등 신체조직의 구성성분으로 피부조직을 재생시키는 작용
④ 단백질 결핍 시 부종, 빈혈, 성장부진 등이 발생

기초화장품의 주된 사용 목적

세안, 피부정돈, 피부보호

기능성 화장품의 주요 성분

① 미백 성분 : 알부틴, 코직산, 상백피 추출물, 닥나무 추출물, 감초 추출물, 비타민 CAHA(각질 세포를 벗겨 내서 멜라닌 색소를 제거), 하이드로 퀴논(멜라닌 세포 자체사멸)
② 주름 개선 성분 : 레티놀(세포 생성 촉진), 베타카로틴(비타민 A의 전구물질, 피부 재생 효과), 항산화제(비타민 E, 항산화, 항노화, 재생 작용), 아데노신(섬유세포의 증식촉진, 피부세포의 활성화, 콜라겐 합성을 증가시켜 피부 탄력과 주름을 예방)

4과목 소독학

소독약의 구비조건 및 사용법과 보존상 주의점

① 필요할 때마다 조금씩 만들어 사용
② 약품을 냉암소에 보관
③ 소독대상 물품에 적당한 소독약과 소독방법을 선정
④ 병원체의 저항성에 따라 방법과 시간을 고려
⑤ 높은 살균력을 가져야 함
⑥ 인체에 해가 없어야 함
⑦ 저렴하고 구입과 사용이 간편해야 함
⑧ 기름, 알코올 등에 잘 용해되지 않아야 함

공중위생관리법상 이·미용기구의 소독방법

① 자외선 소독 : 1cm²당 85uW 이상의 자외선에 20분 이상
② 건열멸균소독 : 섭씨 100℃ 이상 건조한 열에 20분 이상
③ 증기소독 : 섭씨 100℃ 이상의 습한 열에 20분 이상
④ 열탕소독 : 섭씨 100℃ 이상의 물속에 10분 이상
⑤ 크레졸, 석탄산수 소독 : 수용액 3%에 10분 이상 담그기
⑥ 에탄올 소독 : 수용액 70%에 10분 이상 담가두거나 면이나 거즈에 적셔서 이·미용기구나 도구를 닦아줌

이·미용기구별 소독법

① 금속제품(가위, 면도날 등)의 소독 : 알코올, 역성비누액, 크레졸수(승홍수는 사용에 적합하지 않음)
※ B형 간염은 보통 혈액이나 체액을 통해 감염되므로 면도칼 등은 특히 철저히 소독해야 함
② 플라스틱 제품(브러시 등)의 소독 : 세척 후 자외선 소독기 사용

승홍수의 특징

① 피부 소독에 사용할 경우에는 0.1%의 수용액이 적당함
② 금속을 부식시키는 성질이 있으므로 주의
③ 온도가 높을수록 효과가 커짐
④ 경제적 희석 배율은 1,000배(아포살균 제외)
⑤ 음료수 소독에는 적합하지 않음

석탄산(Phenol)의 특징

① 방역용 석탄산은 3%(3~5%)의 수용액을 사용함
② 살균력이 안정적이여서 유기물에도 소독력이 약화되지 않음
③ 금속부식성이 있어 금속제품에 적합하지 않음
④ 냄새와 독성이 강하고 피부 점막 자극이 강함

습열멸균법과 건열멸균법 비교

① 습열멸균법 : 자비소독법, 고압증기멸균법, 유통증기멸균법, 저온소독법 등
② 건열멸균법 : 건열멸균기를 이용하여 유리기구, 주사침, 유지, 글리세린, 분말, 금속류, 자기류 등에 주로 사용
※ 위 언급된 멸균법 중 가장 정확한 소독법은 고압증기멸균법. 보통 120℃에서 20분간 가열하면 모든 미생물이 완전히 멸균되며, 주로 기구, 의류, 고무제품, 거즈, 약액 등의 멸균에 사용

5과목 공중위생관리법규

영업장소 이외에서 이용 및 미용업무를 할 수 있는 경우

① 질병 및 기타의 사유로 인하여 영업소에 나올 수 없는 자에 대하여 미용을 하는 경우
② 혼례 기타 의식에 참여하는 자에 대하여 그 의식 직전에 미용을 하는 경우
③ 사회복지시설에서 봉사활동으로 미용을 하는 경우
④ 방송 등의 촬영에 참여하는 사람에 대하여 그 촬영 직전에 미용을 하는 경우
⑤ 특별한 사정이 있다고 시장·군수·구청장이 인정하는 경우

이용사 또는 미용사 면허를 받을 수 있는 자

① 전문대학 또는 이와 같은 수준 이상의 학력이 있다고 교육부장관이 인정하는 학교에서 이용 또는 미용에 관한 학과를 졸업한 자
② 고등학교 또는 이와 같은 수준의 학력이 있다고 교육부장관이 인정하는 학교에서 이용 또는 미용에 관한 학과를 졸업한 자
③ 교육부장관이 인정하는 고등기술학교에서 1년 이상 이용 또는 미용에 관한 소정의 과정을 이수한 자
④ 국가기술자격법에 의한 이용사 또는 미용사(일반, 피부)의 자격을 취득한 자

공중위생영업의 신고 제출서류

① 영업시설 및 설비개요서
② 교육필증
③ 국유철도정거장 시설 영업자의 경우 국유재산사용허가서
④ 국유철도 외의 철도정거장 시설 영업자의 경우 철도시설 사용 계약에 관한 서류

이·미용업소의 시설 및 설비 기준

① 미용기구는 소독을 한 기구와 소독을 하지 아니한 기구를 구분하여 보관할 수 있는 용기를 비치하여야 함
② 소독기·자외선살균기 등 미용기구를 소독하는 장비를 갖추어야 함
③ 영업소 내에 작업장소와 응접장소·탈의실 등을 분리하여 칸막이를 설치하려는 때에는 외부에서 내부를 확인할 수 있도록 각각 전체 벽면적의 3분의 1 이상은 투명해야 함
④ 카메라나 그 밖에 이와 유사한 기능을 갖춘 기계장치를 설치해서는 안 됨

공중위생감시원의 자격

① 위생사 또는 환경기사 2급 이상의 자격증이 있는 사람
② 1년 이상 공중위생 행정에 종사한 경력이 있는 사람
③ 고등교육법에 의한 대학에서 화학, 화공학, 위생학 분야를 전공하고 졸업한 사람 또는 법령에 따라 이와 같은 수준 이상의 학력이 있다고 인정되는 사람

행정처분의 권한 소재

① 위법한 공중위생영업소에 대한 폐쇄조치 : 시장·군수·구청장
② 공익상 또는 선량한 풍속유지를 위하여 필요하다고 인정하는 경우에 이·미용업의 영업시간 및 영업행위에 관한 필요한 제한 조치 : 시·도지사
③ 이·미용업 영업소에 대하여 위생관리의무 이행검사 권한 행사권자 : 도 소속 공무원, 특별시·광역시 소속 공무원, 시·군·구 소속 공무원(국세청 공무원 해당 없음)

출제됐었던 벌금, 과징금, 과태료, 기타 행정처분 관련 문제

① 6월 이하의 징역 또는 500만 원 이하의 벌금
  ㉮ 건전한 영업질서를 위하여 영업자가 준수하여야 할 사항을 준수하지 아니한 자
  ㉯ 규정에 의한 변경신고를 하지 아니한 자
  ㉰ 공중위생영업자의 지위를 승계한 자로서 규정에 의한 신고를 하지 아니한 자
② 공중위생영업자가 공중위생관리법상 필요한 보고를 당국에 하지 않았을 때 : 300만 원 이하 과태료
③ 손님에게 음란행위를 알선·제공하거나 손님의 요청에 응한 때

	1차 위반	2차 위반
영업소의 경우	영업정지 3월	영업장 폐쇄명령
미용사(업주)	면허정지 3월	면허취소

④ 이·미용업 영업소에서 영업정지처분을 받고 그 영업정지 기간 중 영업을 한 때 : 1차 위반 – 영업장 폐쇄명령

기타 법규 출제문제

① 위생교육시간 : 이·미용업의 영업자는 3시간의 위생교육을 받아야 함
② 공중위생 영업단체의 설립 목적 : 공중위생과 국민보건 향상을 기하고 영업의 건전한 발전을 도모하기 위하여

최근 상시시험 분석 특강자료 02

※ 최근 상시시험을 분석한 특강내용으로 구성되었습니다.

1과목 미용의 이해

미용의 정의와 목적

① 미용이란 인간의 신체를 복식과 더불어 외적으로 아름답고 건강하게 미화, 발전시키는 과학적이고 예술적인 행위
② 공중위생관리법에 미용업이란 "손님의 얼굴, 머리, 피부 등을 손질하여 외모를 아름답게 꾸미는 영업"

미용의 과정(소재의 확인 → 구상 → 제작 → 보정) ◆중요

① 소재의 확인 : 소재가 손님의 신체 일부로 제한적이며 연령, 직업, 신체적 특징, 얼굴 상태에 따른 개성 등을 신속하고 정확하게 파악해야 함
② 구상 : 소재의 특징을 파악하고 손님의 의사를 존중, 반영하여 시술할 디자인을 구상함
③ 제작 : 구상한 디자인을 실질적이며 구체적으로 예술적 기교와 개성있게 표현해야 함
④ 보정 : 제작과정이 끝나면 종합적으로 전체적인 형태와 조화를 관찰하고 보정 한 뒤, 고객의 만족여부를 확인한 후 모든 과정을 마침

고려시대 미용의 특징

① 통일신라의 영향을 받아 머리모양으로 신분과 나이를 구별함
② 여염집(일반 백성들의 살림집) 여성은 비분대 화장(연한 화장), 궁녀나 기생은 분대화장(진한 화장)을 주로 함. 얼굴용 화장품으로 면약이 사용됨
③ 두발을 염색하였고, 두발을 가꾸기 위해 단오와 유두에 창포 삶은 물로 머리를 감는 풍속이 생김
④ 남성들은 검은 띠로 머리를 묶었고 원나라의 침략 이후에 변발을 하기도 함

우리나라 근·현대미용의 특징 ◆중요

① 1920년대 : 김활란 여사의 단발머리와 이숙종 여사의 높은 머리(다까머리)가 유행함
② 1930년대 : 우리나라 최초의 미용사였던 오엽주 여사가 화신백화점 내에 화신 미용실을 개업함

프레 커트

퍼머넌트 웨이빙 시술 전 하는 커트. 와인딩하기 쉽도록 1~2cm 길게 커트하면서 길이를 정리하는 것을 말함

웨트 커팅

두발을 적당히 적신 후 결을 매끄럽게 빗어 하는 커트로 두발을 손상시키지 않고, 헤어 스타일 연출에 적합함

스캘프 트리트먼트 ◆중요

① 플레인 스캘프 트리트먼트 : 노멀 스캘프 트리트먼트라고 하며 두피가 정상 상태일 때 실시하는 방법
② 댄드러프 스캘프 트리트먼트 : 두피에 비듬을 제거하기 위해 사용되는 방법
③ 드라이 스캘프 트리트먼트 : 두피에 피지가 부족하고 건조한 상태일 때 사용되는 방법
④ 오일리 스캘프 트리트먼트 : 두피에 피지가 과잉 분비되어 지방이 많을 때 사용되는 방법

헤어 컨디셔너의 목적

① 샴푸 후 두발의 알칼리성 잔여물을 제거하여 윤기를 줌

② 두발의 엉킴을 방지하고 건조를 예방함과 동시에 윤기를 주고 정전기를 방지함
③ 두발에 보호막을 형성시켜 수분과 영양을 공급함

헤어트리트먼트의 종류 및 특성

① 클리핑(Clipping) : 커트 형태가 완성된 상태에서 튀어나오거나 빠져나온 두발을 가위나 클리퍼를 사용해 제거하는 방법
② 헤어 리컨디셔너 : 손상된 두발을 이전의 건강한 상태로 회복시키는 것
③ 헤어 팩 : 두발에 팩이나 트리트먼트를 발라 영양을 공급하여 윤기를 줌
④ 신징(Singeing) : 촛불이나 전기 신징기를 사용하여 두발 끝이 갈라지는 것과 영양분이 흘러나가는 것을 방지함

pH에 따른 샴푸의 분류

① 산성 샴푸(pH 4~5) : 손상 두발이나 염색모에 적합하고, 린스제를 사용하지 않아도 됨
② 중성 샴푸(pH 7) : 퍼머나 염색 시술 전에 주로 사용함
③ 알칼리 샴푸(pH 7.5~8.5) : 비누나 합성세제를 주성분으로 세정력이 강해서 산성 린스제나 컨디셔너를 사용해야 함

컬의 구성 요소(루프, 스템, 베이스)의 특징

① 루프(Loop) : 루프의 직경이 작을수록 웨이브는 명확하고 탄력적이며 움직임이 적고, 루프의 직경이 클수록 웨이브의 움직임이 크고 느슨하며 여유가 있음
② 스템(Stem) : 스템의 방향에 따라서 수직, 수평, 대각의 웨이브의 흐름과 탄력, 컬의 지속성을 결정함. 스템의 길이와 각도에 의해 웨이브의 볼륨을 좌우함
③ 베이스(Base) : 컬 스트랜드의 근원임

퍼머넌트 웨이브 시술 전 확인사항

① 상담 : 고객과의 충분한 상담을 통하여 고객의 얼굴형, 연령, 체형, 직업에 알맞은 디자인을 결정함
② 두피진단 : 두피에 상처나 염증이 있을 때는 상태가 호전될 때까지 시술을 금함
③ 두발진단 : 사진, 문진, 촉진, 두발 진단기를 통해 두발의 굵기, 손상 여부, 모질 등을 파악함

마셀 웨이브의 특징

아이론의 열을 이용하여 형성된 웨이브로 아이론의 온도는 균일하게 120~140℃를 유지해야 함

이용하는 기구에 따른 웨이브의 분류

① 컬 웨이브 : 롤러, 헤어 핀 또는 헤어 클립 등으로 형성된 웨이브
② 마셀 웨이브 : 아이론의 열을 이용하여 형성된 웨이브
③ 핑거 웨이브 : 세트 로션, 물, 빗을 사용하여 손가락으로 형성된 웨이브
④ 스킵 웨이브 : 핑거 웨이브와 핀 컬이 교차해서 형성된 웨이브

패치 테스트와 스트랜드 테스트 ◆중요

① 패치 테스트(피부 반응 검사) : 염색을 처음 할 때 알레르기성이나 접속성 피부염 등 특이 체질을 검사하는 것이다. 귀 뒤나 팔 안쪽에 실제 시술할 염모제를 동전만 한 크기로 바르고 24~48시간 후 피부반응을 점검한다.
② 스트랜드 테스트 : 고객의 두발 굵기, 기존 컬러를 고려하여 희망색상과 염모제 반응 시간을 알기 위한 것이다. 백 포인트 부분의 헤어 스트랜드에 원하는 색상의 염모제를 도포해 둔다.

염모제의 성분 및 종류

① 염모제의 성분 : 제1제는 산화염료인 색소와 알칼리제, 기타 첨가제로 구성되어 있고, 제2제는 과산화수소와 기타 첨가제로 구성되어 있음
② 제1제 산화염료 : 파라페닐렌디아민(검은색), 파라트리렌디아민(다갈색이나 흑갈색), 파라아미노페놀(다갈색), 올소아미노페놀(황갈색), 모노니트롤 페닐렌디안민(적색) 등

장방형 얼굴형의 화장법

얼굴의 길이가 짧아 보이도록 이마의 상부와 턱의 하부를 진하게 표현함. 관자놀이에서 눈꼬리와 귀밑으로 이어지는 부분은 밝게 눈썹은 일자로 그림

상황에 따른 메이크업의 종류

① 데이타임 메이크업 : 일상적으로 생활할 때 하는 메이크업으로 낮 화장을 의미함
② 스테이지 메이크업 : 그리스 페인트 화장을 의미하며, 무대에서 행하는 무용 패션쇼 등에서 쓰이는 화장법
③ 소셜 메이크업 : 데이타임 메이크업보다 정성들여 화장하는 것으로 결혼식 때 하는 화장법

2과목 공중위생관리

감염의 정의

병원체가 숙주에 침입하여 숙주의 체내나 표면에 발육, 증식하여 발병을 일으키는 상태를 말함

기후의 3요소

① 기온 : 실내 쾌적온도 18±2℃
② 기습 : 쾌적 습도 40~70%
③ 기류 : 쾌적 기류 1m/Sec, 불감 기류 0.5m/Sec 이하

보건행정의 정의

공공 기관의 책임 하에 국민의 건강과 사회복지의 향상을 도모하는 사회복지 차원의 행정활동으로 국민의 생명 연장, 질병 예방, 육체적, 정신적 건강 등이 목적

보건 수준 평가의 지표

① 비례사망지수 : 전체 사망자 수에 대한 50세 이상의 사망자 수 비율, 수치가 높을수록 사망자 중 고령자 수가 많다는 것을 의미하며, 다른 나라들과의 보건 수준 비교에 사용함
② 평균수명 : 생명표상에서 생후 1년 미만(0세) 아이의 기대여명
③ 조사망률 : 인구 1,000명당 1년간 발생 사망자 수 비율(= 보통사망률, 일반사망률)
④ 영아사망률 : 출생아 1,000명당 1년간의 생후 1년 미만 영아의 사망자 수 비율, 한 국가의 보건수준을 나타내는 가장 대표적인 지표

$$영아사망률 = \frac{연간\ 생후\ 1세\ 미만의\ 사망자\ 수}{연간\ 정상\ 출생아수} \times 1,000$$

인구통계에서 연령별 구성

영아인구(1세 미만), 소년인구(1~14세), 생산연령인구(15~64세), 노년인구(65세 이상)

페스트의 특징

흑사병이며, 쥐벼룩으로 인해 감염되어 두통, 현기증 증상이 나타남

기생충에 따른 증세

① 흡충류 : 폐디스토마증, 간디스토마증, 요꼬가와 흡충증
② 조충류 : 유구조충증, 무구조충증, 광절열두조충증
③ 원충류 : 이질 아메바증, 질트리코모나스증
④ 선충류 : 회충, 구충, 요충, 사상충증, 편충, 선모충

대장균군 : 수질 오염의 지표

대장균군은 수질 오염의 지표로 물 50ml 중에서 검출되지 않아야 함

병원성 미생물의 특징

체내에 침입하여 병적인 반응을 일으키는 미생물로 매독, 결핵, 수막염, 대장균, 콜레라 등이 해당함

수질 오염에 따른 발생질병

① 미나마타병 : 인근 도시의 공장에서 흘러나온 수은 폐수가 어패류에 오염되어 이것을 먹은 사람에게서 발병한 것
② 이타이이타이병 : 폐광석에 함유된 카드뮴으로 오염된 지하수와 지표수를 논에 용수로 사용하여 축적된 것이 벼에 흡수되고, 이 쌀을 사람들이 먹어 카드뮴 중독의 원인이 된 것

3과목 피부의 이해

피지선의 특성

① 진피층에 위치하며, 하루 평균 1~2g의 피지를 모공을 통하여 밖으로 내보내고 피지막을 형성해 피부를 보호함
② 큰 기름샘은 얼굴의 T-존 부위, 목, 등, 가슴에 분포하고 있으며, 작은 기름샘은 손바닥, 발바닥을 제외한 전신에 분포되어 있음. 독립 기름샘은 보통 털이 없는 곳으로 얼굴, 대음순, 성기, 유두, 귀두에 분포하며, 무기름샘은 손바닥과 발바닥을 말함

피하조직의 특성

① 진피와 근육, 뼈 사이 피부의 가장 아래쪽에 있는 조직으로 그물 모양의 지방을 함유함
② 열 발산을 막아 몸을 따뜻하게 보호하고 수분조절을 하며 쓰고 남은 에너지를 저장하고, 체형을 결정짓는 역할을 함

비듬의 특징

인설이라고도 하며, 표피로부터 가볍게 떨어지는 죽은 각질 세포로서 각질화 과정의 이상으로 생김

대상포진의 특성

수포성 발진으로 심한 통증이 동반되는 바이러스성 피부질환으로 40~60세의 노화된 피부에서 발생빈도가 높음

필수지방산의 특성

불포화지방산이라고 하며, 체내에서 합성되지 않아 음식물로 흡수해야 함. 다른 영양소로 대체시킬 수 없고, 성장촉진과 피부의 건강유지에 도움을 줌

열량 영양소, 구성 영양소, 조절 영양소

① 열량 영양소 : 에너지 공급(탄수화물, 단백질, 지방)
② 구성 영양소 : 신체조직 구성(단백질, 무기질, 물)
③ 조절 영양소 : 생리기능과 대사조절(비타민, 무기질, 물)

노화피부의 특성

① 신진대사가 원활하지 않아 피부재생이 느리며, 탄력성이 저하되어 모공이 넓어짐
② 세포와 조직의 탈수현상으로 피부건조 및 잔주름이 발생하며, 굵은 주름도 생길 수 있음

자외선의 특성

① 피부에 자극적인 화학반응을 일으켜 화학선이라고도 함
② 살균력이 있으며 노폐물을 제거하고, 혈액 및 림프 순환을 촉진시켜 신진대사를 활성화시킴
③ 장시간 노출시에는 피지의 산화작용으로 인하여 각질이 쌓여 조기 노화를 촉진하고 기미, 주근깨 등 색소침착의 원인이 됨

원발진의 종류 및 특성

① 피부의 1차적 장애
② 눈에 보이거나 손으로 만져지는 것으로 질병으로 간주되지 않는 피부의 변화
③ 면포, 농포, 구진, 결절, 반점, 두드러기, 소수포, 수포, 낭종 등이 포함

요오드(조절소)의 특징

갑상선 기능을 유지하는 작용을 하며, 어패류나 해조류에 많음

4과목   소독학

알코올의 특징(주요 소독약품)

① 주로 소독에 이용되는 알코올은 에틸 알코올(에탄올)임
② 단백질을 응고시키고 세균의 활성을 방해하는 것으로 포자 및 사상균에는 효과가 없음
③ 50% 이하의 농도에서는 소독력이 약하고, 70~75% 농도에서 1시간 이상이 소독력이 강함
④ 피부, 가위, 브러시, 칼 등을 소독할 때 사용함

석탄산계수(소독력의 지표)

① 소독약의 살균력을 비교하기 위해 쓰임
② 석탄산계수 = $\dfrac{\text{소독약의 희석배수}}{\text{석탄산의 희석배수}}$

고압증기 멸균법의 특성

100~135℃의 수증기로 미생물뿐만 아니라 아포까지 사멸시킴. 초자기구 거즈 및 약액 자기류소독에 적합함

이상적인 소독약의 구비조건   ✔중요

① 살균력이 강하고 인체에 무해해야 함
② 경제적이고 사용법이 간단해야 함
③ 기계나 기구를 부식시키지 않아야 함
④ 짧은 시간에 소독효과가 확실해야 함
⑤ 생산과 구입이 용이하고 냄새가 없어야 함
⑥ 용해도가 높아야 함

역성비누액의 특징

① 유화, 침투, 세척, 분산, 기포 등의 특성을 가지고 있음
② 연한 황색, 또는 무색의 액체로 이·미용실에서 많이 사용됨
③ 장점 : 무색, 무취로 자극이 적으며, 무독성이고 금속을 부식시키지 않음. 물에 잘 용해됨
④ 단점 : 값이 비싸며, 일반 비누와 사용하면 살균력이 떨어짐. 아포와 결핵균에 대해서는 효과가 없음

소독제의 사용과 보존상의 주의사항   ✔중요

① 소독할 대상에 알맞은 소독약과 소독법을 선택하여 실시함
② 소독대상물이 열, 광선, 소독약 등에 충분히 접촉될 수 있는 시간을 주어야 함
③ 소독약은 사용할 때마다 필요한 양만큼 조금씩 새로 만들어서 사용해야 함
④ 약품에 따라 밀폐시켜 냉암소에 보존해야 함
⑤ 소독효과가 확실하고, 짧은 시간에 간단한 방법과 적은 비용으로 소독할 수 있어야 함
⑥ 언제 어디서나 할 수 있어야 하며, 소독 시 인축에 해가 없어야 함

승홍수의 특징

① 피부 소독에 사용할 경우에는 0.1%의 수용액이 적당함
② 금속을 부식시키는 성질이 있으므로 주의해야 함
③ 온도가 높을수록 효과가 커짐
④ 경제적 희석 배율은 1,000배(아포살균 제외)임
⑤ 음료수 소독에는 적합하지 않음

건열멸균법의 특성

건열멸균기(Dry Oven)를 이용하여 170℃에서 1~2시간 멸균 처리하는 방법으로 주사침, 유리기구 및 금속 제품을 소독시키는 데 이용함

5과목   공중위생관리법규

공중위생영업의 정의   ✔중요

다수인을 대상으로 위생관리 서비스를 제공하는 영업으로서 숙박업, 목욕장업, 이용업, 미용업, 세탁업, 건물위생관리업을 말함

이·미용사의 면허 발급 자격기준

① 전문대학 또는 이와 같은 수준 이상의 학력이 있다고 교육부장관이 인정하는 학교에서 이용 또는 미용에 관한 학과를 졸업한 자
② 학점인정 등에 관한 법률에 따라 대학 또는 전문대학을 졸업한 자와 같은 수준 이상의 학력이 있는 것으로 인정되어 이용 또는 미용에 관한 학위를 취득한 자
③ 고등학교 또는 이와 같은 수준의 학력이 있다고 교육부장관이 인정하는 학교에서 이용 또는 미용에 관한 학과를 졸업한 자
④ 교육부장관이 인정하는 고등기술학교에서 1년 이상 이용 또는 미용에 관한 소정의 과정을 이수한 자
⑤ 국가기술자격법에 의한 이용사 또는 미용사 자격을 취득한 자

이·미용영업자 위생교육 관련 주요 사항

① 공중위생영업자는 매년 위생 교육을 받아야 하며 위생교육은 3시간으로 함
② 규정에 의하여 신고를 하고자 하는 자는 미리 위생교육을 받아야 함. 다만, 부득이한 사유로 미리 교육을 받을 수 없는 경우에는 영업개시 후 6개월 이내에 위생교육을 받을 수 있음
③ 위생교육을 받은 자가 위생교육을 받은 날부터 2년 이내에 위생교육을 받은 업종과 같은 업종의 영업을 하려는 경우에는 해당 영업에 대한 위생교육을 받은 것으로 봄

위생교육을 영업개시 후 6개월 이내에 받아야 하는 경우   ✔중요

① 천재지변, 본인의 질병·사고, 업무상 국외출장 등의 사유로 교육을 받을 수 없는 경우
② 교육을 실시하는 단체의 사정 등으로 미리 교육을 받기 불가능한 경우

위생관리 및 평가

① 시·도지사는 공중위생영업소의 위생관리수준을 향상시키기 위하여 위생서비스 평가계획을 수립하여 시장·군수·구청장에게 통보하여야 함
② 시장·군수·구청장은 평가계획에 따라 관할지역별 세부평가계획을 수립한 후 공중위생영업소의 위생서비스 수준을 평가하여야 함

영업소 외의 장소에서 이·미용업무를 행할 수 있는 경우   ✔중요

① 질병 및 기타의 사유로 인하여 영업소에서 나올 수 없는 자에 대하여 미용을 하는 경우
② 혼례 및 기타 의식에 참여하는 자에 대하여 그 의식 직전에 미용을 하는 경우
③ 사회복지시설에서 봉사활동으로 미용을 하는 경우
④ 방송 등의 촬영에 참여하는 사람에 대하여 그 촬영 직전에 미용을 하는 경우
⑤ 특별한 사정이 있다고 시장·군수·구청장이 인정하는 경우

청문을 실시해야 하는 경우

시장·군수·구청장은 이·미용사의 면허취소, 면허정지, 공중위생영업의 정지, 일부시설의 사용중지 및 영업소 폐쇄명령 등의 처분을 하고자 할 때에 청문을 실시하여야 함

손님에게 음란행위를 제공하다가 적발되었을 때의 행정처분기준

① 영업소 : 1차 위반 시 영업정지 3월, 2차 위반 시 영업소 폐쇄명령
② 이·미용사 업주 : 1차 위반 시 면허정지 3월, 2차 위반 시 면허취소

이·미용사의 면허증을 다른 사람에게 대여한 때의 행정처분기준

1차 위반시 면허정지 3월, 2차 위반시 면허정지 6월, 3차 위반시 면허취소

이·미용영업자 준수사항 중 업소에 게시해야 할 것

업소 내에 미용업 신고증, 개설자의 면허증 원본 및 최종지불요금표를 게시하여야 함

적중 100% 합격
미용사 일반 필기시험 총정리문제

발 행 일 2025년 10월 01일 개정 14판 1쇄 인쇄
2025년 10월 10일 개정 14판 1쇄 발행

저 자 안종남 · 김혜연 공저

발 행 처  크라운출판사
http://www.crownbook.co.kr

발 행 인 李尙原
신고번호 제 300-2007-143호
주 소 서울시 종로구 율곡로13길 21
공 급 처 02) 765-4787, 1566-5937
전 화 02) 745-0311~3
팩 스 02) 743-2688, (02) 741-3231
홈페이지 www.crownbook.co.kr
ISBN 978-89-406-4945-9 / 13590

특별판매정가 16,000원

이 도서의 판권은 크라운출판사에 있으며, 수록된 내용은
무단으로 복제, 변형하여 사용할 수 없습니다.
Copyright CROWN, ⓒ 2025 Printed in Korea

이 도서의 문의를 편집부(02-6430-7006)로 연락주시면
친절하게 응답해 드립니다.